化学原料药开发试验

顾 准 程 炜◎主编

科学技术文献出版社

SCIENTIFIC AND TECHNICAL DOCUMENTATION PRESS

·北京·

图书在版编目（CIP）数据

化学原料药开发试验 / 顾准，程炜主编. —北京：科学技术文献出版社，2018.9（2020.9重印）
ISBN 978-7-5189-4759-1

Ⅰ.①化…　Ⅱ.①顾…　②程…　Ⅲ.①化学合成—药品—原料—教材　Ⅳ.① TQ460.4

中国版本图书馆 CIP 数据核字（2018）第 194387 号

化学原料药开发试验

策划编辑：孙江莉　　责任编辑：刘　亭　　责任校对：文　浩　　责任出版：张志平

出　版　者	科学技术文献出版社
地　　　址	北京市复兴路15号　邮编 100038
编　务　部	(010) 58882938，58882087（传真）
发　行　部	(010) 58882868，58882870（传真）
邮　购　部	(010) 58882873
官 方 网 址	www.stdp.com.cn
发　行　者	科学技术文献出版社发行　全国各地新华书店经销
印　刷　者	北京虎彩文化传播有限公司
版　　　次	2018 年 9 月第 1 版　2020 年 9 月第 3 次印刷
开　　　本	787×1092　1/16
字　　　数	330千
印　　　张	15.5
书　　　号	ISBN 978-7-5189-4759-1
定　　　价	68.00元

前　言

医药工业是关系国计民生的重要产业，是中国制造 2025 和战略性新兴产业的重点领域，是推进健康中国建设的重要保障。随着医药工业的发展，对应用型人才需求也快速增长。本书是根据教育部有关高等职业教育培养目标的要求，为全面提高学生专业技能和职业素质，适应高职教育教学改革与发展的要求而编写的。

本书编写过程中注重以学生为本，提倡互动学习，为充分调动学生对化学原料药合成工艺开发共性规律的掌握，在尊重职业教育自身规律和学生认知规律的前提下，按照化学原料药合成工艺开发的流程进行项目化设计。本书中的内容以典型的抗抑郁药、抗菌药、抗生素、抗癫痫药、解热镇痛药和降压药为载体，按照市场和技术调研、合成路线设计、实验室合成试验、工艺优化试验、中试试验、试生产的流程，设置了 6 个项目，其中每个项目中还涉及了实用案例，便于学生进行项目化的学习。

本书以工作过程为主线，突出了工作过程及工作内容，以培养化学原料药开发与生产高技能应用型人才为目的，同时穿插渗透文献检索、市场调研方法、药物合成方法设计、药物合成试验技术、优化试验设计方法等多学科必需、够用的知识，强调内容的实用性。

本书是理论实践一体化教材，包括绪论和 6 个项目。其中绪论、项目五、项目六由程炜编写，项目二、项目三由刘尚莲编写，项目一由朱少晖编写，项目四由苏州欧凯医药技术有限公司的李云峰编写。全书由程炜统稿。编写过程中得到了科学技术文献出版社及编者所在学院苏州健雄职业技术学院的大力支持，在此一并表示感谢。

由于编者水平有限，书中不妥之处在所难免，欢迎广大读者批评指正，以便今后不断充实修改。

目　录

绪　论

【知识目标】

掌握原料药的定义与分类；

了解原料药的市场情况；

理解化学原料药工艺开发的原则；

掌握化学原料药工艺开发的流程。

【技能目标】

能够对常见药品进行分类；

能够明确化学原料药开发的主要内容。

【素质目标】

培养学生的药物质量安全意识和责任意识；

培养学生主动学习、团队合作学习的习惯。

任务一　认识化学原料药

化学原料药是指以化学加工手段获得的原料为主，供应生产成品药的原料。

一、化学原料药及分类

（一）定义

药品是指用于预防、治疗、诊断人的疾病，有目的地调节人的生理机能并规定适应证或者功能主治、用法和用量的物质。原料药是旨在用于药品制造中的任何一种物质或物质的混合物，且在用于制药时，成为药品的一种活性成分。此种物质在疾病的诊断、治疗、症状缓解、处理或疾病的预防中有药理活性或其他直接作用，或者能影响机体的功能或结构。原料药一般是由化学合成、植物提取或者生物技术所制备的各种用来作为药用的粉末、结晶、浸膏等，但患者无法直接服用的物质。原料药只有加工成为药物制剂，才能成为可供临床应用的药物。医药中间体是化工原料至原料药或药品生产过程中的精细化工产品，可视为原料药。另外我们通常将一些不仅仅用于制药，同时也在食品饮料、饲料中添加的有效成分，如维生素、氨基酸、柠檬酸也归入原料药，但严格来说这些应该归入营养添加剂。

 讨论： 请同学们列举生活中常见的药物，说明其中主要活性成分和功能主治。

（二）分类

原料药根据其来源分为化学合成药和天然化学药两大类。

化学合成药又可分为无机合成药和有机合成药。无机合成药为无机化合物，如用于治疗胃及十二指肠溃疡的氢氧化铝、三硅酸镁等；有机合成药主要是由基本有机化工原料，经一系列有机化学反应而制得的药物，如阿司匹林、氯霉素等。有机合成药的品种、产量及产值所占比例最大，是化学制药工业的主要支柱。

天然化学药按其来源，也可分为生物化学药与植物化学药两大类。抗生素一般系由微生物发酵制得，属于生物化学药范畴。近年出现的多种半合成抗生素，则是生物合成和化学合成相结合的产品。植物化学药是指从药用植物中提取、分离获得的一类具有明显生理活性的化学物质。植物化学药绝大部分是化学纯物质，可作为原料药加工成为药物制剂供临床应用。重要的植物化学药有生物碱、糖及苷类、萜类和蛋白质类等。

原料药质量好坏决定药物制剂质量的好坏，因此其质量标准要求很严，世界各国对于其广泛应用的原料药都制定了严格的国家药典标准和质量控制方法。

 讨论： 请同学们分别举例说明生活中常见的药物，哪些属于化学合成药，哪些属于天然化学药。

二、国内外化学原料药市场情况

（一）全球化学原料药市场情况

2007 年全球原料药市场规模约有 400 亿美元，且以大约每年 10% 的速度递增。化学原料药主要集中在五大生产区域：西欧、北美、日本、中国、印度，品种达 2000 多种，但除青霉素、对乙酰氨基酚、阿司匹林、布洛芬、维生素 C、维生素 E 等几十种大宗原料药外，绝大部分为年交易量不超过 100 t、交易额在 100 万美元以下的小品种。

从目前原料药行业的全球竞争格局来看，西欧、北美、日本、中国和印度这五大原料药生产区域的特点如下：

① 西欧国家的原料药总产值达 60 多亿美元，堪称全球最大的原料药生产基地，占全球总量的 50%，而出口量占其总产量的 80% 以上，遍及欧共体以外的广大地区。由于受环保法的限制，已不再生产污染较重的原料药，而主要依赖海外进口。

② 北美洲地区每年约消耗各种原料药 40 多亿美元，占世界原料药市场的 1/3。其中，

原料药消耗量的一半为自产，另有 50% 依赖进口。该地区生产量仅占全球总量的 18%。

③ 日本是世界制药工业强国，年需求量约为 15 亿美元，目前除极少数品种外，绝大部分为其本国生产。目前基本处于自给自足状态。随着人力成本的不断上升及环境安全问题的日趋严重，预计将会步北美洲工业国后尘而成为原料药纯进口国。

④ 中国是世界最大原料药出口国，出口产品以大宗原料药为主（如维生素 C、青霉素钾、对乙酰氨基酚、阿司匹林等），小品种为辅。由于国际原料药生产中心已转向亚洲，我国拓展原料药海外市场迎来良机。

⑤ 印度是正在迅速崛起的世界原料药生产中心，出口产品主要为布洛芬和一些头孢菌素原料药及植物药（原料）等。是我国原料药海外市场的最大竞争对手。

国际原料药主要集中在上述五大区域，目前，西方发达国家对化学原料药生产，一是日益注重环保问题；二是很难通过技术改造促使成本下降；三是专业化分工导致非核心技术外包。因此美国、西欧及日本的国际制药公司通过调整产业结构，限制原料药生产规模，将一些非专利、污染严重、低附加值的原料药转移到发展中国家生产，这一趋势逐渐明显，给中国原料药海外销售市场带来前所未有的良机。此外，印度已逐渐成为中国最大竞争对手，但因出口产品类型定位不同，暂时未对我国海外市场产生较强大冲击。

（二）国内化学原料药市场

经过几十年的努力与积累，我国的化学原料药无论在生产规模、市场占有率还是工艺技术方面都拥有较强的竞争优势。目前，我国是全球最大的化学原料药生产国与出口国，可生产全球 2000 多种化学原料药中的 1600 种，总产量约 80 万 t，占全球 19.3% 的市场份额，居第一位，其中仿制原料药的市场份额更是高达 37.8%。国产化学原料药的 57% 用于出口，占医药出口额的 50.3%。我国抗感染类、维生素类、解热镇痛类、激素等大宗原料药和他汀类、普利类、沙坦类等特色原料药在国际医药市场上占有相当的份额和地位。

我国的化学原料药产业与改革开放时间同步，经过几十年的发展不仅成为整个医药工业的重点，也成为全球最大的供应商并树立了牢固的国际地位。目前，中国从事原料药生产的企业已达 7000 多家，近年来通过市场优化组合及企业兼并，生产青霉素、维生素 C 等大宗原料药的企业数量已大幅减少，但原料药整个行业小企业仍然较多较散。中国原料药产品种类多，产量大，在二十四大类原料药中，中国可以生产的原料药及医药中间体达 1600 多个品种，产能达 200 多万 t。但是，中国原料药行业在产品结构方面缺乏竞争力，大部分产品处在原料药行业链的低端，产品附加值低。总的来说，中国原料药生产高能耗、高污染，原料药行业依然处在以"量"取胜的阶段，其综合竞争能力还不够强。近年来，原料药在中国药品出口中所占比重最大，占所有医药保健品出口总额 50% 以上，占化学药类产品出口总额的 86.23%，是中国出口产品中具有绝对优势的产品，其增长幅度直接影响到中国整体医药出口的增长变化。全球市场规模每年以 7% 左右的幅度递增。欧洲及北美等发达国家由于受生产成本、环保等的限制，已不再生产污染较重的原料药，初级原料药工业不断向中国、印度等发展中国家转移。中国已经成为全球最大的原料药生产国和出口国。2011 年，中国出口原料药已超过220亿美元，在全球400亿美元的市场规模里达50%以上。中国原料药产能达200多万t，约60%供应国际市场，在国际市场上有60多种原料药具有较强的竞争力，原料药在中国药品进出口中达60.6%。在全球原料药及医药中间体市场上，中国在抗生素类、维生素类、解热镇痛类、氨基酸类及蒿甲醚类等一些药物品种上具有较强竞争力。

讨论： 通过查阅资料，谈一谈你对化学原料药发展方向的认识。

任务二 认识化学原料药的开发方法

一、化学原料药的开发类型

化学原料药开发是指运用药物合成理论及相关化学知识，由基本化工原料经一系列有机化学反应合成新的或具有实质性改进的药品制造中的活性化合物的过程。化学原料药的开发根据合成方法的不同，分为全合成和半合成。全合成是以化学结构简单的化工产品为起始原料，经过一系列化学反应和物理处理过程制得复杂化合物的过程。半合成是以全合成产物、天然产物或天然降解产物等较复杂的分子为起始原料，经化学结构改造和物理处理过程制得复杂化合物的过程。

讨论： 查阅资料，说明解热镇痛药物——对乙酰氨基酚的全合成路线。

二、化学原料药的开发原则

化学合成原料药的开发是新药发现的重要组成部分，是药物生产的基础，其主要目的是为药物研发过程中药理毒理、制剂、临床等研究提供合格的原料药，为质量研究提供信息，通过对工艺全过程的控制保证生产工艺的稳定、可行，为上市药物的生产提供符合要求的原料药。

原料药的开发内容包括工艺的选择、起始原料和试剂的要求、工艺数据的积累、中间体的要求、工艺的优化与中试放大研究、杂质的分析、"三废"的处理和工艺的综合分析等。对于各部分内容，其开发原则如下。

（一）工艺的选择

药物制备工艺选择的目的是通过对拟合成的目标化合物进行文献调研，设计或选择合理的合成路线；对所选择的路线进行初步分析，对该化合物的国内外研究情况、知识产权状况有一个总体的认识；对所采用的工艺有一个初步的评价，也为药物的评价提供可靠依据。这个阶段是原料药制备工艺研究的必然阶段。

对于新的化学实体，根据其结构特征，综合考虑起始原料获得的难易程度、合成步骤的长短、收率的高低及反应的后处理、反应条件是否符合工业生产、环保要求等因素后，确定合理的合成路线；或者根据国内外对类似结构化合物的文献报道，进行综合分析，确定适宜的合成方法。

对于通过微生物发酵获得的原料药或者从动、植物中提取获得的原料药，经对原材料和工艺过程的可控性分析，综合考虑成本、环保情况等，确定一条可以确保产品质量可控、收率较高的工艺路线。

对于结构已知的药物，通过文献调研，对有关该药物制备的研究情况有一个全面的了解；对所选择的路线从收率、成本、"三废"处理、起始原料是否易得、是否适合工业化生产等方面进行综合分析，选择相对合理的合成路线。若所选择的路线为创新路线，通过对现有的路线进行分析，与文献报道路线进行比较，说明采用该路线的理由；若使用文献报道的路线，也要对文献报道路线进行全面的比较、分析，这样有利于研发者对此路线有较深入的理解和认识。

（二）起始原料和试剂的要求

在原料药制备工艺研究的过程中，起始原料、反应试剂的质量直接关系到终产品的质量及工艺路线的稳定，也可以为质量研究提供有关的杂质信息，同时也涉及工业生产中的劳动保护问题，起始原料、试剂的质量是原料药制备研究工作的基础，因此在药物制备中需要对起始原料和反应试剂提出一定的要求。主要分为以下 3 个部分：

① 起始原料的选择原则。一般情况下起始原料质量应稳定、可控，应有来源、标准和供货商的检验报告，必要时应根据合成工艺的要求建立内控标准。对由起始原料引入的杂质、异构体，必要时应进行相关的研究并提供质量控制方法，对具有手性中心的起始原料，应制定作为杂质的对映异构体或非对映异构体的限度，同时应对该起始原料在制备过程中可能引入的杂质有一定的了解。

② 溶剂、试剂的选择。一般来说应选择毒性较低的试剂；有机溶剂的选择一般避免使用一类溶剂，控制使用二类溶剂，同时应对所用试剂、溶剂的毒性进行说明，这样有利于在生产过程中进行控制，也有利于劳动保护。有机溶剂选择的详细内容请参阅化学药物有机溶剂残留量研究的技术指导原则。

③ 内控标准。在药物的制备工艺中，起始原料、试剂可能存在着某些杂质，若在反应过程中无法将其去除或者参与了副反应，对终产品的质量有一定的影响，因此需要对其进行控制，制定相应的内控标准。一般要求对产品质量有一定影响的起始原料、试剂制定内控标准，同时还应注意在工艺优化和中试放大过程中起始原料和重要试剂规格的改变对产品质量的影响。

（三）工艺数据的积累

在药物研发过程中，原料药的制备工艺研究是一个不断探索和完善的动态过程，药物研发者需要对制备工艺不断地进行试验，反复进行优化，以获得一个可行、稳定、收率较高、成本合理并适合工业化生产的工艺路线。在这个重复完善的过程中，积累充足的实验数据对判断工艺路线的可行性、稳定性具有重要意义，同时也可以为质量研究提供有关信息。因此，在药物研发过程中，研发者应积极主动收集有关的工艺研究数据，并尽可能提供充分的原料药制备数据的报告，并对此进行科学的分析，做出合理的结论，充分的数据报告也将有利于药品评价者对原料药制备工艺的评价，需要说明的是，数据的积累贯穿药物研发的整个过程。

（四）中间体的研究及质量控制

在原料药制备研究的过程中，中间体的研究和质量控制是不可缺少的部分，其结果对原料药制备工艺的稳定具有重要意义，也可以为原料药的质量研究提供重要信息，同时也可以为结构确证研究提供重要依据，对中间体结构进行确证，可以为终产品的结构确证起辅助作用（详见原料药结构确证研究的技术指导原则）。

一般来说，由于关键中间体对终产品的质量和安全性有一定的影响，因此对其质量进行控制有较大意义。对于新结构中间体，由于没有文献报道，因此其结构研究对于认知该化合物的特性、判断工艺的可行性和对终产品的结构确证具有重要作用。对关键中间体、新结构中间体质量进行控制，对工艺的稳定性、终产品的质量研究具有重要的意义。对于一般中间体的质量要求可相对简单，对其质量可以进行定量控制。有时，因终产品结构确证研究的需要，有必要对已知结构中间体的结构进行研究。

（五）工艺的优化与中试放大

在原料药的工艺研究中，工艺的优化与中试放大是原料药制备从实验室阶段过渡到工业化阶段不可缺少的环节，也是该工艺能否工业化的关键，同时对评价工艺路线的可行性、稳定性具有重要的意义。

原料药制备工艺优化与中试放大的主要任务是：①考核实验室提供的工艺路线在工艺条件、设备、原材料等方面是否有特殊的要求，是否适合工业化生产；②确定所用起始原料、试剂或有机溶剂的规格或标准；③验证小试工艺是否成熟合理，主要经济指标是否接近生产要求；④进一步考核和完善工艺条件，对每一步反应和单元操作均应取得基本稳定的数据；⑤根据中试研究资料制定或修订中间体和成品的质量标准、分析方法；⑥根据原材料、动力消耗和工时等进行初步的技术经济指标核算；⑦提出"三废"的处理方案；⑧提出整个合成路线的工艺流程，各个单元操作的工艺规程。一般来说，中试所采用的原料、试剂的规格应与工业化生产时一致。

在工艺优化和放大过程中，中试规模的工艺在药物评价中具有非常重要的意义，该阶段是连接实验室研究和工业化生产的重要部分，是评价原料药制备工艺可行性、真实性的关键，是质量研究的基础，药物研发者应特别重视原料药的中试放大研究，需要说明的是中试规模工艺的设备、流程应与工业化生产一致。

（六）杂质的分析

原料药制备过程中产生的杂质是原料药杂质的主要来源，该方面的工作是质量研究的基础。通过对工艺过程中产生的杂质进行详细的研究、分析，可以使药物研发者对工艺过程中产生的杂质有一个全面的认识，可以为终产品的质量研究提供十分有用的信息。需要说明的是，这里所述的杂质是指原料药制备过程中由于副反应产生的杂质、所用的起始原料引入的杂质及有机溶剂等，不包括降解产物。

制备过程中产生的杂质一般要从以下几个方面考虑：起始原料引入的杂质、副反应产生的杂质、异构体、残留溶剂、试剂、中间体、痕迹量的催化剂和无机杂质等。

（七）"三废"处理

在原料药制备研究的过程中，"三废"的处理应符合国家对环境保护的要求，这一点也是药物研发者应考虑的。在工艺研究中需对工艺过程中可能产生的"三废"问题进行考虑，尽可能避免使用有毒、污染环境的溶剂或试剂，在确定合成路线时尽可能避免采用可能会对环境造成污染的路线，并需要结合生产工艺制定合理的"三废"处理方案。

（八）工艺的综合分析

在原料药制备研究的过程中，工艺的综合分析也是一个重要的方面，通过综合分析可以使药物研发者对整个工艺的利弊有一个明确的认识，同时也有利于药品评价工作。

药物研发者在以上研究的基础上，经对实验室工艺、中试工艺、工业化生产工艺这3个阶段的深入研究，应对整个工艺有一个全面的认识，对原料药的制备工艺从工艺路线、反应条件、产品质量、经济效益、环境保护、劳动保护等方面进行综合评价。

三、化学原料药的开发流程

原料药开发是一个复杂的过程，存在很多特殊的情况和问题，但是无论其如何复杂和特殊，都应遵循一般规律性的要求，即工艺要可行、稳定，能够工业化生产，同时必须能制备出质量合格的原料药。一个完整的原料药开发过程包括以下6个阶段：确定目标化合物、设计合成路线、制备目标化合物、原料药及中间体的结构确证、工艺路线优化、中试研究和工业化生产。

（一）确定目标化合物

通过调研、药效学筛选实验等其他有关基础研究工作及可行性论证，确定拟研发的目标化合物。

1. 调研目标化合物

目标化合物的调研就其广度分为概况调研和分项调研。概况调研是对目标化合物有一个基本的认识，主要调研内容是：名称、化学结构、基本性质、原料药用途、与同类药比较的优缺点、开发状态、治疗适应证、市场预测、国内外同类药的市场容量、国内外开发此药的动态。分项调研是对与目标化合物开发工作相关的各项内容进行较详细的调研，主要包括：专利保护情况、化学药品注册分类情况、工艺合成路线、分布合成方法、市场容量、生产成本等。

2. 药效学筛选试验等其他有关基础研究工作

药效学筛选试验是新药的药理研究的一部分。药理学通过定向筛选、普遍筛选、高通量筛选等药理筛选实验可以筛选出有效而毒性小的药物，供药效学比较研究；也可能意外地发现创新型药物、新的药物结构类型或新的作用机制。由于我国不是化学原料药生产强

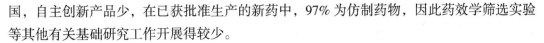

国，自主创新产品少，在已获批准生产的新药中，97% 为仿制药物，因此药效学筛选实验等其他有关基础研究工作开展得较少。

3. 可行性论证

项目可行性论证是项目决策的主要依据，是在充分的市场调研及文献资料查阅的基础上完成的。根据项目的大小与类型的不同，可行性论证的深度与广度均有所不同，大体上包括以下内容。

（1）立项依据

立项依据的描述是基于国内外产品现状、水平及发展趋势，分析项目在技术、市场等方面存在的问题，提出项目的研究目的、意义及达到的技术水平。

（2）项目的技术可行性

技术可行性包含了项目的基本技术、创新点、技术来源、合作单位（或个人）情况，以及知识产权的归属等情况，是项目可行性论证的重要组成部分。

（3）项目的成熟性及可靠性

项目的成熟性及可靠性是在小试、中试或生产的基础上，对技术可行性的进一步阐述，涵盖了项目目前研究进展、技术成熟程度、产品质量的稳定性、收率、成品率及产品在实际使用条件下的可靠性、耐久性、安全性等内容。

（4）项目的市场竞争力预测

市场竞争力直接决定了产品的价值，化学合成原料药开发试验员，不仅要熟悉原料药的合成技术，还应了解产品的市场情况，如产品的主要治疗领域、市场需求量、经济寿命期、国内主要研制单位及主要生产厂家、与同类产品比较存在的优缺点、产品市场占有份额等内容。

（5）项目实施计划

项目实施计划通常包括开发计划、技术方案及生产方案 3 个部分，需详细描述生产、技术、设备、人力、物力方面的优势及需要解决的问题。

（6）资金预算及投入周期

资金预算及投入周期是从经济角度说明项目已投入和还需投入的资金、投入阶段及经济效益产出情况。

（二）设计合成路线

根据目标化合物的结构特性，参考国内外相关文献，综合分析，确定一条工艺简单、成本合理、收率相对较高、终产品易于纯化的合成路线。

药物合成路线选择的目的是通过对拟研发的目标化合物进行文献调研，了解和认识该化合物的国内外研究情况和知识产权状况，设计或选择合理的制备路线。对所采用的工艺路线进行初步的评估，也为药物的技术评价提供依据。对于新的合成化学实体，根据其结构特征，综合考虑起始原料获得的难易程度、合成步骤的长短、收率的高低及反应条件、反应的后处理、环保要求等因素，确定合理的合成路线；或者根据国内外对类似结构化合物的文献报道进行综合分析，确定适宜的合成方法。对于通过微生物发酵或从动、植物中提取获得的原料药，经对原材料和工艺过程的可控性分析，综合考虑成本、环保要求等，确定一条产品质量可控、收率较高的工艺路线。

（三）制备目标化合物

根据设计的合成路线，选择合适的起始原料和试剂，通过化学反应、生物发酵或其他方法制备出质量符合要求的目标化合物，为产品进行结构确证、质量控制等药学方面的研究及药理毒理和临床研究提供合格的样品。

（四）原料药及中间体的结构确证

原料药的结构确证研究是药物研发的基础，其主要任务是确认所制备原料药的结构是否正确，是保证药学其他方面研究、药理毒理研究和临床研究能否顺利进行的决定性因素。结构确认是根据化合物（药物）的结构特征制定科学、合理、可行的研究方案，制备符合结构确证研究要求的样品，进行有关的研究，对各个研究结果进行综合分析，从而确证测试品的结构（包括立体结构）。在结构确证的过程中，常用的分析测试方法有紫外可见吸收光谱法（UV）、红外吸收光谱法（IR）、核磁共振谱法（NMR）和有机质谱法（MS）等。

在结构确证的研究中，供试样品的纯度需要进行一定的控制，只有使用符合要求的供试样品进行结构研究，才能获得药物正确的结构信息，减少或避免错误信息的干扰，因此样品的纯度对结构研究具有非常重要的意义。一般情况下，供试样品的纯度应大于99.0%，杂质含量应小于0.5%；对于手性药物，应考虑增加对对映体、非对映体纯度要求，一般不低于99.5%。

（五）工艺路线优化

根据小试情况及产品的检测分析结果，围绕产品的质量及收率，综合考虑原材料成本、工艺路线的反应条件、环保和安全、产品的纯化等各方面因素，对原料药合成路线及合成工艺进行优化。原料药的合成工艺优化过程是一个动态的过程，随着工艺路线的不断优化，反应条件、所使用的起始原料、试剂或溶剂的规格等会发生改变，研发者应注意这些改变对产品的晶型或者质量的影响，因此应对重要的变化，如所使用的起始原料、关键试剂的种类或规格、重要的反应条件、产品的精制方法等发生改变前后对产品晶型的影响及可能引入新的杂质情况进行说明，并对变化前后产品的质量进行比较。

（六）中试研究和工业化生产

中试规模的工艺是连接实验室研究和工业化生产的重要部分，评价原料制备工艺可行性、真实性的关键。药物研发者应特别重视原料药的中试研究，中试规模的设备、流程应与工业化生产一致。通过对中试和工业化生产工艺的研究，确定稳定、可行的工艺，为药物进一步研发提供符合要求的原料药，同时也为政府部门对产品的投产进行审批和验收提供了有关消防、环保、职业病防治的数据与文件。

【自主训练任务】

简要说明开发一种降血压药物——硝苯地平的基本工作过程及每一步的主要任务。

项目一　抗抑郁药——盐酸阿米替林的调研

【知识目标】

理解市场调查的内涵、目的和意义；

掌握市场调查的类型和基本方式；

掌握设计出合理的调查问卷的要素；

明确一份优秀的调查报告的标准。

【技能目标】

学会结合项目实际，采取适当的方法，确定调查目标；

学会与药企决策者、行业专家等进行有效沟通、咨询；

能根据调查目标，设计出合理的调查问卷；

能采取有效方法采集二手资料，并进行定性分析；

能根据市场调研、技术调研，分析某药物开发的可行性。

【素质目标】

保持良好的心态和饱满的激情；

养成善于学习、善于总结的好习惯；

具备勇于实践、勇于创新的精神；

逐步养成敏捷缜密的思维体系和良好的谈判运筹能力；

学会与团队成员友好相处，沟通协作，致力于达成共同目标而努力不懈。

【项目背景】

抑郁症在世界十大疾病中发病率位列第 4，全球发病率达 5%，发病人数约为 3.5 亿。据预测，抑郁症 2020 年将上升为全球第二大疾病，仅次于心脏病，其发病率攀升速度令人咋舌。根据艾美仕市场研究公司（IMS Health）的数据，全球精神疾病用药规模已经超过 360 亿美元，占药品销售总额的 5%。据预测，2020 年，抗抑郁药市场规模将达 140 亿美元。虽然国内此类药物市场总体规模偏小，但随着公众对抑郁症的认识逐渐提高，以及就诊观念的改变，我国抗抑郁药市场连年攀升，未来抗抑郁药市场发展势头迅猛。国内优质企业早已看中该品类市场，正在紧锣密鼓地进行布局。

盐酸阿米替林是一种抗抑郁药物，化学名称为 N，N- 二甲基 -3-[10，11- 二氢 -5H- 二苯并（a，d）环庚三烯 -5- 亚基]-1- 丙胺盐酸盐。本品为无色结晶或白色、类白色粉末；无臭或几乎无臭，味苦，有灼热感，随后有麻木感。在水、甲醇、乙醇或氯仿中易溶，乙醚中几乎不溶。熔点为 195~199 ℃。

盐酸阿米替林可用于内因性精神抑郁症、更年期抑郁症、官能性抑郁症和焦虑症等，亦可用于器质性抑郁症及精神分裂症的抑郁状态。

盐酸阿米替林的合成是以酞酐（邻苯二甲酸酐）为原料与苯乙酸缩合后加热脱羧，得亚苄基酞，用氢氧化钠水解得邻苯乙酰苯甲酸钠，氢化后得邻 β - 苯乙基苯甲酸钠，酸化后用五氧化磷 - 磷酸环合成二苯并 [a，b] 环庚二烯酮 -（5），再进行格利雅（Grignard）反应得 5- 羟基 -5-（3- 二甲胺基丙基）二苯并 [a，b] 环庚二烯（1，4），最后用浓盐酸脱水，成盐即得。

在进行盐酸阿米替林开发之前，需要通过搜集资料进行市场调研和技术调研，并对调研的结果进行分析、论证，最终确定项目的开发产品。这是化学原料药开发过程必经的阶段，也是原料药开发项目的准备阶段。本项目主要就原料药开发准备阶段中所涉及的市场调研和技术调研这两部分内容做重点介绍。

任务一　盐酸阿米替林的市场调研

一、布置任务

① 撰写盐酸阿米替林市场调研方案。市场调研人员根据公司各项工作的需要，确定调研的种类、方法、目的、人员和费用等内容。

② 盐酸阿米替林市场调查前的准备。市场调研人员准备市场调研需要的工具，如调查问卷等。对配备的调研人员进行适当的培训，以保证调查任务准备完成。

③ 实施调研。市场调研人员根据调研计划实施市场调研，并相互配合完成调研任务。

④ 调研资料的整理与分析。调研人员对收集到的调研信息进行统计、整理和分析。

⑤ 撰写市场调查报告。调研人员根据调研信息分析的结果，编写市场调研报告，并将报告提交。

二、知识准备

在市场经济体制下，原料药开发与市场需求是密不可分的，再好的产品如果得不到市场承认，也只能束之高阁。因此，只有通过市场调研，采集和分析市场供给和需求等信息，预测产品的市场前景，才能确定项目的开发内容，使开发工作走进良性循环。

（一）市场调研的定义

市场调研是指运用科学的方法，有目的、有计划、有系统地搜集、记录、整理有关原料药市场营销信息和资料，分析市场情况，了解市场的现状及其发展趋势，为市场预测和营销决策提供客观的、正确的资料。

（二）市场调研的内容

市场调研的内容很多，主要包括市场环境调研、市场需求调研、市场供给调研、市场营销因素调研、市场竞争情况调研及市场前景预测。

1. 市场环境调研

市场环境是指对企业生产经营活动产生影响的外部因素的总和。市场环境调研主要包括经济环境、政治环境、社会文化环境、科学环境和自然地理环境等。具体的调研内容可以是市场的购买力水平，经济结构，国家的方针、政策和法律法规，风俗习惯，科学发展动态，气候等各种影响市场营销的因素。

2. 市场需求调研

市场需求是指对商品有支付能力的需求和购买欲望。市场需求分为现实需求和潜在需求两种形态。药品现实需求是指消费者已经意识到，具有购买能力，并已经准备购买某种药品的需求。药品潜在需求是指处在潜在状态下的需求，即消费者尚未意识到的需求，或已经意识到，但由于种种原因暂时不能购买的需求。市场需求状况调研可从用途调研、销量调研和替代品调研三方面进行。

（1）用途调研

用途调研包括：药品的适应证；与同类药比较的优缺点，可否替代同类药；更新换代的周期。

（2）销量调研

销量调研包括：产量变化情况；一段时期以来的出口量及出口去向，出口国家或地区，产品的价格及占国内生产量的比例；国内外保有量，及本产品市场需求满足程度。

（3）替代品调研

替代品调研包括：替代品的性能、质量及与本产品相比的优缺点；替代品的国内生产能力、产量，可作替代用途的比例；替代品的进口量及进口价格。

3. 市场供给调研

市场供给调研主要包括产品生产能力调查、产品实体调查等。具体为某一产品市场可以提供的产品数量、质量、功能、型号、品牌等，生产供应企业的情况等。

市场供给是指商品生产者向市场提供的能满足消费者需要的商品。市场供给状况调研可以从国内生产能力、国内价格和国外市场三方面进行。

（1）国内生产能力调研

国内生产能力调研包括：国内现有生产能力总量，在建项目的生产能力和药品供给地区间的分布、数量与比例。

（2）国内价格调研

国内价格调研包括：药品的定价管理办法，是由国家控制价格，还是由市场定价；销售价格、价格变动趋势，最高价格和最低价格出现的时间、原因等。

（3）国外市场调研

国外市场调研包括：主要生产国家和地区；国外主要生产厂家的生产技术、生产能力；国际市场销售价格及其变动趋势；主要进口国的生产能力及变化趋势。

4.市场营销因素调研

市场营销因素调研主要包括产品、价格、渠道和促销的调查。产品的调查主要有了解市场上新产品开发的情况、设计的情况、消费者使用的情况、消费者的评价、产品生命周期阶段、产品的组合情况等。产品的价格调查主要有了解消费者对价格的接受情况，对价格策略的反应等。渠道调查主要包括了解渠道的结构、中间商的情况、消费者对中间商的满意情况等。促销活动调查主要包括各种促销活动的效果，如广告实施的效果、人员推销的效果、营业推广的效果和对外宣传的市场反应等。

5.市场竞争情况调研

市场竞争情况调查主要包括对竞争企业的调查和分析，了解同类企业的产品、价格等方面的情况，他们采取了什么竞争手段和策略，做到知己知彼，通过调查帮助企业确定企业的竞争策略。

6.市场前景预测

市场前景是指在市场调研的基础上，运用科学的方法和手段，预测未来一定时期内市场的需求变化及其发展趋势。客观地预测目标化合物市场前景是制定开发方案、确定项目建设规模的依据。市场前景预测包括国内市场前景预测、进出口前景预测及价格预测三方面。

（1）国内市场前景预测

国内市场前景预测主要内容有：有效经济寿命预测；代用品预测；使用中可能产生的新用途。新用途的出现，意味着扩大了目标化合物的市场需求容量。综合以上三方面的分析，可预测目标产品的国内需求量及现有生产能力的差距。

（2）进出口前景预测

目标化合物进出口前景预测包括：将开发产品与进口产品从质量、价格等方面进行比较，预测替代进口的可能性；如果开发产品在质量和技术等方面，具备在国际市场上竞争的能力，则应考虑该目标化合物出口的可行性；分析国家对该目标化合物的出口有何限制条件或鼓励措施，该产品进出口的贸易政策，预测产品出口流向。综合以上三方面的分析，可预测目标产品今后的进口量或出口量。

（3）价格预测

价格预测，既要考虑药品产量、质量、同类产品日前价格水平，又要分析国际、国内市场价格变化趋势，国家的物价政策变化，全社会供需变化，还要考虑降低产品生产成本的措施和可能性。综合以上因素，可预测目标产品的销售价格。

（三）市场调研的方法

1. 文案调查法

文案调查法又称间接调查法，是利用企业内部和外部现有的各种信息、情报资料，对调查内容进行分析研究的一种调查方法。文案调查是收集已经加工过的次级资料，而不是对原始资料的收集；以收集文献性信息为主，具体表现为各种文献资料；所收集的资料包括动态和静态两个方面，尤其偏重于从动态角度，收集各种反映市场变化的历史与现实资料；文案调研不受时空限制，可获得实地调查难以取得的大量历史资料。

2. 询问调查法

询问调查法是指市场调查人员采用提问的方式了解有关被调查内容的信息。这些问题可以在当面采访时提出，也可以在与被调查对象有着空间距离的情况下，通过某种询问工具提出。询问法有可能深入研究被调查对象的内心变化及其特征，用询问法收集信息实际上体现了人际关系的一种特殊形式，即调查人员和被调查人员之间的双向信息交流。

3. 观察法

观察法是调查者在现场对被调查者的情况直接观察、记录，以取得市场信息资料的一种调查方法。观察法不是直接向被调查者提出问题要求回答，而是凭调查人员的直观感觉或是利用录音机、照相机、录像机和其他器材，记录和考察被调查者的活动和现场事实，以获得必要的信息。

4. 实验调查法

实验调查法是指在给定的实验条件下，在一定范围内观察经济现象中自变量与因变量之间的变化关系，并做出相应的分析判断，为预测和决策提供依据。按照实验的场所分为实验室实验和现场实验；按照是否把实验单位随机分组分为随机化实验和非随机化实验。

三、实用案例

例如，某公司目前计划开发一款具备"清热解毒，消肿止痛"疗效的新药，主要适用于咽喉肿痛、口舌生疮、牙龈肿痛或出血、咽喉炎、扁桃体炎、口腔炎和口腔溃疡等病症。开发前计划进行市场调研，可以按照如下流程进行：

① 确定调研目的：为什么要进行调研、想解决什么问题、调研结果的用途是什么。

目标不同，调研的目的也会不同，调研的整个过程是一个沟通的过程，要把你想了解的问题传递给被调查者，并且能够让被调查者乐于接受，最终得到有效而且有用并且真实的调研结果。例如，通过了解同类的已上市药品的市场环境、市场需求、市场供给、市场营销因素、市场竞争情况等，并针对消费者对于剂型、口味、包装的喜好，挑选习惯、使用频率、价格接受程度等进行调研，估算利润空间，预判市场前景，确定生产线的生产力和公司规模。

② 明确调研方法：确定调查地点、对象和方法。

确定资料来源：依据调研目的来确定具体资料的来源。通过专业机构、图书馆、网络等进行阅读、检索、剪辑等获得的是"二手资料"，包括企业营销系统中储存的各种数据称之为内部资料，还有公开发布的统计资料和有关市场动态、行情的信息资料称之为外部资料。此外，实地调查获得的是"一手资料"。

确定地点：调查地点首先要从产品调查的范围出发，是一个区还是一个城市，此外还要考虑率调查对象的居住分布。

确定调查对象：确定资料的来源、性质和数量。

确定调查方法：当需要"二手资料"时，应该采用案头调查法。当需要一手资料时，应该采用实地调查法。

此部分，市场环境、市场需求、市场供给、市场营销因素、市场竞争情况等情况可通过文案调查法获得"二手资料"，消费者对于剂型、口味、包装的喜好，挑选习惯，使用频率，价格接受程度等可通过询问法中当面询问的方式，拿出预先准备好的调研问卷，让消费者按照预设的思路回答问题，获得"一手资料"。

根据报道，使用类似产品的人群多为白领群体，可在经济较为发达的三线城市做调研，以避免生活节奏过快的一、二线城市的上班族，因上下班都赶时间而无法接受调研的尴尬。三线城市的生活节奏相对较慢，可选择特定的日子，如在"全球健康日"、五一劳动节等节日到药店、工业区或写字楼集中的地方，发放问卷，或者在周末时的商场、儿童游乐场所、大型超市门口等人流量较大的地方做实地调研。

③ 确定调查人员及进度安排：确定参加调查人员的条件和人数及调查进度。

根据调研方案确定调研人数，确定调研的天数、人数后确定费用。并对调研人员的工作量进行合理安排，使调研工作有条不紊地进行。

例如，周末白天在太仓市的大润发（布1个点，2人）、沃尔玛（布1个点，2人）、永辉（布1个点，2人）3个大型超市门口，南洋广场肯德基门口（布1个点，2人），万达广场（布3个点，每个点2人），金仓湖（布1个点，2人），晚上去天境湖（布1个点，2人）进行调研，连续4周，共计8天，目标样本量为2000份。调研人员最好是女生，或者是彬彬有礼的男生，有亲和力，统一穿着印有Logo的服装，拉一个简单的横幅或者设置一个摊位。调研期间，调研人员可以充分发挥主观能动性，灵活、巧妙地引导被调查人员顺利完成问卷调查。

④ 编制调查费用预算：合理估计调查各项费用开支。

服装、摊位、横幅、小件的礼品的置办费用，调查问卷的材料费用，以及最主要的是人员工资。

人员工资200元每天；

小件礼品2元每件，共计2000件；

服装准备18件，每件100元（包含Logo）；

调查问卷每份 2 页，每页 0.2 元，共计 2000 份；

部分商场、超市需要设摊费用，另计。

⑤ 编制市场调研计划表：根据以上 4 个任务的内容编制。

⑥ 调查问卷范例。

新产品市场调查问卷

您好，我公司最近计划推出一款新的产品，为准确把握市场，我们特邀您作为我们的访问对象，希望您能在百忙之中，抽出一点时间回答我们的问题。对您的付出，我们表示衷心感谢！

1. 请问您最近有用过咽喉药含片吗？

☐有　　　　☐没有

2. 用咽喉药的原因？

☐感冒　　　☐上火　　　☐喉咙痛痒　　　　　　其他原因＿＿＿＿＿＿＿

3. 请问您使用以下哪种产品比较多？

☐三金西瓜霜　　　　☐金嗓子　　　　☐华素片

☐江中草珊瑚含片　　☐吴太咽喉片　　☐慢严舒柠

4. 在您用过的咽喉药中，您觉得哪个产品是最好的？请说明原因。

最好的咽喉药＿＿＿＿＿＿＿＿＿＿＿＿。原因＿＿＿＿＿＿＿＿＿＿＿。

5. 您比较喜欢哪种剂型的咽喉药？

☐喷剂　　　☐含片　　　☐口服片　　　☐胶囊　　　☐散剂

6. 您觉得市场上的咽喉药的适口性如何？

☐很难吃　　☐就这样　　☐很好

7. 您在选择咽喉药时，依据是＿＿＿＿＿＿。

☐广告　　　　☐医生或药店店员推荐　　　☐产品促销

☐朋友推荐　　☐用药经验

8. 请问您现在能想起来的咽喉药广告是什么牌子的？

＿＿＿＿＿＿＿＿＿＿＿＿＿＿＿＿＿＿＿＿。

9. 请问您为什么能想起这个广告？

☐广告做得多　　　☐喜欢的明星代言的　　　☐宣传语容易记　　　☐有趣

10. 请问您最近一次买的咽喉药是哪种？您还记得多少钱买的吗？

品牌＿＿＿＿＿＿＿。价格＿＿＿＿＿＿＿。

11. 您认为这样的价格怎么样？

☐很高　　　☐还可以接受　　　☐很合理　　　☐很低

12. 现在很多咽喉药都在 5 元以上，如果以您对当地的了解，作为一个新产品，您认为一盒 24 片的润喉片卖多少钱，当地人是可以接受的呢？

☐4 元　　　☐5 元　　　☐6 元　　　☐7 元　　　☐8 元

13. 请问您有得过口腔溃疡吗?

□有　　　　　□没有

14. 口腔溃疡容易反复,请问您反复的周期大概是多久?

□一周以上　　　　□一个月　　　　□两个月　　　　□4个月

15. 请问您身边有人得口腔溃疡吗?

16. 请问您家人、身边亲戚朋友有人经常得口腔溃疡吗?

□有　　　　　□没有　　　　　□没在意

17. 请问据您了解,一般得了口腔溃疡会如何处理?

□不处理,等待自愈　　　　□去医院就诊　　　　□药店买药　　　　□其他

18. 如果您自己选用药物治疗,您通常会选用中药还是西药?

□中药　　　　□西药　　　　□视情况而定

原因是_____。

19. 您通常会选择哪种类型的药物对付口腔溃疡?

□喷剂　　　　□含片　　　　□口服片　　　　□口腔贴片

20. 请问您知道以下哪些产品可以治疗口腔溃疡吗?

□双料喉风散　　　　□三金西瓜霜喷剂　　　　□华素片

□锡类散　　　　□意可贴　　　　□其他_____。

21. 以上治疗口腔溃疡的药品中,您觉得哪个产品效果是最好的?

效果最好的是_____。

客户基本资料

1. 性别　　□男　　□女

2. 年龄　　□18~25　　□26~30　　□31~35　　□36~40　　□41~45

　　　　　□46~50　　□51~55　　□56 以上

3. 职业　　□公务员　　□事业单位人员　　□公司职员　　□私营业主

　　　　　□自由职业者　　□农民　　□学生

调查时间:　　　　调查员:　　　　复核员:

审 核 员:　　　　录入员:　　　　督导员:

问卷编号:

⑦ 市场调查报告范例。

抗感冒药零售市场调查报告

一、调查目的

作为非处方药的一大组成部分,感冒治疗药品是我国医药产品推广最成功的范例。而

随着非处方药市场走向规范，药品零售市场竞争将进入一个崭新的时期。然而面对新的市场、新的机遇，众多生产和销售企业在产品研发、市场开拓、营销组合、经营管理等方面该采取何种应对措施是值得深思的。

二、调查路径

（1）按照郑州市各城区实有药店数（三证齐全）比例进行抽样，从而共抽取45家药店样本。

（2）在各区内按照随机等距原则实地抽取药店，每家药店至少访问一名营业人员，对设有药品专柜的药店，访问抗感冒药药品专柜营业人员。

（3）调查每家药店销售量排前十位的抗感冒药品种。

（4）调查活动于2016年4月1日至6日实施，访问3个月的药品销售情况。

三、主要调查结果

（1）通过调查得知，抗感冒药物销售占郑州市药品零售总额的15%，是继保健品类（31.3%）之后销售额最大的一类药品。

（2）在我们调查的45家药店销售的抗感冒药物主要有快克、康必得、新速达感冒片、感康、康泰克、白加黑、泰诺、百服宁、必理通、芬必得、扶他林、泰克、感诺、感冒清热冲剂、双黄连口服液、帕尔克、幸福伤风素、力克舒等20多个品种。

（3）价格在10元以下的抗感冒药有快克（6.5元）、康必得（4元）、新速达感冒片（7元）、感冒通（1.8元）、百服宁（8元）、必理通（7.5元）6种，占总销售量的63%，占总销售额的32%，价格在10~15元的抗感冒药品有感康（12元）、康泰克（12元）、白加黑（12.4元）、康得（11元）、泰诺（12.5元），占总销售额的8%。

（4）在45家药店销售量和销售额排名前十位的抗感冒药品排序情况如表1和表2所示。

表1　销售量排名前十的药品排序

产品名	生产厂家	占总销售量的百分比/%
感冒通	广州明兴	23
康必得	河北恒利集团	17
感康	吉林感康制药厂	12
康得	中美史克	11
快克	海南亚洲	9
泰诺	上海强生	8
百服宁	上海施贵宝	7
康泰克	中美史克	6
新速达感冒片	北京希力	4
必理通	中美史克	3

表 2　销售额排名前十的药品排序

产品名	生产厂家	占总销售额的百分比 /%
感康	吉林感康制药厂	20
康得	中美史克	19
泰诺	上海强生	15
快克	海南亚洲	12
康必得	河北恒利集团	9
康泰克	中美史克	6
百服宁	上海施贵宝	6
扶他林	北京诺华	5
感冒通	广州明兴	5
芬必得	中美史克	3

（5）在按照销售量和销售额排名前十的共 12 种抗感冒药品中，无一为中成药，全部是化学药品。在总共 12 种药品中，合资品牌共有 10 个，即快克、康必得、康泰克、新速达感冒片、康得、泰诺、百服宁、必理通、扶他林和芬必得，其销售量和销售额分别占总销售量和总销售额的 61% 和 75%；国产品牌共 3 个，即新速达感冒片、感康和感冒通，其销售量和销售额分别占总销售量和总销售额的 39% 和 25%。

（6）目前郑州市市场上销售的抗感冒药大多含有各种非甾体抗炎药，这类药品解热镇痛作用明显，不良反应较小，其中以阿司匹林、对乙酰氨基酚、布洛芬等应用较多。但是由于各厂家生产工艺、生产条件、质量标准和含量组成不同，从而临床疗效和价格相差甚大，适应证也各有偏重。伪麻黄碱 2000 年来被广泛应用，主要因为该药具有抗充血作用，可消除感冒引起的鼻咽部黏膜充血，解除鼻塞、流鼻涕、打喷嚏等感冒前期症状。在某些感冒药中含有抗病毒成分，这对病毒性感冒具有一定的缓解和治疗作用。苯丙醇胺和氯苯那敏也在部分抗感冒药中使用，对解除感冒的一些症状有一定的作用。

四、结论与建议

（1）抗感冒药物零售市场总体状况。抗感冒药物占零售市场的份额仅次于保健类药品，这其中包含一定的季节因素。另外，消费者用药趋向于名牌，排名前四位的品牌无论销售量还是销售额都占据了相当大的市场份额。前两年销量不错的"白加黑"，尽管在消费者心中仍有着很高的知名度，但却跌出了前十名。这与其广告投放量减少有一定关系。

（2）抗感冒药物的消费特点。抗感冒药物的消费特征接近于日用品消费，但它又终归是一种药品，不同于一般的日用品消费。抗感冒药品的消费属于谨慎的消费行为、微量消费、需求弹性较小。和普通日用品一样，在产品认知方面受广告特别是电视广告影响较大，但在购买决策上，医生建议、营业人员推荐和店堂陈列对消费者影响很大。因为在药品消费上，消费者是典型的非专业性购买，自主性较弱，只能因广告、医生建议或其他外部因素被动地接受。尽管感冒是多发病、常见病，但人们对其基本知识仍不是很了解，这种情形导致药品生产者和销售者在价格制定上有很大的主动性。

（3）国产品牌较大地落后于合资品牌在市场上的发展。国产品牌数量和市场占有率远远低于合资品牌，但产品内在差异性并不大，两者的差距主要在竞争观念和市场运作水平上，国内企业急需提高营销水平，因为非处方药市场不同于处方药市场，无论在产品包装、价格制定、渠道选择、广告促销上都有其本身的特点。合资企业比国内企业做得早、做得好，取得良好的业绩也是必然。

（4）价格水平偏高，有进一步下降空间。中价位产品（主要集中于12元左右）占销售量的38%和销售额的63%，其中感康、康得、泰诺分别占据销售额前三名。低价位产品（主要集中于10元以下）占销售量的和销售额的66%和32%，其中感冒通以其低廉的价格（1.8元）占据销售量排名的第一位，康必得以其适中的价格（4元）和良好的疗效也取得了不错的业绩。总的来说，感冒作为一常见和多发性的疾病，使得抗感冒药物成为常备药品，但其目前的价格仍然偏高。对生产厂家来说利润比较高，但是随着竞争进一步加剧、品牌进一步集中，价格应有下降的空间。对于市场挑战者来说，除了提高产品质量、加强广告宣传和其他措施外，使用恰当的价格策略也是一个争取市场份额的好方法。

（5）应重视通路促销。好的广告创意、精美的广告制作、高播放频率是提高品牌知名度的有效方法，但通路促销在促使消费者购买方面起的作用更大。广告仅仅使得消费者知道了产品，出色的广告甚至可以引起消费者的购买兴趣，但是店员推荐、卖场陈列在促使消费者做出最终购买决策上显然更有影响力。企业如果想仅仅凭借大量广告投入便获得大量的市场份额，将会变得越来越困难。非处方药市场的竞争，不仅仅是产品与广告的竞争，谁对消费者研究得透，谁更注重消费者，谁就能取得竞争优势。

（6）传统中成药应能够有所作为。在销售量在和销售额排序前十位的十几种药品中，清一色的是西药。其实，我国传统中药在治疗感冒方面还是有独特疗效的，并且副作用较小。我们认为，在感冒的前期预防上，传统中成药有着广阔前景，但是，对于治疗感冒急症的患者来说，西药仍然有着不可替代的作用。总之，抗感冒药物不仅仅是一种药品，更是一种商品，特别是在药品分类管理以后，非处方药市场的竞争也越来越接近于普通商品的竞争，谁了解顾客、接近顾客，谁就能赢得顾客的信任，赢得市场。

四、展示及评价

（一）项目展示
① 撰写的市场调研方案。
② 设计的调查问卷。
③ 撰写的市场调查报告。

（二）项目评价依据

1. 市场调研方案评价标准（表1-1）

表1-1　"撰写市场调研方案"评价标准

通用能力评估

序号	评估项目	评估标准				备注
		很好（6分）	较好（5分）	一般（3分）	需努力（1分）	
1	课程出勤情况					
2	作业准时完成情况					
3	小组活动参与态度					
4	为团队多做贡献					
5	即时应变表现					
总评成绩	1~5项自评成绩 Σ30					

专业能力评估

序号	评估项目	评估标准	
		实训任务是否基本完成（考评总分为30分）	实训操作是否有突出表现（考评总分为40分）
6	确定调研目的	基本完成得10分；没有基本完成酌情扣分	① 主题确立的正确性；② 课题确立的可行性
7	明确调研方法	基本完成得10分；没有基本完成酌情扣分	① 调查方法选择正确性；② 调查方法选择可行性
8	市场调研计划表撰写	基本完成得10分；没有基本完成酌情扣分	① 计划制订的具体性；② 计划制订的可操作性
总评成绩	6~8项自评成绩 Σ70		
Σ100	学生自评成绩		
	小组互评成绩		
	教师评价成绩		
	综合成绩1= 自评成绩 ×20% + 互评成绩 ×30% + 师评成绩 ×50% =		

2. 调查问卷的评价标准（表 1-2）

表 1-2 "撰写调查问卷"评价标准

通用能力评估

序号	评估项目	评估标准				
		很好 （6分）	较好 （5分）	一般 （3分）	需努力 （1分）	备注
1	课程出勤情况					
2	作业准时完成情况					
3	小组活动参与态度					
4	为团队多做贡献					
5	即时应变表现					
总评成绩	1~5 项自评成绩 Σ 30					

专业能力评估

序号	评估项目	评估标准	
		实训任务是否基本完成 （考评总分为 30 分）	实训操作是否有突出表现 （考评总分为 40 分）
6	设计调查问卷	基本完成得 30 分；没有基本完成酌情扣分	① 问卷设计的正确性； ② 问卷的结构、格式设计规范； ③ 问卷设计的可行性
总评成绩	第 6 项自评成绩 Σ 70		
Σ 100	学生自评成绩		
	小组互评成绩		
	教师评价成绩		
	综合成绩 2 = 自评成绩 ×20% + 互评成绩 ×30% + 师评成绩 ×50% =		

3. 市场调查报告的评价标准（表 1-3）

表 1-3　"撰写市场调查报告"评价标准

通用能力评估

序号	评估项目	评估标准				
		很好（6分）	较好（5分）	一般（3分）	需努力（1分）	备注
1	课程出勤情况					
2	作业准时完成情况					
3	小组活动参与态度					
4	为团队多做贡献					
5	即时应变表现					
总评成绩	1~5 项自评成绩 Σ30					

专业能力评估

序号	评估项目	评估标准	
		实训任务是否基本完成（考评总分为 30 分）	实训操作是否有突出表现（考评总分为 40 分）
6	拟定提纲	基本完成得 15 分；没有基本完成酌情扣分	① 主题确立的正确性； ② 课题确立的可行性
7	撰写报告稿	基本完成得 15 分；没有基本完成酌情扣分	① 资料准确； ② 结论明确性； ③ 表达准确性； ④ 逻辑合理性
总评成绩	6~7 项自评成绩 Σ70		
Σ100	学生自评成绩		
	小组互评成绩		
	教师评价成绩		
	综合成绩 3 = 自评成绩 ×20% + 互评成绩 ×30% + 师评成绩 ×50% =		

4. 成绩计算

本项任务考核成绩 = 综合成绩 1×30% + 综合成绩 2×20% + 综合成绩 3×50%。

任务二　盐酸阿米替林的技术调研

一、布置任务

① 确定调研目标，分组查阅文献资料。

② 调研资料的整理与分析：调研人员对收集到的调研信息进行统计、整理和分析。

③ 拟定报告提纲，组内讨论通过。

④ 撰写技术调查报告：调研人员根据调研信息分析的结果，编写技术调研报告，并将报告提交。

二、知识准备

在原料药开发之前，除了进行充分的市场调研，还要进行全面的技术调研。通过技术调研可以了解目标原料药的研究现状和研究基础，并且在此基础上能制定合理的研究方案。技术调研主要包括查阅文献资料、参加技术交流和技术交易活动及召开技术推广应用研讨会等。这里主要介绍查阅文献资料。

1. 定义

文献是指记录知识的一切载体。主要载体是图书、报刊、会议文献、各种文件、学位论文、科技报告、专利文献、磁盘、光盘及各种音像视听资料、微缩胶卷、胶片等。文献研究是指根据一定的目的，通过搜集和分析文献资料而进行的研究。

2. 作用

科学研究立足于资料与事实。因此，任何研究人员在进行某个问题的研究之前，都得先要充分地占有和掌握与所要研究的问题有关的一切资料与事实。它的作用有：

① 了解这个问题的研究成果、研究动态、发展历史和现状，避免重复劳动，以此作为选择和确定研究课题的依据；

② 为科研工作者提供科学的认证依据和研究方法，使研究方法论建立在可靠的材料基础上。

3. 途径

常见的查阅文献资料的途径有专利、期刊、学位和会议论文、美国化学文摘和工具书等。

（1）专利

专利是知识产权的一种，它是专利申请人向政府递交的说明新发明创造的书面文件。此文件经政府审查、批准后，成为具有法律效力的文件，由政府印刷发行。一般来说，专利文献可以反映一个国家在某些技术领域内的水平。每件专利一般都涉及新的发明创造或技术改进，对研究国内外科技水平和发展趋势，制定科研、生产计划等都有一定的借鉴意义。

专利文献主要由专利说明书构成。所谓专利说明书是指专利申请人向专利局递交的有关发明目的、构成和效果的技术文件，公众可以通过政府网站检索世界主要国家的专利信息，浏览专利说明书全文。

1）中国国家知识产权局网站（http://www.sipo.gov.cn/）

国家知识产权局网站是国家知识产权局支持建立的政府性官方网站。该网站收录了103个国家、地区和组织的专利数据，其中涵盖了中国、美国、日本、韩国、英国、法国、德国、瑞士、俄罗斯、欧洲专利局和世界知识产权组织。该网站设有中英文两种检索系统。中文检索数据库收录了自1985年以来在中国公开（告）的全部发明专利、实用新型专利、外观设计专利的中文著录项目、摘要和法律状况信息及全文说明书图像；英文检索系统收录了1985年以来公开（告）的全部中国发明和实用新型专利的英文著录项目，以及发明摘要。

2）中国知识产权网（http://www.cnipr.com/）

中国知识产权网CNIPR中外专利数据库服务平台是在原中外专利数据库服务平台的基础上，吸收国内外先进专利检索系统的优点，采用国内先进的全文检索引擎开发完成的。该平台主要提供对中国专利和国外（美国、日本、英国、德国、法国、加拿大、EPO、WIPO、瑞士等90多个国家和组织）专利的检索。

3）中国专利信息网（http://www.patent.com.cn/）

中国专利信息网始建于1998年5月，它集专利检索、专利知识、专利法律法规、项目推广、高技术传播、广告服务等功能为一体，因其及时专业的服务，成为深得专利检索用户和知识产权研发人员拥戴的热门站点。

4）欧洲专利局专利信息网（https://worldwide.espacenet.com/）

欧洲专利局专利信息网（esp@cenet）是由欧洲专利局（The European Patent Organization，EPO）与欧洲专利组织及欧洲委员会成员国于1998年开始向互联网用户免费提供的专利信息查询服务网站。该网站支持英语、法语、德语，但检索后所得专利全文则是专利的原始语言。esp@cenet提供服务的数据库覆盖范围广，数据库质量可靠，更新速度快。目前esp@cenet可供网上免费查询的专利数据库有以下4个：

① 世界专利（Worldwide Patents）数据库。这是欧洲专利局收集的专利信息的总和，截止到2006年1月该数据库收录了70多个国家、地区和国际专利组织公布的专利申请书，数量达4500万条之多。

② 世界知识产权局（The World Intellectual Property Org.，WIPO）专利数据库。该数据库收录最近两年内由世界知识产权局公开的PCT专利申请，可提供专利全文图像，每周更新一次。

③ 欧洲专利局（The European Patent Office，EPO）专利数据库。该数据库收录最近两年内由欧洲专利局公布的专利申请的著录信息、文摘和全文说明书。

④ 日本专利（Japanese Patent，JP）数据库。该数据库收录1976年以来公布的日本公

开专利的英文著录数据和文摘。

5）美国专利与商标局（http://www.uspto.gov）

美国专利与商标局网站为用户提供了丰富的专利信息资源，包括专利申请、专利发布、专利审查流程、知识产权法及各种专利参考资料等，这些信息对于要了解和学习美国专利的相关知识很有帮助。该网站提供的美国授权专利数据库可供用户从 31 种检索入口检索 1975 年以来的各种美国授权专利文献，从两种检索入口检索 1790 年以来的各种美国授权专利，以及浏览 1790 年以来的各种美国授权专利全文（图像文件）。

6）日本专利局（http://www.jpo.gov.jp）

日本专利局将自 1885 年以来公布的所有日本发明专利、实用新型专利和外观设计专利的电子文献及检索系统，通过其网站上的工业产权数字图书馆（IPDL）免费提供给全世界的读者。日本专利局网站中的工业产权数字图书馆被设计成英文版和日文版两种系统。日文体统还收录了美国、欧洲、英国、德国、法国、瑞士和 PCT 的专利全文。

（2）期刊和会议文献

期刊又称杂志，它是指围绕某个专题的定期或不定期连续出版的出版物。名称统一、开本固定、有连续的序号、汇集了多位作者分别撰写的多篇文章，是化学原料药合成工作者重要的信息来源之一。期刊以品种为单位形成知识流，出版周期短，内容新颖、及时、广泛，专深，是数量最多、使用量最大的文献。会议文献是指在各种会议上宣读、交流的论文、报告、会议录等文献。定期召开会议的会议录或论文集其实相当于连续出版物。在原料药开发过程中，查阅期刊和会议文献经常使用的国内数据库主要有：中国学术期刊网、万方数据库、中文科技期刊数据库、国家科技图书文献中心、美国化学学会（ACS）全文期刊数据库和 Web of Science 数据库等。

1）中国期刊全文数据（http://www.edu.cnki.net）

中国期刊全文数据库也称同方数据库，是由中国知识基础设施工程（简称"CNKI 工程"）集团主持开发。该数据库是目前世界上最大的连续动态更新的中国期刊全文数据库，收录了 1989 年至今国内出版的 8000 余种专业期刊和 1995 年以来国外 3400 多种重要学术期刊，按学科分为 168 个专题，现有文献 3000 多万篇，每日更新，年新增文献 100 多万篇。内容涵盖自然科学、工程技术、工业、医学、哲学、人文社会科学等学科领域。该数据库数据高度整合，可实现一站式文献信息检索；同时还具有引文连接功能，除了可以构建成相关的知识网络外，还可用于个人、机构、论文、期刊等方面的计量与评价。

2）万方数据库（http://www.wanfangdata.com.cn/）

万方数据库是由万方数据公司开发的，涵盖期刊、会议纪要、论文、学术成果、学术会议论文的大型网络数据库。该数据库提供了国内近百个文献型数据库的检索，以及 1998 年以来 2000 多种国内科技核心期刊的全文。

3）中文科技期刊数据库（http://lib.cqvip.com/ZK/index.aspx）

中文科技期刊数据库收录了中国境内历年出版的中文期刊 12 000 余种，全文 3000 余万篇，引文 4000 余万条，分 3 个版本（全文版、文摘版、引文版）和 8 个专辑（社会科学、自然科学、工程技术、农业科学、医药卫生、经济管理、教育科学、图书情报）定期出版发行，目前拥有高等院校、中等学校、职业学校、公共图书馆、科研机构、政府部门、信息机构、医疗机构、企业等各类用户 6000 多家，覆盖海内外数千万用户。中文科技期刊数据库已经成为文献保障系统的重要组成部分，是科技工作者进行科技查新和科技查证的必备数据库。基于中文科技期刊数据库的维普网已经成为全球著名的中文专业信息服务网站，以及中国最大的综合性文献服务网站，同时也是中国主要的中文科技期刊论文搜索平台。

4）Web of Science 数据库

Web of Science 是美国 Thomson Scientific（汤姆森科技信息集团）基于 Web 开发的产品，是大型综合性、多学科、核心期刊引文索引数据库，共包括 8000 多种世界范围内最有影响力的、经过同行专家评审的高质量的期刊。该数据库每周更新，除了选收录刊（Selected Journals）外，其中，A&HCI 全收录刊（All Covered Journals）共有世界一流人文科学刊物 1140 多种，其回溯数据目前到 1970 年；SSCI 共收录有世界一流社会科学刊物 1700 多种，回溯数据目前到 1970 年，作者文摘到 1992 年，21 世纪中期将回溯数据至 1956 年；SCI 扩展版（SCI Expanded）是 SCI 在 Web of Science 中的名称，共包括世界一流科技期刊 5600 种，比印刷版和光盘版多 2000 种左右，目前的回溯数据到 1970 年，作者文摘到 1991 年，21 世纪中期将回溯到 1945 年的数据。除了上述 3 种综合引文索引外，Web of Science 还包括 3 种专科引文索引，其中，生物科学引文索引（BioSciences Citation Index）共有生命科学期刊 930 多种，尤其强调分子科学和细胞科学；化学引文索引（ChemSciences Citation Index）共包括 630 多种化学、生物化学、药学和毒理学方面的期刊；临床医学引文索引（Clinical Medicine Citation Index）共包括临床医学研究期刊 2000 多种。Web of Science 中的这些学科数据库既可以独立使用，也可以综合起来进行检索。

（3）学位论文

学位论文是指高等院校和科研单位中的本科生、研究生为获得学位，在导师指导下完成的科学研究、科学试验成果的书面报告。学位论文一般不对外发行，印数少，不容易获得。质量参差不齐，其中硕士、博士论文较为专深，对研究工作有较大参考价值。查阅学位论文的数据库有：清华同方优秀博硕士学位论文全文数据库，中国科学技术信息研究所万方数据公司的中国学位论文全文库，中国科学院学位论文数据库，国家科技图书文献中心中文学位论文数据库和 CALLS 高校学位论文数据库等。

（4）《美国化学文摘》

《美国化学文摘》（Chemical Abstracts，CA），是世界上著名的检索工具之一，是检索化学化工文献的重要工具。创刊于 1907 年，由美国化学学会化学文摘社（Chemical Abstracts Service，CAS）编辑出版。CA 的收藏信息量大、收录范围广，其收录的文献资料来自全球 200 多个国家和地区的 60 多种语言。到目前为止，CA 已收文献量占全世界化工化学总文献量的 98%，种类超过 10 000 种，包括期刊、专利、评论、会议录、论文、技术报告和图书中的各种化学研究。

CA 的出版形式主要有印刷版、光盘版和网络版，其中网络版 "SciFinder" 在充分吸收原纸本版 CA 精华的基础上，利用现代化机检技术，进一步提高了文献的可检性和速检性。SciFinder 可以帮助你从世界各地的数百万的专利和科研文章中获取最新的技术和信息，能够为研究单位带来巨大的利益，包括对信息更有效的使用及对研究和开发工作的推动。SciFinder 拥有主题检索、分子式检索、结构检索、反应式检索等多种先进的检索方式，还可以通过 Chemport 链接到全文资料库及进行引文链接。SciFinder 有两种版本，即 "SciFinder" 和 "SciFinder Scholar"。前者是主版本，后者是大学用版本。SciFinder Scholar 可检索的数据库包括以下几个。

1）文献数据库（Reference Databases）

a. CAplus

包含来自 150 多个国家、9000 多种期刊的文献，覆盖 1907 年到现在的所有文献及部分 1907 年以前的文献。目前，期刊和专利记录 2300 余万条，每天更新 4000 条以上。

b. Medline

医药文献记录 1400 多万条。美国国立医学图书馆（National Library of Medicine）的数据库，来自 4600 多种期刊，始自 1951 年。每周更新 4 次。

2）结构数据库（Structure Database）

涵盖从 1957 年到现在的特定的化学物质，包括有机化合物、生物序列、配位化合物、聚合物、合金、片状无机物。包括了在 CA 中引用的物质及特定的注册。如管制化学品列表。目前具有 >7400 万条的物质记录，每天更新约 7 万条，每种化学物质有唯一对应的 CAS 注册号。

3）反应数据库（Reaction Database）

包括从 1907 年到现在的单步或多步反应信息。其中的反应包括 CAS 编目的反应及下列来源：ZIC/VINITI 数据库（1974—1991 年，InfoChem Gmbh），INPI（Institute National de la Propriete Insutrielle，法国）1986 年以前的数据，以及由教授 Klaus Kieslich 博士指导编辑的生物转化数据库。

4）商业来源数据库（Commercial Sources Database）

化学品的来源信息，包括化学品目录手册及图书馆等内的供应商的地址、价格等信息。

5）管制数据库（Regulatory Database）

包括了 1979 年到现在的管制化学品的信息，包括物质的特征、详细目录、来源及许可信息等。

（5）工具书

工具书是指将大量分散在原始文献中的知识（包括各种理论、数据、事实和图表等）收集起来，经过分析、鉴别、提炼和浓缩，用简明扼要的形式编写，供人们查阅使用的一种特殊类型的图书。在化学合成原料药开发过程中，一般利用工具书查阅化合物的物理化学数据、制备方法、谱图及相关的有机化学反应。

1）物理化学数据手册

若要查阅常见物质的主要数据时，通常可选择综合型的化学手册，如 *CRC Handbook of Chemistry and Physics*（《CRC 化学和物理手册》）、*Lange's Handbook of Chemistry*（《兰氏化学手册》）、*Chemical Properties Handbook*（《化合物性质手册》）。这类手册在高等院校、科研院所多有收藏。

2）制备方法工具书

用于查阅有机化合物制备方法的工具书主要有 *Organic Synthesis*（《有机合成》）和 *Compendium of Organic Synthesis Methods*（《有机合成方法纲要》）。

Organic Synthesis 是一套大型的有机合成丛书，主要介绍各种有机化合物的制备方法。介绍具有一定代表性的不同类型化合物的合成路径及详细步骤，每种方法在发表前都要经过两个不同实验室的有机合成专家进行核对验证，是化学合成原料药开发工作者重要的参考书之一。

Compendium of Organic Synthesis Methods 以反应式来描述官能团化合物的制备方法，并附有参考文献，列出了 1750 个有关官能团和双官能团化合物制备实例，涉及烯烃、醛、酮、羧酸衍生物、卤烃、胺类等多种官能团有机化合物。

3）光谱、波谱图谱集

在化合物结构分析中，波谱分析越来越显示其重要性。常用于查阅的光谱、波谱的手册有 *Sadtler Reference Spectra Collection*（《Sadlter 标准光谱集》）及美国 Aldrich 化学试剂公司编撰出版的光谱手册。

4）有机化学反应工具书

Organic Reaction（《有机反应》）可用于查阅有机化学反应，该书主要介绍有机化学中有理论价值和实际意义的反应式，并对有机反应机理、应用范围、反应条件、典型反应步骤等做了详尽的讨论。

三、实用案例

青蒿素生产工艺现状调研

作为青蒿素的发明国，中国青蒿素产业在国际市场上却是配角，市场份额不到10%，除东非几个国家与越南有少量的青蒿种植外，有着独特地形、光照、土壤特点的中国是青蒿的主要种植国。然而，中国的青蒿素产业在国际上并没有赢得与其相匹配的地位，甚至不及印度。除了达到或绕行 WHO（世界卫生组织）设下的高门槛外，青蒿素生产工艺的改进也是值得我们思考的。为此，我们希望通过技术调研，来了解目前青蒿素的获取情况。

一、青蒿素的提取、分离

目前，我国青蒿素主要由青蒿饮片经处理后提取、纯化而来。常用的青蒿素提取方法有传统溶剂法及近些年发展起来的新型提取工艺和联用技术。传统溶剂法包括室温提取、冷浸提取、索氏提取、回流提取；新型提取工艺技术包括超声提取技术、超临界 CO_2 萃取技术、微波辅助萃取技术和快速溶剂萃取技术等。各提取方法的原理和特点如表1所示。

表1　青蒿素提取方法比较

提取方法	原理	特点
传统溶剂提取法	次生代谢产物与有机溶剂相似相容	操作简单，对设备要求低；但提取率低、能耗高，后处理麻烦
超声提取法	依靠超声波机械振动产生的高强度击碎和搅拌作用，增加溶剂穿透力，加速有效成分进入溶剂，加快提取	操作简便，提取率高，无须加热，速度快，效果好；但样品处理量少，仅适用于分析检测少量的样品
超临界 CO_2 萃取法	超临界状态下物质溶解度对温度、压力有较强的敏感性，通过改变温度、压力实现超临界流体中所溶物质的提取分离和提纯	选择性高，分离工艺简单，节约能源，适宜于热敏性物质的萃取；所用 CO_2 无毒、无味、无污染、无残留，安全性好；但设备投资大，运行成本较高
微波辅助萃取法	利用微波辐射产生的热量，加快物质传质速度，从而加快有效成分提取速度	无污染，无噪声，选择性好，回收率高，溶剂用量少，提取率高，但非极性溶剂很少或不吸收微波，因而对溶剂要求严格
快速溶剂萃取法	通过提高温度和增加压力来提高萃取的效率	省时省力，操作简单，节约溶剂，安全性好，溶剂回收率高，自动化程度高
联用技术	集萃取、分离、精制于一体，全面提升产物得率和纯度	无污染，操作工序少，产物收率高，纯度佳；但设备要求严格，投入成本较高

目前，文献报道有关青蒿素分离纯化工艺的研究方法主要有大孔树脂吸附法和硅胶柱层析法等。

总而言之，青蒿素的获取已形成一个从提取到分离纯化的完整流程。事实上，青蒿素提取、分离纯化中仍存在有效成分提取不完全、溶剂残留等问题，亟待进一步地研究与改善。根据表1中内容，对比各提取方法可知，寻求一种简单方便，提取率高，溶剂残留少，成本低，适合工业化生产的提取方法、纯化工艺显得尤为重要。

二、青蒿素的合成

化学合成青蒿素这一具有结构特色的天然倍半萜分子是有机化学家所面临的挑战。自1979 年青蒿素的结构被报道以来，许多研究者都致力于青蒿素的人工合成工作，到目前为止，各国研究人员对青蒿素及其类似物的结构和合成进行了大量的工作。青蒿素的合成方式分为两种：全合成路线和半合成路线。同时在不同的合成方式下存在不同的合成策略。以下综述近年来文献报道的青蒿素的合成进展。

（一）青蒿素全合成路线

1. W. Hofheinz 等于 1983 年报道的（＋）－青蒿素合成路线

这是自青蒿素发现以来，于 1983 年报道青蒿素的化学结构后，首次报道青蒿素的全合成路线。W. Hofheinz 等的合成工作以（－）－异胡薄荷醇为起始原料，首先用甲氧基甲醚保护基团保护手性羟基，接着采用硼烷进行硼氢化氧化，将末端烯转化为伯羟基，并用苄醚保护生成的羟基。脱除仲羟基的保护，并将其氧化为环己酮中间体，进一步通过 LDA 作用延伸碳链。将羰基转化为延伸一个碳的硅醇化合物；再经脱苄基和氧化得含甲基酮官能团内酯化合物，四丁基氟化铵脱硅甲基得到烯基甲氧醚——光氧化的前体；低温条件下经光氧化，并经酸处理，最终完成青蒿素的首次全合成。从（－）－异胡薄荷醇出发，经 11 步化学反应实现青蒿素的首次全合成。

2. 周维善等于 1986 年报道的（＋）－青蒿素合成路线

1986 年，周维善等报道了从左旋香茅醛出发合成青蒿素的路线，经路易斯酸溴化锌催化闭环硼氢化得二醇中间体、苄醚保护和琼斯氧化制得手性环己酮化合物，经 LDA 作用延伸 4 个碳的二酮化合物，氢氧化钡促进的 Claisen 缩合得手性环己烯酮，再经双键还原、甲基化和对甲苯磺酸脱水成烯；Birch 还原脱除苄基后得伯羟基，转化为甲酯后通过臭氧化制得醛酮化合物，硫缩酮选择性保护酮羰基后，转化醛基成甲氧基烯醚，再脱除硫缩酮，形成光氧化前体，采用低温的光氧化构建过氧桥，在高氯酸的作用下脱除硫缩酮保护，在低温条件下经光氧化水解得目标产物青蒿素。从天然的香茅醛出发，通过 12 步化学反应，尽管反应步数较多，但周维善等通过合成双氢青蒿酸的策略为青蒿素的生源研究探索、后期多条全合成路线及可能的合成工艺提供了非常扎实、明确的引导。

3. M. A. Avery 等于 1987 年报道的（＋）－青蒿素合成路线

1987 年，M. A. Avery 报道了以手性长叶薄荷酮（5R）－5－甲基－2－（1－甲基亚乙基）环己酮为原料经 12 步反应合成青蒿素。在碱性条件下，用过氧化氢将共轭系统转化为环氧化合物，再经两步反应获得苯基砜化合物，采用双负离子策略顺利制备底物诱导的延伸碳链的手性化合物；在铝汞合金的作用下脱除苯基砜后，吡啶溶液中将酮和对甲苯磺酰肼转化为对甲苯磺酰腙，然后在正丁基锂的作用下，进一步和无水 N，N－二甲基甲酰胺反应获得共轭烯醛。将共轭烯醛化合物转化为三甲基硅基乙酸酯，采用 Lreland Claisen 重排获得羧酸，用硫酸二甲酯转化为甲酯；获得手性甲基后，经水解、酸化获得含烯基硅的酮酸化合物，再经臭氧化和酸处理，完成青蒿素的全合成。之后 M. A. Avery 于 1992 年以全文的形式，反应条件的细微改动和几乎没有太大改动的合成路线在美国化学会杂志中再次报道。

4. T. Ravindranathan 等于 1990 年报道的（＋）－青蒿素合成路线

1990 年，T. Ravindranathan 报道了以由右旋蒈－3－烯合成的右旋柑橘柠烯为原料立体选择性地合成青蒿素。右旋柑橘柠烯通过 9-BBN 的硼氢化氧化得到非对映异构体醇的混合物。再用 1－乙氧基－2－甲基－1，3－丁二烯进行反式醚化，进一步在甲苯回流中进行分子内的 Diels-Alder 反应得到醚的差向异构体混合物，随后采用 m-CPBA 氧化和 LAH 还原得到叔醇，并通过 $RuCl_3 / NaIO_4$ 氧化成内酯，再在氢氧化钠中水解。进一步采用高碘酸钠氧化得中间体醛酮化合物，最后通过周维善报道的青蒿素的合成路线进行合成。该路线与周维善报道的路线相比较，能够较简易地立体选择性地合成关键中间体醛酮化合物，与之前文献报道的合成中间体步骤相比较，该路线的立体选择性更优。

5. M. A. Avery 等于 1992 年报道的（+）-青蒿素合成路线

1992 年 M. A. Avery 等所组成的课题组以（R）-长叶薄荷酮为起始原料，历经环氧化、苯硫酚钠开环后氧化得到亚砜化合物，之后经烷基化、铝汞合金脱硫和对甲苯磺酰肼作用得到关键中间体。该中间体在 TMEDA/ 正丁基锂作用下得到化学纯不饱和醛，进一步经三甲基硅基化、重排、甲基化获得单一构型的酸，该酸在臭氧光解的作用下得到目标化合物青蒿素。该路线历经 10 步反应，以 33%~39% 的总收率立体选择性地全合成天然产物青蒿素，为青蒿素的全合成提供了新的思路。

6. H. J. Liu 等于 1993 年报道的（+）-青蒿素合成路线

1993 年，H. J. Liu 等报道了以烯酮酯作为起始原料合成青蒿素。α，β-不饱和烯酮酯与 2- 甲基 -1, 4- 丁二烯通过 Diels-Alder 反应得到二环中间体，经光氧化后得到烯二酮中间体；以乙二硫醇保护羰基，再以一水合碘化锂脱去甲酸甲酯。以乙二醇保护剩余羰基后与对甲苯磺酸反应得到二烯酮中间体；经 Wittig 反应延长碳链并与对甲苯磺酸反应得到热力学稳定的醛中间体；经锂铝氢还原成醇后再经 MsCl 保护得甲磺酸酯中间体；再经锂铝氢还原和氯化汞脱乙二硫醇保护得到二烯酮中间体；经 Luche 还原、Mitsunobu 反应后得到苯甲酸酯中间体；该中间体进而经过硼氢化、氧化和甲酯化 3 步反应得到二酯中间体；脱出苄氧基后得到两个难以分离的区域异构体（目标分子比例占 9/14）。利用亚甲基蓝作为光敏剂，经光氧化后，在三氟乙酸的作用下得到目标产物右旋青蒿素。整个合成路线共 22 步，采用光致生氧反应青蒿素关键的过氧桥结构。

7. T. Ravindranathan 等于 1994 年报道的（+）-青蒿素合成路线

1994 年 T. Ravindranathan 等报道了以薄荷脑为起始原料合成青蒿素的路线。依次经过琼斯氧化、N，N- 二甲基甲酰化得到 α 位取代的薄荷酮，该化合与碘甲烷反应形成季铵碱，再通过与乙酰乙酸乙酯反应得到烯酮化合物。烯酮化合物依次经过氧化、锂铝氢还原形成二醇，该二醇化合物进行选择性保护，然后在 LTA 和碘的作用下并伴随着光分解反应形成关环化合物。该化合物在碱的作用下脱去保护基并发生氧化得到相应的酮，随后在酸性条件下开环并脱水形成不饱和酮，然后在氢气的条件下还原形成饱和酮类化合物。该化合物依次经过与碘甲烷反应引入甲基、在醋酸酐的作用下选择性保护异丙基末端的羟基、脱水、脱保护形成青蒿醇。青蒿醇在臭氧的作用下开环，形成的醛基与异丙基末端的羟基形成半缩醛结构，再在氧气和三氟甲磺酸二甲基叔丁基硅烷酯作用下关环并形成双氧桥结构。最后在三氯化钌的催化下氧化得到目标产物青蒿素。此合成路线形成了两个关键的前药，因此报道了两篇形式合成路线。

8. M. G. Constantino 等于 1996 年报道的（＋）－青蒿素合成路线

1996 年 M.G. Constantino 等报道以 12 步、总收率 11% 合成天然产物（＋）－青蒿素的路线。以含两个不对称中心的异胡薄荷醇为起始原料，经硼氢化反应，使用苄基保护伯羟基，PDC 氧化仲羟基为酮，随后 3 步 Robinson 环化反应得到环己烯酮，再通过氢气和钯碳催化加氢还原双键，脱苄基，PDC 氧化得到酮酸化合物，与甲基锂作用生成差向异构体季醇混合物，对甲苯磺酸脱去一分子水，产物经高效液相色谱分离得双氢青蒿酸，最后通过 Acton-Roth 的方法合成青蒿素。

9. J. S. Yadav 等于 2003 年报道的（＋）－青蒿素合成路线

2003 年，J. S. Yadav 等以异柠檬烯为起始原料，经 11 步反应，高效及高立体选择的实现了（＋）－青蒿素的全合成。经二环己基硼烷区域选择性硼氢化氧化反应获得相应的醇，再经 Jones 氧化剂氧化成酸；在碱性环境下，使用 I_2/KI 体系得到碘代内酯；与甲基乙烯基酮作用通过分子间自由基反应得到相应的烷基化内酯，乙二硫醇保护以定量收率生成硫缩酮内酯，再经水解、重氮甲烷酯化得到羟基酯化合物，PCC 氧化剂将羟基酯转化为环己酮衍生物；再通过经 Wittig 反应得到环外甲基乙烯基醚，再脱去乙二硫醇保护得到关键中间体，最后通过光氧化、高氯酸水解得到（＋）－青蒿素。Yadav 的合成策略以异柠檬烯为手性源完成了青蒿素立体选择性的全合成，为可能的大规模合成提供了新的思路，并于同年 Tetrahedron Letter 杂志上报道了该合成路线。

10. J. S. Yadav 等于 2010 年报道的（＋）－青蒿素合成路线

2010 年，J. S. Yadav 等报道的青蒿素的全合成路线是以右旋香茅醛为原料，在手性脯氨醇衍生物和 3, 4-二羟基苯甲酸乙酯的催化下，与甲基乙烯酮进行不对称 1, 4-加成获得延伸 4 个碳的醛酮化合物（非对映体过量百分率为 83%），再进一步在碱性条件下进行分子内的羟醛缩合，以 84% 的收率得到姜烯；接着用甲基格氏试剂对羰基进行 1, 2-加成，形成 Ene 反应的前体，在路易斯酸的作用下，通过 Ene 反应构建双环母核。进一步采用 9-BBN 进行区域选择性硼氢化转化合成伯醇，再经 Swern 氧化和亚氯酸钠氧化将伯醇转化为酸，碘甲烷酯化，采用 Haynes 报道的操作完成青蒿素的合成。Yadav 报道的以易得的原料天然香茅醛经 10 步反应的青蒿素全合成路线未采用保护基团。根据其报道，该合成路线明显的缺点是反应步骤较长，多步反应需要借助柱层析分离纯化，尤其是四氯化锡催化的 Ene 反应产物（实际是路易斯酸促进的碳正离子参与的 Wagner-Meerwein 重排）此外，该路线对反应过程中立体化学结构的归属不尽详细，如 Cl，C6，C7 和 C11 的立体手性中心。

11. 伍贻康等于 2011 年报道的（＋）－青蒿素合成路线

2011 年伍贻康以 Nowak 小组合成的环氧化合物为原料对青蒿素的合成路线进行了探索，发展了一种使用从钼酸钠和甘氨酸合成的钼催化剂与过氧化氢的催化体系，来催化环氧化合物过氧化生成 β－羟基过氧化物。该步骤不仅不会破坏侧链中缩酮基团，而且不需要分离纯化可以直接进行下一步反应。随后在对甲苯磺酸作用下分子内的缩酮交换反应形成三氧杂环己烷结构，并通过醋酸碘苯氧化成环，最后通过 Ye 课题组使用的 RuCl₃/NaIO₄ 氧化体系进一步氧化成目标产物青蒿素。在之前文献报道中醋酸碘苯氧化步骤需要光照，而作者发现并不需要光照，而且首次使用了钼催化剂和过氧化氢催化体系对 C-12a 进行过氧化。该催化体系提供了一种较为便捷的方法在青蒿素合成过程中引入过氧桥。

12. S. P. Cook 等于 2012 年报道的（＋）－青蒿素合成路线

2012 年 S. P. Cook 等报道了以环己烯酮为原料，采用"一锅化"策略，在手性配体的作用下利用甲基锌进行不对称 1，4－加成羰基的 α 位烯丙基烷基化，以高达 7：1 的 dr 值和 91% 的 ee 值得到手性烯酮化合物，成功构建青蒿素骨架分子中的手性甲基和初步的手性骨架；然后采用对甲苯磺酰腙参与形成的碳负离子，进而与 N，N－二甲基甲酰胺反应，获得延伸一个碳的不饱和共轭烯醛化合物；接下来，在路易斯酸二乙基氯化铝的作用下进行 [4+2] 反应，尽管反应产物原酸酯中引入 3 个手性中心，其中两个对目标产物青蒿素的合成不产生影响，随后采用过量的过氧化氢和催化量的氯化钯以 61% 的收率制备氧化重排的前体甲基酮化合物。采用钼酸铵促进过量过氧化氢的分解产生单线态氧氧化烯醚，随后的进一步氧化和酸性条件脱除保护基团，顺利完成青蒿素的全合成，这个合成策略主要的特点在于原料简单易得，看似有多步反应，实际上作者多次采用"一锅化"合成策略。使得整个反应路线仅 5 步反应，而且使用的试剂也比较常见易得，整个路线非常简捷、高效，较大的缺点是每步反应都需要采用色谱纯化。

（二）全合成评价

在近 30 年来对青蒿素的合成探索中，大部分研究者都把精力放在对青蒿素的全合成上。在青蒿素的合成中，关键的一步是分子结构中双氧桥的构建，许多科学家采用光氧化的方法来解决这一关键问题。

G. Schmid 等应用了低温下的光氧化反应来构建青蒿素结构中的双氧桥，在反应前期先得到烯基甲氧醚——光氧化前体，然后在低温下进行光氧化得到目标产物。随后，周维善等也采用类似的方法构建青蒿素结构中的双氧桥，他以玫瑰红为光敏剂，在低温下进行光氧化反成并进一步用酸处理得到青蒿素；1993 年 H. J. Liu 报道的文献中也采用光氧化的方法来解决这一关键问题，他采用亚甲基蓝为光敏试剂，经光氧化得到目标产物；后期，J. B. Bhonslc，J. S. Yadav 的合成路线中也都采用类似的方法。同时光氧化方法也成为青蒿素合成探索中一种简便、有效的引入双氧桥的方法。也有一些研究者采用其他的方法合成目标产物，例如，1992 年 M. A. Avery 采用臭氧光解的方法来引入双氧桥完成全合成，C. Y. Zhu 和 S. P. Cook 采用过氧化氢氧化分解并进一步氧化得到目标产物，此合成路线的最大亮点并不是最后一步双氧桥的引入，而是反应过程中采用的"一锅化"策略大大缩短了反应路线，吸引了科学界的广泛关注。

青蒿素的手性合成其实分为两种方式，采用手性原料直接合成手性目标产物和后期拆分。在近 30 年对青蒿素的手性合成中采用第一种方法的路线占据大多数，并且有很好的发展前景。

在青蒿素的全合成之初，许多研究者就致力于从手性原料出发，例如，G. Schmid 首次报道的合成路线就是以手性异胡薄荷醇为起始原料；在后期的合成路线探索中，许多研究者都选用手性薄荷醇或薄荷醇的衍生物作为手性起始原料，例如，M. A. Avery 报道的合成路线就是以手性长叶薄荷酮为原料，M.G. Constantino 报道的合成路线也是从异胡薄荷醇开始的，且在反应过程中保持手性不变，来构建目标产物中的手性结构。纵观近30 年来青蒿素全合成路线的发展历程，薄荷醇或薄荷醇的衍生物成为许多合成路线的首选起始原料。但还有许多研究者在探索不同的道路，从反应之初就采用不同的策略，例如，T. Ravindranathan 报道的合成路线就以右旋的柑橘柠檬为原料，反应过程中采用反式醚化策略使整条合成路线表现出更优的立体选择性，其他研究者如 H. J. Liu、周维善、J. S. Yadav 等也都采用不同的手性原料，并各自表现出不同的优越性。

（三）青蒿素的半合成

① R. J. Roth 1989 年报道的（+）- 青蒿素合成路线

1989 年 R. J. Roth 等报道了首次从青蒿酸合成差向异构体双氢青蒿酸，进而以 17% 的收率通过光氧化反应并经一系列后处理操作获得青蒿素的路线，并经数据对比验证其结构的正确。

② M. Nowak 等于 1998 年报道的（+）- 青蒿素合成路线

1998 年，D. M. Nowak 以 11-R- 双氢青蒿素为原料，经 Wilkinson 催化剂催化，六氯化钨 / 正丁基锂作用，得到内酯化合物。该内酯化合物再由选择性地保护、还原断裂得到关键中间体。之后，以玫瑰红为光敏剂、在单线态氧存在的条件下经光诱导反应合成青蒿素。此条合成路线利用前人研究的光诱导 / 环化反应顺利完成青蒿素的全合成，路线简短、高效。同时，其课题组还发展了一种新的氧化内酯化反应方法，为合成青蒿素提供了新的探索思路。

③ P. H. Seeberger 等于 2012 年报道的（+）- 青蒿素合成路线

2012 年，P. H. Seeberger 等建立了一个方便的连续流方法合成青蒿素，以从青蒿素植物中可以大量提取的廉价青蒿酸为起始原料，经选择性还原、单线态氧氧化构建烯丙位过氧化物，之后经三氟乙酸介导的 Hock 断裂并伴随烯丙位的迁移得到烯醇化物，该烯醇化物经三线态氧氧化获得关键中间体。进一步经缩合反应得到目标化合物，顺利完成青蒿素的半合成。该条路线简单、高效、廉价，整个过程不需要关键中间体的分离与纯化。据估算以该方法合成青蒿素，每日的产量高达 200 g，有望经进一步的优化反应条件达到高收率，来满足全世界对青蒿素日益增长的需求。同时大大降低其成本。

④ 伍贻康等于 2013 年报道的（+）- 青蒿素合成路线

2013 年，伍贻康小组从易得的天然双氢青蒿酸出发，在钼酸钠的催化作用下，以 30% 的过氧化氢作为单线态氧源，获得过氧烯丙基化合物。随后再进一步在酸性条件和氧气氛围下，反应两天后以 41% 的收率获得青蒿素。这是迄今为止，所报道的以较高收率、简单的操作和合适的原料合成青蒿素的路线。与 2011 年伍贻康小组报道在《Organic Letters》

上青蒿素的合成路线相比较，其原料更加易得，步骤更短，收率更高，是最为可能的低成本生产青蒿素的潜在实用路线。其主要特点是原料易得（从生物法获得的双氢青蒿素和工业可得的过氧化氢）、条件温和（室温反应）、方法简单和可接受的收率。此外，反应的收率尚有较大优化提升的空间。

⑤ J. Turconi 等于 2014 年报道的（＋）－青蒿素半合成路线

2014 年，J. Turconi 等通过钌参与的非对映选择性氢化将经生物转化而得的青蒿酸高选择性生成双氢青蒿酸，进而通过光催化氧化构建过氧桥而完成青蒿素的合成。这是目前为止，由赛诺菲公司开发并运行的收率最高、最有效率的一条适合工业化合成青蒿素的路线，其主要特点是：采用由 Takasago 开发的较有特色的钌催化剂，在收率几乎定量的情形下，将不对称氢化的非对映选择性提高到 19∶1；采用碳酸酯策略活化羧酸，使得采用四苯基卟啉为光敏剂的光氧化反应及随后的内酯化反应的关键合成步骤的收率和产品更满足规模化工业生产及药品质量的要求。

（四）半合成路线评价

虽然许多研究者致力于青蒿素的全合成，但半合成生产在青蒿素的合成中也占有很重要的地位。文中所综述的青蒿素的半合成路线最大的区别在于起始原料的不同，但在路线中过氧桥的构建却采用了类似的方法，1989 年 R. J. Roth，1998 年 M. Nowak，2014 年 Ronan Gueve 等分别从手性青蒿酸和双氢青蒿素出发合成手性目标产物，均通过光氧化反应来构建青蒿素分子中的过氧桥结构，但在青蒿素半合成路线发展历程中也有不同的策略，伍贻康报道的合成路线首次采用过氧化氢体系进行过氧化反应，为引入过氧桥结构提供了一种便捷的方法，随后他又开拓新的方法，通过在酸性条件下与氧气反应来完成过氧桥的构建。

三、国外流行的方法

青蒿虽然在世界各地广泛分布，但青蒿素含量随产地不同差异极大，具有显著的生态地域性，根据研究得知，除了中国部分地区外，世界绝大多数地区生产的青蒿中的青蒿素含量都很低，并无利用价值。目前国外流行的生产方法如下。

（一）生物合成法

青蒿素的生物合成主要是通过代谢工程来完成。目前的研究结果表明，合成青蒿素前体和中间体的研究验证了青蒿素的生物合成途径。研究认为主要分为 3 个步骤：① 通过乙酰辅酶 A 来形成法尼基二磷酸（FPP）；② 通过 FPP 合成倍半萜紫穗槐－4,11－二烯；③ 紫穗槐－4,11－二烯合成青蒿酸，最终形成青蒿素。从基因工程角度看，这 3 个步骤主要可以分为：添加生物合成前体物质来增加青蒿素含量；通过控制青蒿素合成的关键酶或者激活关键酶控制的基因来提高青蒿素含量；借助基因工程手段增强关键酶的效率。图 1 为青蒿素的生物合成途径。在生物合成的过程中，合成途径复杂，尤其是在倍半萜内酯合成中存在 2 个限速步骤，即环化和折叠成倍半萜母核的过程和形成含过氧桥的倍半萜内酯过程。

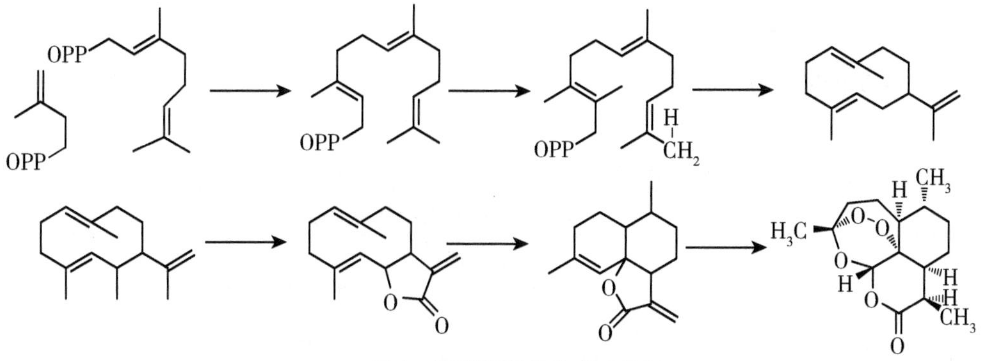

图 1　青蒿素的生物合成途径

（二）植物细胞培养法

植物细胞培养技术生产青蒿素具有不受自然条件限制、不破坏自然环境的优点，除此之外，还可通过各种基因或细胞工程手段获取高产青蒿素的新品种。天然青蒿素对人体无毒副反应使得植物细胞培养具有不可替代的优越性。20 世纪 80 年代，已经开展了大量的植物细胞培养法生产青蒿素研究，探索了悬浮细胞、青蒿愈伤组织、芽和毛状根等培养系统中对青蒿素的合成。

四、结论

（一）国内外研究现状的差别

我国主要从青蒿中直接提取获得青蒿素，并结合转基因诱导提高青蒿中青蒿素含量；而国外则通过在微生物中合成青蒿素的前体后改用化学方法半合成青蒿素，或以大肠杆菌、酵母菌和烟草为宿主细胞，体内合成青蒿素。造成这种研究侧重点存在差异的原因有历史和现实双重因素。青蒿在中国有着悠久的种植和使用历史，人们更愿意以传统的思维和手段去研究、利用它，开发也只局限于青蒿转基因植物的培育方面，在生物合成方面虽有涉及但研究不够深入。国外研究者不受传统经验和研究方法的束缚，更倾向于向更深领域的开拓，这也促成了他们在生物合成青蒿素领域处于遥遥领先的地位。

（二）各种获取工艺对比

目前青蒿素植物培养的研究热点集中于应用细胞工程、基因工程等手段来提高青蒿素的含量，进而采用反应器技术来大规模组织培养生产青蒿素。但现行的这些技术均存在一个最大的障碍问题，即黄花蒿及生物技术培养得到的材料青蒿素的含量始终维持在一个相当低的水平上。青蒿素的半合成、全合成路径虽然取得了一些研究进展，但是由于工艺复杂、产率低、成本高的问题，导致产业化道路发展受阻。目前大规模青蒿素的制备主要还是来自于从黄花蒿中直接提取。

四、展示及评价

（一）项目展示

展示撰写的技术调查报告。

（二）项目评价依据

技术调查报告的评价标准如表1-4所示。

表1-4　"撰写技术调查报告"评价标准

通用能力评估

序号	评估项目	评估标准				备注
		很好（6分）	较好（5分）	一般（3分）	需努力（1分）	
1	课程出勤情况					
2	作业准时完成情况					
3	小组活动参与态度					
4	为团队多做贡献					
5	即时应变表现					
总评成绩	1~5项自评成绩 Σ 30					

专业能力评估

序号	评估项目	评估标准	
		实训任务是否基本完成（考评总分为30分）	实训操作是否有突出表现（考评总分为40分）
6	拟定提纲	基本完成得15分；没有基本完成酌情扣分	① 主题确立的准确性； ② 内容结构的条理性
7	撰写报告稿	基本完成得15分；没有基本完成酌情扣分	① 资料准确完整； ② 结论明确性； ③ 表达准确性； ④ 逻辑合理性
总评成绩	6~7项自评成绩 Σ 70		
Σ 100	学生自评成绩		
	小组互评成绩		
	教师评价成绩		
	综合成绩 = 自评成绩 ×20%+ 互评成绩 ×30%+ 师评成绩 ×50%=		

任务三　撰写调研报告

一、报告内容及撰写注意事项

调研报告是为社会、企业、各管理部门服务的一种重要形式。调查的最终目的是写成调查报告呈报给企业的有关决策者，以便他们在决策时做参考。一个好的调查报告，能对企业的决策起到有效的导向作用，因此在撰写报告时，要注意遵循以下4个原则：①目的性原则；②完整性原则；③准确性原则；④明确性原则。

虽然每份调查报告都是为其所代表的具体项目定做的，但基本上有一个惯用的参考格式，这一格式说明了一份好的报告在其必要部分及排序上的共识。总体上说，一份完整的调查报告包括扉页、目录、执行性摘要、介绍、正文、结论与建议、补充说明、附件8个部分。

总体来说，调研报告必须主题鲜明，结构合理；文字流畅，富有说服力；选材恰当，论据充分；重点突出，详略得当；版式简洁，便于阅读。

二、调研报告提纲（表1-5）

表1-5　调查报告的主要内容

一、扉页	（5）其他有关信息（如特殊技术、局限或背景信息）
（1）题目	四、介绍
（2）报告的使用者	（1）实施调查的背景
（3）报告的撰写者	（2）参与人员及职位
（4）报告的完成日期	（3）致谢
二、目录	五、正文
（1）章节标题，附页码	（1）叙述调查情况
（2）表格目录：标题与页码	（2）分析调查情况
（3）图形目录：标题与页码	（3）趋势和规律
（4）附件：标题与页码	六、结论与建议
三、执行性摘要	七、补充说明
（1）目标的简要说明	（一）调查的方法
（2）调查方法的简要陈述	（1）调查的类型和意图
（3）主要调查结果的简要陈述	（2）总体的界定
（4）结论与建议的简要陈述	（3）样本设计与技术规定

（4）资料收集的方法（如邮寄、访问等）	八、附件
（5）调查问卷	（1）调查问卷
① 一般性描述	
② 对使用特殊类型问题的讨论	（2）技术性附件（如统计数据或图表等）
（6）特殊性问题或考虑	（3）其他必要附件（如调查对象所在地地图、参考资料等）
（二）局限型	
（1）样本规模	
（2）样本选择的局限	注：正式的报告有时还会将提交信和委托书放在目录之前
（3）其他局限（抽样误差、时间、预算、组织限制等）	

三、展示及评价

（一）项目展示

展示撰写的调查报告。

（二）项目评价依据

调查报告的评价标准如表 1-6 所示。

表 1-6 "撰写调查报告"评价标准

通用能力评估

序号	评估项目	评估标准				
		很好（6分）	较好（5分）	一般（3分）	需努力（1分）	备注
1	课程出勤情况					
2	作业准时完成情况					
3	小组活动参与态度					
4	为团队多做贡献					
5	即时应变表现					
总评成绩	1~5 项自评成绩 Σ30					

专业能力评估

序号	评估项目	评估标准	
		实训任务是否基本完成（考评总分为 30 分）	实训操作是否有突出表现（考评总分为 40 分）
6	拟定提纲	基本完成得 15 分；没有基本完成酌情扣分	① 主题确立的正确性；② 内容结构的条理性

续表

7	撰写报告稿	基本完成得 15 分；没有基本完成酌情扣分	① 资料准确完整； ② 结论明确性； ③ 表达准确性； ④ 逻辑合理性
总评成绩	6~7 项自评成绩 Σ70		
Σ100	学生自评成绩		
	小组互评成绩		
	教师评价成绩		
	综合成绩 = 自评成绩 ×20%+ 互评成绩 ×30%+ 师评成绩 ×50%=		

【自主训练任务】

阿苯达唑是一种广谱抗寄生虫药物，若准备开发该药物，请根据所学内容进行市场调研、技术调研，分析该药物开发的可行性。

项目二　抗菌药——诺氟沙星的合成路线设计

【知识目标】

了解药物合成工艺路线设计的基本概念、术语、策略和方法；

掌握诺氟沙星的合成路线设计过程与方法；

熟悉原辅料的理化性质、质量要求等。

【技能目标】

能够运用药物合成工艺路线设计的理论，设计诺氟沙星的合成路线；

能够利用数据库进行文献的查阅、分析和总结；

能够对不同的合成路线进行比较和筛选。

【素质目标】

培养学生良好的自我管理能力和责任意识；

培养学生良好的团队合作精神；

培养学生良好的沟通和表达能力。

【项目背景】

凡对细菌和其他微生物具有抑制和杀灭作用的物质统称为抗菌药。它包括化学合成药，如磺胺类药、呋喃类药、喹诺酮类药，也包括具有抗菌作用的抗生素，还包括具有抗菌作用的中草药等。其中喹诺酮类（Quinolones）是一大类具有抗菌活性的化合物，是 1，4-二氢 -4- 氧代喹啉 -3- 羧酸衍生物的简称。研究发现除喹啉酮以外的一些氮杂喹啉酮亦有抗菌活性，它们共同的最基本机构是 1，4- 二氢 -4- 氧代吡啶 -3- 羧酸，故也将这类药物称为吡酮酸类药物。

诺氟沙星（Norfloxacin）是第三代喹诺酮类抗菌药物，具有抗菌作用强、抗菌谱广、生物利用度高、组织渗透性好、与其他抗生素无交叉耐药性、副作用小及口服吸收快等特点，对大肠杆菌、肺炎杆菌、产气杆菌、阴沟杆菌、变形杆菌、沙门氏菌属、志贺氏菌属、枸橼酸杆菌属及沙雷氏菌属等具有强大的抗菌作用。临床用于敏感菌所致泌尿系统、肠道、呼吸系统、外科、妇科、五官科及皮肤科等感染性疾病。

诺氟沙星标准中文名称为 1- 乙基 -6- 氟 -1，4- 二氢 -4- 氧代 -7-（1- 哌嗪基）-3-

喹啉羧酸, 标准英文名称为 "1-ethyl-6-fluoro-1, 4-dihydro-4-oxo-7-(1-piperazinyl)-3-quinoline carboxylic acid"; 通用名为 "诺氟沙星"(Norfloxacin), "氟哌酸"(Floxacin)。该品为类白色至淡黄色结晶性粉末, 无臭, 味微苦, 易溶于酸、碱溶液, 极微溶于水和醇。分子量为 319.34, 熔点为 227~228 ℃。

目前, 国内外通常以 3-氯 -4-氟苯胺为起始原料, 与原甲酸三乙酯、丙二酸二乙酯环合后经乙基化、水解、哌嗪缩合、精制等步骤最终制得诺氟沙星。不同的制药企业所用的路线有所不同, 较为常见的合成路线有 3 种。

合成路线一: 以 3-氯 -4-氟苯胺为原料合成诺氟沙星。

合成路线二: 以 α-(2, 4-二氯 -5-氟苯甲酰)乙酸乙酯为原料合成诺氟沙星。

合成路线三: 以 3-乙氧基 -2-(2, 4-二氯 -5-氟苯甲酰基)丙烯酸乙酯为原料合成诺氟沙星。

最终产物的 $R_1 =Et$，$R_2 =H$ 时为诺氟沙星。

那么，每一种合成工艺的理论基础是什么？如何设计合理的合成路线？如何制定合成方案？如何撰写一份可行性的试验报告？这些都是本项目要解决的问题。

任务一　诺氟沙星合成路线的设计

一、布置任务

（一）设计方案

通过查阅专业期刊、图书、网站等，了解化学原料药合成路线的概念、分类、基本内容、主要方法等。

（二）讲解方案

从工艺、成本、安全、环保等方面，说明方案的依据。

二、知识准备

（一）基本概念

1. 工艺路线

一种化学合成药物往往可通过多种不同的合成途径制备，通常将具有工业生产价值的合成路径称为该药物的工艺路线。

2. 半合成（semisynthesis）工艺路线

由具有一定基本结构的天然产物经化学结构改造和物理处理过程制得复杂化合物的过程。

3. 全合成（totalsynthesis）工艺路线

以化学结构简单的化工产品为起始原料，经过一系列化学反应和物理处理过程制得复杂化合物的过程。

（二）合成路线的设计策略

1. 由原料而定的合成策略

由天然产物出发进行半合成或全合成某些化合物的衍生物时，通常根据原料来制定合成路线。

2. 由产物而定的合成策略

由目标分子作为设计工作的出发点，通过逆向变换，直到找到合适的原料、试剂，以及反应为止，是合成中最为常见的策略。

（三）合成路线设计的内容

1. 制备路线的设计

一种原料药的制备路线可能有多种，但并非所有的路线都能适用于实验室制备或工业生产。比较理想的制备路线应该具备下列条件：

① 原料资源丰富，便宜易得，生产成本低。

② 副反应少，产物易纯化，总收率高。

③ 反应步骤少，时间短，能耗低，条件温和，设备简单，操作安全方便。

④ 不产生公害，不污染环境，副产品可综合利用。

2. 反应装置的设计

原料药的制备大多是在反应装置中实现的，所以选择合适的反应装置是确保合成顺利进行的前提。合成实验的装置是根据合成反应的需要进行设计的。反应条件不同，反应原料和反应产物的性质不同，需要的反应装置也不同。最常用的是回流装置，有时为防止生成的产物因长时间受热而发生氧化或分解，还可采用分馏装置，以便将产物从反应体系中及时蒸出。实验者应具备根据不同实验的需求，设计不同反应装置的能力，还应掌握各类反应装置的安装与操作技能及正确处理装置故障的能力。

3. 反应条件的设计

合成反应能否进行，进行到什么程度，这些都与反应条件密切相关。试验者只有预先设计出最佳的反应条件，实验过程中又能严格地控制反应条件，才能确保合成的成功。反应条件的设计包括反应物料的摩尔比、反应温度、反应时间、反应介质、催化剂等几个方面。

（1）反应物料的摩尔比

根据合成的化学反应式，可以理解合成反应的原理，还可以从中了解该反应的投料量是等摩尔比，还是某一反应物以过量形式投料。

（2）反应温度

许多有机反应是吸热反应，通过外界提供加热升温条件，可以加速反应的进行，温度每升高 10 ℃，反应速率增加 1~3 倍。所以反应温度的设定与调控是十分重要的。

（3）反应时间

除了少数化学反应或爆炸性反应以外，一般有机合成反应的时间都比较长，通常要以小时计，有的甚至以天数计。有时，反应时间与加热时间大致反映有机反应进行的完全化程度。

（4）反应介质

有机反应一般选用有机溶剂作为反应介质，也有用水作为反应介质。有的选用极性强的溶剂，有的则选用极性弱的溶剂，有的是以某一过程的反应物作为溶剂。

（5）催化剂

对于药物合成反应而言，催化剂在促进反应的进程中所起的作用是十分重要的，但其用量都很少，一般在反应开始前加入，反应结束又将其除去。要设计该反应的催化剂是什么，用量多少，何时加入，以及在后处理的哪一步操作中，根据什么原理和方法，将其分离出来。

4. 分离与提纯的设计

（1）分离

反应结束后生成的主要产物混杂在未反应的原料、溶剂、催化剂和副产物之中，只有经过分离提纯操作，才能将主产物分离出来。在工业生产上，后处理的设备有时比合成反应器要多而杂。就操作而言，分离提纯程序要比反应部分复杂。不同的药物合成反应，有不同的分离提纯方法，有的是采用几种方法的结合。

（2）提纯

在经过初步分离操作后所得的产品中，一般仍含有少量杂质，可能是未反应的原料、中间体、副产物、溶剂、催化剂等，通常称之为粗产品。粗产品的物理、化学性质是不稳定的，如测其熔沸点，会显示有较宽的熔程与沸程，离标准值远。如放置一段时间，有的会变色，有的还会分解，一般都不适宜久贮。所以粗产品需要通过精制，做进一步提纯，才能成为合格的产品。

（四）合成路线设计的方法

药物工艺路线设计的主要方法有：逆合成方法、分子对称法、模拟类推法、类型反应法、追溯求源法、光学异构体拆分法等。下面对逆合成方法进行详细介绍。

有机合成中采用逆向而行的分析方法，从将要合成的目标分子出发，进行适当分割，导出它的前体，再对导出的各个前体进一步分割，直到分割成较为简单易得的反应物分子。然后反过来，将这些较为简单易得的分子按照一定顺序通过合成反应结合起来，最后就得到目标分子。逆合成分析是确定合成路线的关键，是一种问题求解技术，具有严格的逻辑性，将人们积累的有机合成经验系统化，使之成为符合逻辑的推理方法。

1. 逆合成分析原理

逆合成基本分析原理就是把一个复杂的合成问题通过逆推法，由繁到简逐级分解成若干简单的合成问题，而后形成由简到繁的复杂分子合成路线，此分析思路与真正的合成正好相反。合成时，即在设计目标分子的合成路线时，采用一种符合有机合成原理的逻辑推理分析法：将目标分子经过合理的转换（包括官能团互变，官能团加成，官能团脱去、连接等）或分割，产生分子碎片（合成子）和新的目标分子，后者再重复进行转换或分割，直至得到易得的试剂为止。

2. 逆分析中常用的术语

在逆分析过程或阅读国内外众多文献时，常常提及许多合成用到的专业术语及概念。

（1）切断

切断（disconnection，简称"dis"）是人为地将化学键断裂，从而把目标分子骨架拆分为两个或两个以上的合成子，以此来简化目标分子的一种转化方法。"切断"通常是在双箭头上加注"dis"表示。

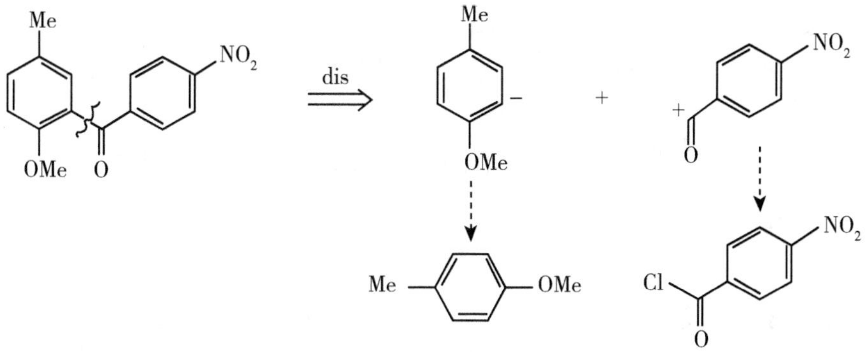

（2）转化

逆合成中利用一系列所谓的转化（transform）来推导出一系列中间体和合适的起始原料（图2-1），转化用双箭头表示，这是区别于单箭头表示的反应。

目标结构 ⟹ 合成子 ----▶ 合成试剂

图2-1 逆合成路径

每一次转化将得到比目标更容易获得的试剂，在以后的逆合成中，这个试剂被定义为新的目标分子。转化过程一直重复，直到试剂是可以商品获得的。逆合成中所谓的转化有两大类型，即骨架转化和官能团的转化。骨架转化通过切断、连接和重排等手段实现。

（3）合成子

合成子是指由相应的已知或可靠的反应进行转化所得的结构单元。从合成子出发，可以推导得到相应的试剂或中间体。合成子（synthon）是一个人为的概念化名词，它区别于实际存在的起反应的离子、自由基或分子。合成子可能是实际存在的，是参与合成反应的试剂或中间体；但也可能是客观上并不存在的、抽象化的东西，合成时必须用它的对等物。这个对等物就叫合成等效试剂。

（4）合成等效试剂

合成等效试剂（synthetic equivalent reagents）指与合成子相对应的具有同等功能的稳定化合物，也称为合成等效体。

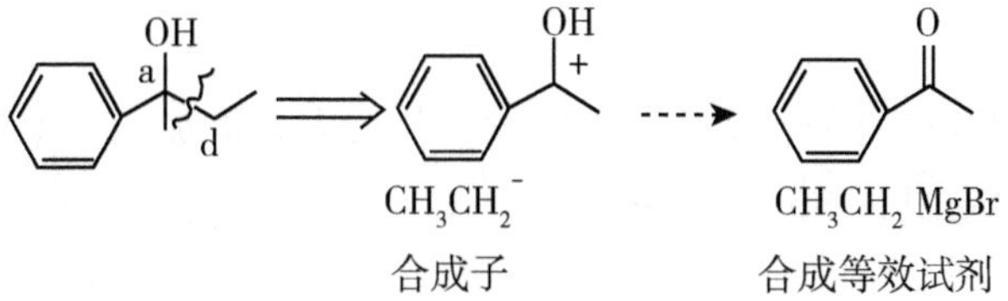

（5）受电子合成子

以a代表，指具有亲电性或接受电子的合成子（acceptor synthon），如碳正离子合成子。

（6）供电子合成子

以d代表，指具有亲核性或给出电子的合成子（donor synthon），如碳负离子合成子。

（7）自由基

以 r 代表。

（8）中性分子合成子

以 e 代表。

（9）连接

连接（connection，简称"con"）通常是在双箭头上加注"con"来表示。

（10）重排

重排（rearrangement，简称"rearr"）通常是在双箭头上加注"rearr"。

（11）官能团互变

在逆合成分析过程中，常常需要将目标分子中的官能团转变成其他的官能团，以便进行逆分析，这个过程称为官能团互变（functional group interconversion，FGI）。

（12）官能团引入

在逆合成分析中，有时为了活化某个位置，需要人为地加入一个官能团，这个过程称为官能团引入（functional group addition，FGA）。

（13）官能团消除

在逆合成分析中，为了分析的需要常常去掉目标分子中的官能团，这个过程称为官能团消除（functional group removal，FGR）。

常见合成子及相应的试剂或合成等效体如表 2-1 所示。

表 2-1　常见合成子及相应的试剂或合成等效体

合成子	试剂或合成等效体
R^-	RM（M=Li，MgBr，Cu 等）
$^-C_6H_5$	C_6H_6，C_6H_5MgBr
^-CHCOX	CH_3COX（X=R'，OR'，NR'_2）
$^-CH_2COCH_3$	CH_3COCH_2COOEt
$^-CH_2COOH$	CH_2（COOEt）$_2$
PhC（O）$^-$	PhCHO / NaCN
R^+	RX（X=Br，I，OTs 等离去基团）
$R^+C=O$	RCOX
R^+CHOH	RCHO
H_2^+COH	$H_2C=O$
^+COOH	CO_2
$^+CH_2CH_2OH$	⋎
$^+CH_2CHCOR$	$CH_2=CHCOR$
R^+COH	RCOOEt

（14）逆合成转变

逆合成转变是产生合成子的基本方法。这一方法是将目标分子通过一系列转变操作加以简化，每一步逆合成转变都要求分子中存在一种关键性的子结构单元，只有这种结构单元存在或可以产生这种子结构时，才能有效地使分子简化，Corey 将这种结构称为逆合成子（retron）。

常用的逆合成转变法是切断法（disconnection，缩写为"dis"）。它是将目标分子简化的最基本的方法。切断后的碎片即为各种合成子或等价试剂。究竟怎样切断，切断成何种合成子，则要根据化合物的结构、可能形成此键的化学反应及合成路线的可行性来决定。一个合理的切断应以相应的合成反应为依据，否则这种切断就不是有效切断。逆合成分析法涉及如下基本知识（表 2-2 至表 2-4）。

表 2-2　逆合成切断

变换类型	目标分子	合成子	试剂和反应条件
一基团切断（异裂）	(a) OH / (d) 〔逆Grignard变换〕	OH⊕(a)H + C₂H₅⊖(d)	CH₃CHO + EtMgBr ① 0 ℃（THF）② NH₄Cl/H₂O
二基团切断（异裂）	(d) ... O, (a) OH 〔逆羟醛缩合变换〕	(d)⊖ ...O + (a)⊕ H OH	...OLi + CH₃CHO ① −78 ℃/室温（THF）② NH₄Cl/H₂O
二基团切断（均裂）	(r) O, (r) O 〔逆偶姻变换〕	(r)·, (r)· 双环结构	COOEt COOEt ① Na/Me，SiCl（甲苯，△）② H₂O
电环化切断	(e)(e) COOMe, (e) COOMe 〔逆Diels-Alder变换〕	(e), (e) 丁二烯	COOMe ‖(e)(e) COOMe （合成子=试剂）（C₆H₆，△）[氢醌]

注：虚线箭头表示合成子与等价试剂之间的关系；～～表示切断。

表 2-3　逆合成连接

变换类型	目标分子	试剂和反应条件
链接	CHO CHO ⟶con⟶ 环己烯 〔逆臭氧解变换〕	O₃ / Me₂S CH₂Cl₂，78 ℃
重排	O NH ⟶rearr⟶ N—OH 〔逆Beckmann变换〕	SH₂SO₄，△

注：con（connection）连接；rearr（rearrangement）重排。

表 2-4　逆合成转换

变换类型	目标分子	试剂和反应条件
官能团转换（FGI）		$CrO_3 / H_2SO_4 / CH_3COCH_3$ $HgCl_2 / CH_3CN$ $HgCl_2$（aq.H_2SO_4）
官能团引入（FGA）		$PhNH_2$，△ $H_2[Pd-C]$（EtOH）
官能团除去（FGR）		① LDA（THF），−25 ℃ ② O_2，−25 ℃ ③ $I^⊕$，H_2O

注：FGI（functional group interconversion）；FGA（functional group addition）；FGR（functional group removal）。

逆合成分析法虽然涉及以上各方面，但并不意味着每一个目标分子的逆分析过程都涉及各个过程。

（五）逆合成路线类型

既然合成路线的设计是从目标分子的结构开始，我们就应对分子结构进行分析，研究分子结构的组成及其变化的可能性。一般来说，分子主要包含碳骨架和官能团两部分。当然也有不含官能团的分子如烷烃、环烷烃等，但它们在一定的条件下，也会发生骨架的重新排列组合或增、减。所以，有机合成的问题，根据分子骨架和官能团的变与不变，大体可分为以下 4 种类型。

1. 骨架和官能团都无变化

这里不是说官能团绝无变化，而是指反应前后，官能团的类型没有改变，改变的只是官能团的位置。如下面两个反应：

非共轭烯　——KOH 醇溶液，170 ℃——→　共轭烯

非共轭丁烯酸（COOH）　——KOH 醇溶液，回流——→　共轭丁烯酸（COOH）

2. 骨架与官能团均变

在复杂分子的合成中，常常用到这样的方法技巧，在变化碳骨架的同时，把官能团也变为需要者。当然，这里所说碳骨架的变化，并不一定都是大小的变化，有时，仅仅是结构形状的变化，就可达到合成的目的，如分子重排反应等。例如：

3. 骨架不变，但官能团变

许多苯系化合物的合成属于这一类型，因为苯及其若干同系物大量来自于煤焦油及石油中产品的二次加工，在合成过程中一般不需要用更简单的化合物去构成苯环。例如：

在这个反应中，只有官能团的变化而无骨架的改变。

4. 骨架变化而官能团不变

例如，重氮甲烷与环己酮的扩环反应。反应中除得到约60%的环庚酮外，还有环氧化物和环辛酮副产物形成。

三、实用案例

设计镇痛药哌替啶的合成路线

镇痛药哌替啶结构式：

切断：

合成：

ClCH$_2$CH$_2$OH $\xrightarrow{\text{NaOH}}$ △ $\xrightarrow{\text{H}_2\text{NCH}_3}$ (HO-CH$_2$CH$_2$-N(CH$_3$)-CH$_2$CH$_2$-OH) $\xrightarrow{\text{SOCl}_2}$ (Cl-CH$_2$CH$_2$-N(CH$_3$)-CH$_2$CH$_2$-Cl) $\xrightarrow[\text{NaNH}_2]{\text{PhCH}_2\text{CN}}$

(Ph, CN 哌啶 N-CH$_3$) $\xrightarrow{\text{H}^+,\ \text{H}_2\text{O}}$ (Ph, COOH 哌啶 N-CH$_3$) $\xrightarrow[\text{H}_2\text{SO}_4]{\text{EtOH}}$ (Ph, COOEt 哌啶 N-CH$_3$) $\xrightarrow[\text{EtOH}]{\text{HCl}}$ (Ph, COOEt 哌啶 N-CH$_3$) · HCl

设计 2，4- 二苯基 -3- 氧代丁酸乙酯的合成路线

1. 分析

(Ph, Ph, O, CO$_2$E 结构式)

它又称 2，4- 二苯基乙酰乙酸乙酯。

①从结构看，不是实在对称分子。

②其优先拆开部位，有两种拆法都可以拆开为实在对称分子。所以拆为：

(Ph—CH$_2$—C(O)—CH(Ph)—CO$_2$Et, 标注 a、b 拆开位置)

a → Ph—CH$_2$—C(O)—CH$_2$—Ph + EtO—C(=O)—OEt

α，α' - 二苯基丙酮

b → Ph—CH$_2$—CO$_2$Et + Ph—CH(Cl)—CO$_2$Et

2，4-二苯基-3-氯代丁酸乙酯　　α-苯基乙酸乙酯

③综合考虑，一种原料比两种更易获得，所以，应当选 b 种拆开的路线。

④原料再前推：

Ph—CH$_2$—CO$_2$Et $\xrightarrow{\text{FGI}}$ Ph—CH$_2$—CN $\xrightarrow{\text{dis}}$ Ph—CH$_2$—X

$\xrightarrow{\text{dis}}$ { (苯环) + CH$_2$O + HCl + ZnCl$_2$

或 (苯环)—CH$_3$ + SO$_2$Cl$_2$ 或 (苯环)—CH$_3$ +NBS }

2. 合成

(苯环)—CH$_3$ $\xrightarrow{\text{SO}_2\text{Cl}_2}$ (苯环)—CH$_2$Cl $\xrightarrow{\text{NaCN}}$ (苯环)—CH$_2$—CN

甲苯

$\xrightarrow{\text{EtOH, H}^+}$ Ph—CH$_2$—C(=NH)—OEt $\xrightarrow{\text{H}_3^+\text{O}}$ Ph—CH$_2$—C(=O)—OEt $\xrightarrow{\text{EtO}^-}$ Ph—CH$_2$—C(=O)—CH(Ph)—CO$_2$Et

四、展示及评价

（一）项目成果展示

① 制定的诺氟沙星的逆向合成路线设计方案。

② 讲解方案。

（二）评价依据

① 原料来源方便。

② 反应路线是否最短。

③ 单元反应的安全性。

④ 合成的成本。

（三）考核方案

1. 教师评价表（表 2-5）

表 2-5　诺氟沙星逆合成路线设计教师评价表

	考核内容	权重 / %	成绩	存在的问题
项目材料收集与实施	查阅合成诺氟沙星的合成路线	10		
	用逆向合成路线设计法设计诺氟沙星的合成路线	20		
	完成一份关于诺氟沙星合成路线设计方案	15		
	讲解诺氟沙星合成路线设计方案	15		
职业能力及素养	查阅文献的能力	5		
	归纳总结所查阅资料的能力	5		
	制定方案的能力	10		
	讲解方案的语言表达能力	10		
	团结协作、沟通能力	10		
总分		100		
评分人签名				

2. 学生评价表（表 2-6）

表 2-6　诺氟沙星逆合成路线设计学生评价表

	考核内容	权重 / %	成绩	存在的问题
项目材料收集与实施	学习态度是否主动，是否能及时完成教师布置的任务	10		
	是否能熟练地运用期刊书籍、数据库、网络查询相关资料	10		
	收集的信息与资料是否完整	10		
	是否积极参与各种讨论，并清晰表达自己的观点	10		

	考核内容	权重 / %	成绩	存在的问题
项目材料收集与实施	是否能够掌握所需知识技能，并进行正确的归纳总结	10		
	所制定的合成方案，原料是否来源方便，路线是否最短，成本是否最低，安全环保是否保证	10		
职业能力及素养	查阅文献的能力	5		
	归纳总结所查阅资料的能力	5		
	制定方案的能力	10		
	是否具有成本意识、质量意识和环保意识	10		
	讲解方案的语言表达能力	5		
	团结协作、沟通能力	5		
总分		100		
评分人签名				

3. 成绩计算

本项任务考核成绩 = 教师评价成绩 ×50%+ 学生自评成绩 ×20%+ 小组互评成绩 ×30%

任务二　合成路线的选择与评价

一、布置任务

（一）制定方案

制定诺氟沙星合成路线的选择与评价方案。

（二）讲解方案

能够清楚地讲解方案。

二、知识准备

（一）药物合成工艺路线的选择

通过调研可以找到关于一个药物的多条合成路线，它们各有特点。至于哪条路线可以发展成为适于工业生产的工艺路线，则必须通过深入细致的综合比较和论证，选择出最为合理的合成路线，并制定出具体的实验室工艺研究方案。当然如果未能找到现成的合成路线或虽有但不够理想时，则可参照所述的原则和方法进行设计。通常有机合成路线设计所考虑的主要有以下几个方面。

1. 化学反应类型的选择

在化学合成药物的工艺研究中常常遇到多条不同的合成路线，而每条合成路线中又由不同的化学反应组成，因此首先要了解化学反应的类型。

2. 原料和试剂的选择

选择合成路线时，首先应考虑每一合成路线所用的原料和试剂的来源、价格及利用率。

原料的供应是随时间和地点的不同而变化的，在设计合成路线时必须具体了解。由于有机原料数量很大，较难掌握，因此，对在有机合成上怎样才算原料选择适当，通常可以对照以下几条原则和方法：

① 一般小分子比大分子容易得到，直链分子比支链分子容易得到。脂肪族单官能团化合物，小于六个碳原子的通常是比较容易得到的，至于低级的烃类，如三烯一炔（乙烯、丙烯、丁烯和乙炔）则是基本化工原料，均可由生产部门供应。

② 脂肪族多官能团的化合物容易得到，在有机合成中常用的有 $CH_2{=}CH{-}CH{=}CH_2$、$X(CH_2)_nX$（X 为 Cl、Br，$n{=}1{\sim}6$）$CH_2(COOR)_2$、$HO{-}(CH_2)_n{-}OH$（$n{=}2{\sim}4$，6）XCH_2COOR、$ROOCCOOR'$ 等。

③ 脂环族化合物中，环戊烷、环己烷及其单官能团衍生物较易得到。其中常见的为环己烯、环己醇和环己酮。环戊二烯也有工业来源。

④ 芳香族化合物中甲苯、苯、二甲苯、萘及其直接取代衍生物（$-NO_2$、$-X$、$-SO_3H$、$-R$、$-COR$ 等），以及由这些取代基容易转化成的化合物（$-OH$、$-OR$、$-NH_2$、$-CN$、$-COOH$、$-COOR$、$-COX$ 等）均容易得到。

⑤ 杂环化合物中，含五元环及六元环的杂环化合物及其衍生物较容易得到。

（二）合成步骤和总收率

理想的药物合成工艺路线应具备合成步骤少，操作简便，设备要求低，各步收率较高等特点。了解反应步骤数量和计算反应总收率是衡量不同合成路线效率的最直接的方法。这里有"直线方式"和"汇聚方式"两种主要的装配方式。

在"直线方式"（linear synthesis 或 sequential approach）中，一个由 A、B、C……J 等单元组成的产物，从 A 单元开始，然后加上 B，在所得的产物 A-B 上再加上 C，如此下去，直到完成。由于化学反应的各步收率很少能达到理论收率 100%，总收率又是各步收率的连乘积，对于反应步骤多的直线方式，必然要求大量的起始原料 A。当 A 接上分子量相似的 B 得到产物 A-B 时，即使用重量收率表示虽有所增加，但越到后来，当 A-B-C-D 的分子量变得比要接上的 E、F、G……大得多时，产品的重量收率也就将惊人地下降，致使最终产品得量非常少。另一方面，在直线方式装配中，随着每一个单元的加入，产物 A、B、C……J 将会变得越来越珍贵。

$$A \xrightarrow{B} A{-}B \xrightarrow{C} A{-}B{-}C \xrightarrow{D} A{-}B{-}C{-}D \xrightarrow{E} A{-}B{-}C{-}D{-}E \longrightarrow \longrightarrow$$

因此，通常倾向于采用另一种装配方式即"汇聚方式"（convergent synthesis 或 parallel

approach）（图2-2）。先以直线方式分别构成 A-B-C，D-E-F，G-H-I-J 等各个单元，然后汇聚组装成所需产品。采用这一策略就有可能分别积累相当数量的 A-B-C、D-E-F 等单元；当把重量大约相等的两个单元接起来时，可望获得良好收率。汇聚方式组装的另一个优点是：即使偶然损失一个批号的中间体，如 A-B-C 单元，也不至于对整个路线造成灾难性损失。

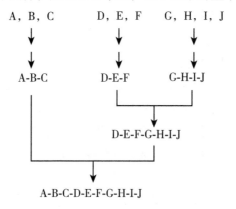

图2-2　"汇聚方式"示意

这就是说，在反应步骤数量相同的情况下，宜将一个分子的两个大块分别组装；然后，尽可能在最后阶段将它们结合在一起，这种汇聚式的合成路线比直线式的合成路线有利得多。同时把收率高的步骤放在最后，经济效益也最好。图2-3 和图2-4 表示假定每步的收率都为 90% 时的两种方式的总收率。

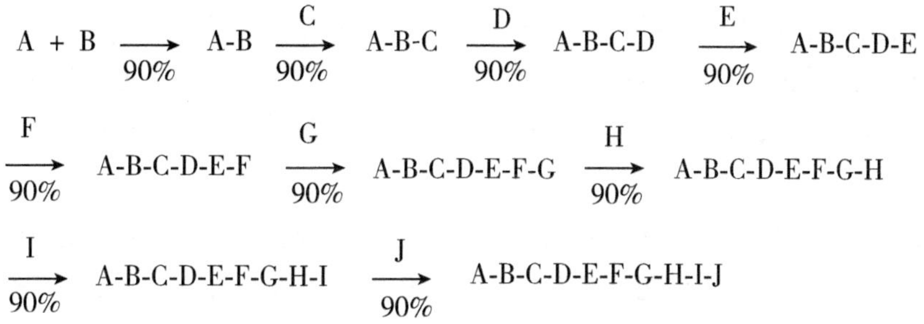

$$A + B \xrightarrow[90\%]{} A\text{-}B \xrightarrow[90\%]{C} A\text{-}B\text{-}C \xrightarrow[90\%]{D} A\text{-}B\text{-}C\text{-}D \xrightarrow[90\%]{E} A\text{-}B\text{-}C\text{-}D\text{-}E$$

$$\xrightarrow[90\%]{F} A\text{-}B\text{-}C\text{-}D\text{-}E\text{-}F \xrightarrow[90\%]{G} A\text{-}B\text{-}C\text{-}D\text{-}E\text{-}F\text{-}G \xrightarrow[90\%]{H} A\text{-}B\text{-}C\text{-}D\text{-}E\text{-}F\text{-}G\text{-}H$$

$$\xrightarrow[90\%]{I} A\text{-}B\text{-}C\text{-}D\text{-}E\text{-}F\text{-}G\text{-}H\text{-}I \xrightarrow[90\%]{J} A\text{-}B\text{-}C\text{-}D\text{-}E\text{-}F\text{-}G\text{-}H\text{-}I\text{-}J$$

图2-3　"直线方式"的总收率

总收率为 $0.90^9 \times 100\% = 38.74\%$。

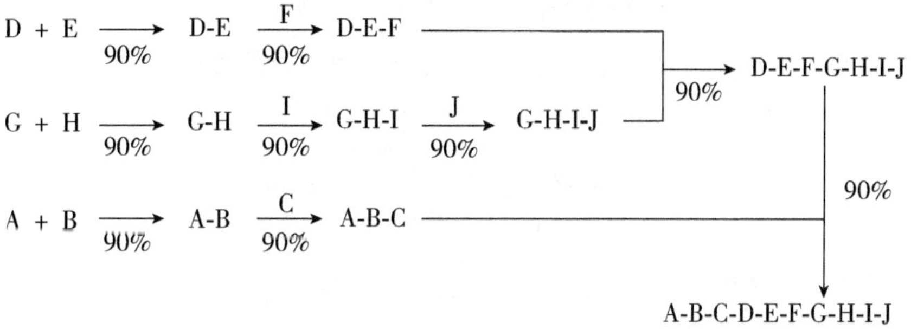

图2-4　"汇聚方式"的总收率

仅有 5 步连续反应，总收率为 $0.90^5 \times 100\% = 59.05\%$

57

（三）原辅材料更换和合成步骤改变

对于相同的合成路线或同一个化学反应，若能因地制宜地更改原辅材料或改变合成步骤，虽然得到的产物是相同的，但收率、劳动生产率和经济效果会有很大的差别。更换原辅材料和改变合成步骤常常是选择工艺路线的重要工作之一，也是制药企业同品种间相互竞争的重要内容。不仅是为了获得高收率和提高竞争力，而且有利于将排出废物减少到最低限度，消除污染，保护环境。

（四）中间体的分离与稳定性

一个理想的中间体应稳定存在且易于纯化。一般而言，一条合成路线中有一个或两个不太稳定的中间体，通过选取一定的手段和技术是可以解决分离和纯化问题的。但若存在两个或两个以上的不稳定中间体就很难成功。因此，在选择合成路线时，应尽量少用或不用存在对空气、水气敏感或纯化过程繁杂、纯化损失量大的中间体的合成路线。

（五）反应设备

在有机合成路线设计时，应尽量避免采用复杂、苛刻的反应设备，当然，对于那些能显著提高收率，缩短反应步骤和时间，或能实现机械化、自动化、连续化，显著提高生产力及有利于劳动保护和环境保护的反应，即使设备要求高些、复杂些，也应根据情况予以考虑。

（六）安全生产和环境保护

在许多有机合成反应中，经常遇到易燃、易爆和有剧毒的溶剂、基础原料和中间体。为了确保安全生产和操作人员的人身健康和安全，在进行合成路线设计和选择时，应尽量少用或不用易燃、易爆和有剧毒的原料和试剂，同时还要密切关注合成过程中一些中间体的毒性问题。若必须采用易燃、易爆和有剧毒的物质，则必须配套相应的安全措施，防止事故的发生。

在综合考虑以上几个方面后，确定拟进行的合成路线。但全部符合上述条件的合成路线是非常难得的，这些条件只能是相对的。但我们应当积极朝着这些方面去努力工作。

三、实用案例

抗炎镇痛药布洛芬的合成路线

抗炎镇痛药布洛芬的合成工艺路线，按照原料不同可归纳为 5 类 27 条。

布洛芬

① 以 4-异丁基苯乙酮（1）为原料合成的布洛芬路线有 11 条：

① ClCH₂CN → ② (NH₄)₂CO₃ / KCN → ③ ClCH₂CO₂C₂H₅ / (CH₃)₂CHONa → ④ [CH₃]₂PCH(SCH₃)₂THF/C₄H₉Li → ⑤ O NH,S → RCH₂COOH → ⑥ Cl₂CHCO₂C₂H₅ → ⑦ H₂ / Pd–c → ⑧ NaBH₄ → ⑨ → NH₄OAc / CH₃COOH → ⑩ CHCl₃ TKBA → ⑪ NaCN → 布洛芬

$R = H_2C$ —

第 3 条路线有明显的优势，第 3 条路线通过 Darzens 反应增加 1 个碳原子，构成异丙基碳骨架。第 7 条路线和第 10 条路线较为简洁，前者被称为绿色工艺；后者在相转移催化剂 TEBA 的作用下，氯仿与 4-异丁基苯乙酮反应生成 α-羟基-α-甲基羧甲基异丁基苯，消除，还原生成布洛芬。

② 以异丁基苯（2）为原料，直接形成 C—C 键，共有 7 条路线：

① Cl$_3$CHO/TiCl$_4$ → R—CH(CCl$_3$)OH → PhSH/KOH → R—CH(COOH)(SPh) → CH$_3$I/NH$_3$/Na → R—C(CH$_3$)(COOH)(SPh)

② [H$_3$C$_3$OCO]$_3$CO/SnCl$_4$ → R—C(OH)(COOC$_3$H$_3$)$_2$ → HOAc → R—C(OCOCH$_3$)(COOC$_3$H$_3$)$_2$ → CH$_3$I → R—C(CH$_3$)(COOC$_3$H$_3$)$_2$

③ CH$_3$—(环氧丙烷) → R—CH(CH$_3$)CH$_2$OH → [O]

④ [CH$_3$CHBrCO]$_2$O/FeBr$_3$
⑤ CH$_3$CH(OH)COOH → R—CO—CH(CH$_3$)...

⑥ HCHO/HCl → RCH$_3$Cl$_3$ → NaCN → RCH$_3$CN → [CH$_3$O]$_3$SO$_3$ → R—CH(CH$_3$)CN

⑦ ClCOCOOC$_3$H$_3$ → R—CO—CO—OC$_3$H$_3$ → CH$_3$MgBr → R—C(OH)(CH$_3$)COOH → R—C(CH$_3$)=... COOH

异丁基苯 2

布洛芬

R = H$_3$C—CH(CH$_3$)—C$_6$H$_4$—CH$_3$

从原料和化学反应来说，第 3 条合成路线最为简洁，即异丁基苯与环氧丙烷发生取代反应，4 位引入 2-甲基羟乙基，再经一步氧化反应可得到目标化合物。

③ 以 4-异丁基苯丙酮（3）为原料，合成布洛芬的 3 条路线，均采用特殊试剂，无实用价值。

① PCl$_3$/C$_2$H$_5$ONa → R—C≡C—CH$_3$ → Ti（NO$_3$）$_2$/HClO$_4$ → R—CH(CH$_3$)COOCH$_3$

② Ti（NO$_3$）$_2$/NaClO$_4$/HC（OR）$_3$ → R—CH(CH$_3$)COOR → 布洛芬

③ 吡咯烷/BF$_3$/C$_6$H$_6$ → R—CH=CH—N(吡咯烷) → （C$_6$H$_5$O）$_2$PN$_3$ → ... → −N$_2$ → R—CH(CH$_3$)—... =N—X

R（3）

R = H$_3$C—CH(CH$_3$)—C$_6$H$_4$—

④ 以 4- 溴代异丁基苯（4）为原料，合成布洛芬的 4 条路线中，第 3 条路线应用特殊试剂，第 4 条路线是气固液三相反应，需特殊设备。

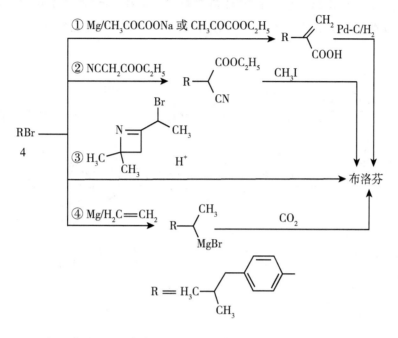

⑤ 分别以 4- 异丁基苯甲醛（5）和 4- 异丁基甲苯（6）为原料，合成布洛芬。

6 种原料中，异丁基苯乙酮（1）、异丁基苯丙酮（3）、4- 溴代异丁基苯（2-4）、4- 异丁基苯甲醛（5）和 4- 异丁基甲苯（6）5 个化合物都是以异丁基苯（2）为原料合成的。从原料来源和化学反应来衡量和选择工艺路线，以异丁基苯（2）直接形成 C——C 键的第 3 条路线最为简洁，其次则为以异丁基苯乙酮（1）为原料的第 3 条路线。但从原辅材料、产率、设备条件等诸因素衡量，则将注意力集中在以异丁基苯乙酮（1）为原料的第 3 条路线上来，这条路线已广泛用于工业生产。总之，在评价和选择药物工艺路线时，尤其要注重化学反应类型的选择、合成步骤和总收率及原辅材料供应等问题。

抗炎镇痛药吡罗昔康的合成路线

虽是直线方式的装配途径，但因采用几步"一勺烩"工艺，故有特殊的优越性。以邻苯二甲酸酐为起始原料，经中间体糖精钠（8）的生产工艺路线，先后有 13 个化学反应。

经工艺研究，将胺化、降解、酯化等 3 个反应合并为第 1 个工序，产物为邻氨基苯甲酸乙酯（8）；将重氮化、置换和氯化等 3 个反应合并为第 2 个工序产物为 2-氯磺酰基苯甲酸甲酯（9）；将胺化、酸析合并为第 3 个工序，产物糖精（10）；经成盐反应得糖精钠（11）后，将缩合、重排和甲基化等 3 个反应又可合并为第 4 个工序，产物为（12），最后胺解得吡罗昔康（7）。

吡罗昔康（7）的生产过程由 6 个岗位组成，其中有 4 个"一勺烩"工艺。第 1 个工序中胺化、降解和酯化等 3 个反应的副反应及其产物几乎都不影响主产物的生成，且先后都在碱性甲醇溶液中进行。第 2 个工序重氮化和置换、引入亚磺酸基反应均需在低温和酸性液中进行反应；生成磺酰氯的氯化反应时，用甲苯把生成产物 2-氯磺酰基苯甲酸甲酯（9）转入甲苯溶液中得以分离。第 3 个工序，实质上是氯磺酰基的胺化和用酸析出的后处理合并。由苯二甲酸酐出发制备糖精钠（11）的总收率可达 80% 以上。由糖精钠（11）经缩合、重排扩环、甲基化等 3 个化学反应，可分段、连续操作成为第 4 个工序，收率达 60%，最后胺解得吡罗昔康（7）。

四、项目展示及评价

（一）项目成果展示

① 制定的诺氟沙星合成路线选择与评价方案。

② 汇报诺氟沙星合成路线选择与评价方案。

（二）项目评价依据

① 需要的原辅料是否少而易得。

② 合成路线是否简短。

③ 操作是否简便。

④ 合成过程是否安全、环保。

⑤ 收率是否最佳？成本是否最低。

（三）考核方案

1. 教师评价表（表 2-7）

表 2-7　诺氟沙星合成路线选择与评价方案教师评价表

考核内容		权重 / %	成绩	存在的问题
项目材料收集与实施	查阅药物合成路线的选择与评价标准	10		
	资料收集完整性、全面性	10		
	掌握应用实例中药品合成路线选择与评价方法	10		
	完成一份关于诺氟沙星合成路线选择与评价方案	15		
	讲解诺氟沙星合成路线选择与评价方案	10		
	讨论、调整、确定并总结方案	10		
职业能力及素养	查阅文献的能力	5		
	归纳总结所查阅资料的能力	5		
	制定方案的能力	10		
	讲解方案的语言表达能力	10		
	团结协作、沟通能力	5		
总分		100		
评分人签名				

2. 学生评价表（表2-8）

表2-8 诺氟沙星合成路线选择与评价方案学生评价表

	考核内容	权重 / %	成绩	存在的问题
项目材料收集与实施	学习态度是否主动，是否能及时完成教师布置的任务	10		
	是否能熟练地运用期刊书籍、数据库、网络查询相关资料	10		
	收集的信息与资料是否完整	10		
	是否积极参与各种讨论，并清晰表达自己的观点	15		
	是否能够掌握所需知识技能，并进行正确的归纳总结	10		
	所制定的方案，是否达到理想的合成路线选择与评价标准，如原料是否来源方便，路线是否最短，成本是否最低，安全环保是否保证等	10		
职业能力及素养	查阅文献的能力	5		
	归纳总结所查阅资料的能力	5		
	制定方案的能力	10		
	是否具有成本意识、质量意识和环保意识	5		
	讲解方案的语言表达能力	5		
	团结协作、沟通能力	5		
总分		100		
评分人签名				

3. 成绩计算

本项任务考核成绩 = 教师评价成绩 × 50% + 学生自评成绩 × 20% + 小组互评成绩 × 30%

任务三　撰写合成方案

一、布置任务

（一）制定方案

制定诺氟沙星合成试验方案。

（二）讲解方案

讲解合成方案的依据及具体的方案。

二、必备知识

确定合成路线后，接下来要确定试验方案，进行工艺条件研究。设计试验方案需要重点考虑配料比、反应物的浓度与纯度、加料次序、反应时间、反应温度与压力、溶剂、催化剂、pH、设备条件，以及反应终点控制、产物分离与精制、产物质量监控等。在各种化学反应中，反应条件变化很多，千差万别，但又相辅相成或相互制约。有机反应大多比较缓慢，且副反应很多，因此，反应速率和生成物的分离、纯化等常常成为化学合成药物工艺研究中的难题。

（一）反应物浓度与配料比的确定

必须指出，有机反应很少是按理论值定量完成的。这是由于有些反应是可逆的、动态平衡的，有些反应同时有平行或串联的副反应存在。因此，需要采取各种措施来提高产物的生成率。合适的配料比，在一定条件下也就是最恰当的反应物的组成。配料比的关系，也就是物料的浓度关系。

（二）反应溶剂和重结晶溶剂

在药物合成中，绝大部分化学反应都是在溶剂中进行的，溶剂还是一个稀释剂，它可以帮助反应散热或传热，并使反应分子能够均匀分布，增加分子间碰撞的机会，从而加速反应进程。

采用重结晶法精制反应产物，也需要溶剂。无论是反应溶剂，还是重结晶溶剂，都要求溶剂具有不活泼性，即在化学反应或在重结晶条件下，溶剂应是稳定而惰性的。尽管溶剂分子可能是过渡状态的一个重要组成部分，并在化学反应过程中发挥一定的作用，但是总的来说，尽量不要让溶剂干扰反应，也就是说，不要在反应物、试剂和溶剂之间发生副反应，或在重结晶时，溶剂与产物发生化学反应。

应用重结晶法精制最终产物，即原料药时，一方面要除去由原辅材料和副反应带来的杂质；另一方面要注意重结晶过程对精制品结晶大小、晶型和溶剂化等的影响。

药物微晶化（micronization）可增加药物的表面积，加快药物的溶解速度；对于水溶性差的药物，微晶化处理很有意义。某些药物在临床应用初期剂量较大，逐步了解其结晶大小与水溶性的关系后，实现微晶化，可显著降低剂量。如利尿药螺内酯（spironolactone）微晶化处理后，20 mg 微粒的疗效与 100 mg 普通制剂的疗效相仿，服用剂量减少 4/5。有些药物在胃肠道中不稳定，微晶化处理后加速其溶解速率，加快药物分解。如合成抗菌药呋喃妥因（nitrofurantoin）主要用于泌尿系统感染，微晶化后反而会刺激胃，故宜用较大结晶制成剂型，以减慢药物溶解速度提高胃肠道的耐受性。因此，重结晶法精制药物时，必须综合考虑药物的剂型和用途等。

还要注意重结晶产物的溶剂化（solvates）问题，如果溶剂为水，重结晶产物可能含有不同量结晶水，这种含结晶水的产物被称为水合物（Hydrates）。如氨苄西林（Ampicillin）和阿莫西林（Amoxicillin）既有三水合物，又有无水物，三水合物的稳定性好。同样，药物与有机溶剂形成溶剂化物，在水中的溶解度和溶解速率与非溶剂化物不同，因而剂量和疗效就可能有差别。如氟氢可的松（Fludrocortisone）可与正庚烷、乙酸乙酯形成溶剂化物。

对于口服制剂，原料药的晶型与疗效和生物利用度有关。例如棕榈氯霉素（Chloramphenicol Palmitate）有 A、B、C 3 种晶型及无定型，其中 A、C 为无效型，而 B 及无定型为有效。原因是口服给药时 B 及无定型易被胰脂酶水解，释放出氯霉素而发挥其抗菌作用，而 A、C 型结晶不能为胰脂酶所水解，故无效。世界各国都规定棕榈氯霉素中的无效晶型不得超过 10%。又如 H_2 受体拮抗剂西咪替丁（Cimetidine），采用不同的溶剂结晶可制得不同的晶型，它们的熔点、红外吸收光谱和 X 射线衍射谱不同，其中 A 型疗效最佳。再如法莫替丁有 A、B 两种晶型，口服生物利用度分别为 46.82% 和 49.10%。

理想的重结晶溶剂应对杂质有良好的溶解性；对于待提纯的药物应具有所期望的溶解性，即室温下微溶，而在该溶剂的沸点时溶解度较大，其溶解度随温度变化曲线斜率大，如图 2-5 所示 A 线。斜率小的 B 线和 C 线，相对而言不是理想的重结晶溶剂。

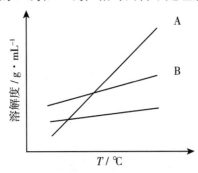

图 2-5　药物溶解度与温度关系示意

选择重结晶溶剂的经验规则是"相似相溶"。若溶质极性很大，就需用极性很大的溶剂才能使它溶解；若溶质是非极性的，则需用非极性溶剂。对于含有易形成氢键的官能团（如 OH，—NH₂，—COOH，—CONH— 等）的化合物来说，它们在水、甲醇类溶剂中的溶解度大于在苯或乙烷等烃类溶剂中的溶解度。但是，如果官能团不是分子的主要部分时，那么溶解度可能有很大变化。如十二醇几乎不溶于水，它所具有的十二个碳长链，使其性质更像烃类化合物。在生产实践中，经常应用两种或两种溶剂形成的混合溶剂作重结晶溶剂。

根据人用药物注册技术要求国际协调会议（ICH）指导原则，对于第一类溶剂，如苯、四氯化碳、1，2- 二氯乙烷等，由于它们不可接受的毒性和对环境的有害作用，应尽量避免使用。乙腈、氯仿、二氯甲烷、环己烷、N，N- 二甲基甲酰胺等第二类溶剂由于其固有的毒性，必须在药品生产中限制使用，如在工艺中使用这两类溶剂，应在质量研究中注意检测其残留量，待工艺稳定后再根据实测情况决定是否将该项检查规定在质量标准中；第三类溶剂，如乙酸、丙酮、乙酸乙酯、二甲基亚砜和四氢呋喃等，则根据 GMP 管理及生产的需要来合理使用。在合理选择溶剂的基础上，根据所用溶剂的毒性及对环境的影响程度而采取一定的防范措施，并注意溶剂的回收与再利用。

（三）反应温度和压力

1. 反应温度

反应温度的选择和控制是合成工艺研究的一个重要内容。常用类推法选择反应温度，即根据文献报道的类似反应的反应温度初步确定反应温度，然后根据反应物的性质做适当的改变，如与文献中的反应实例相比，立体位阻是否大了，或其亲电性是否小了等，综合各种影响因素，进行设计和试验。如果是全新反应，不妨从室温开始，用薄层层析法追踪发生的变化，若无反应发生，可逐步升温或延长时间；若反应过快或激烈，可以降温或控温使之缓和进行。当然，理想的反应温度是室温，但室温反应毕竟是极少数，而冷却和加热才是常见的反应条件。常用的冷却介质有冰 / 水（0 ℃）、冰 / 盐（–10~–5 ℃）、干冰 / 丙酮（–60~–50 ℃）和液氮（–196~–190 ℃）。从工业生产规模考虑，在 0 ℃或 0 ℃以下反应，需要冷冻设备。加热温度可通过选用具有适当沸点的溶剂予以固定，也可用蒸汽浴（100 ℃）、控温油浴将反应温度恒定在某一温度范围。如果加热后再冷却或保温一定时间，则反应器须有相应的设备条件。

选择最佳反应温度，应先了解温度与活化能、反应速率及反应平衡之间的关系。Arrhenius 经验式如下：

$$k = Ae^{-E/RT} \tag{2-1}$$

式中，k——反应速率常数；A——表现频率因子；$e^{-E/RT}$——指数因子；E——活化能；R——气体常数；T——温度。指数因子 $e^{-E/RT}$ 一般是控制反应速率的主要因素。指数因子的核心是活化能 E，而温度 T 的变化，也能使指数因子变化而导致 k 的变化。活化能是反应物发生化学反应难易程度的表征，无法改变。在生产过程中通过改变温度来控制反应速率，E 值大小反映反应温度对速度常数 k 的影响程度。E 值大时，升高温度，k 值增大显著。若 E 值较小时，温度升高，k 值增大但不显著。

2. 反应压力

多数反应是在常压下进行的，但有些反应要在加压下才能进行或提高产率。压力对于液相或液 – 固相反应一般影响不大，而对气相、气 – 固相或气 – 液相反应的平衡、反应速率及产率影响比较显著。对于反应物或反应溶剂具有挥发性或沸点较低的反应，提高温度，有利于反应进行，但可能成为气相反应。

在工业上，加压反应需要特殊设备并需要采取相应的措施，以保证操作和生产安全。

压力对于理论产率的影响，依赖于反应物与产物体积或分子数的变化，如果一个反应的结果使分子数增加，即体积增加，那么，加压对产物生成不利。反之，如果一个反应的结果使体积缩小，则加压对产物的生成有利。

（四）催化剂

现代有机合成化学的核心是研究新型、高选择性的有机合成反应。这类反应具有如下的特点：

① 反应条件温和，反应能在中性、常温和常压下进行；

② 高选择性，包括化学选择性、立体选择性和对映体选择性等；

③ 仅需加入少量催化剂，反应即可以顺利进行，从原料不断地生成产物；

④ 无"三废"或少"三废"。

现代化学工业最重要的成就是在生产过程中广泛采用催化剂和催化工艺技术。在药物合成中80%~85%的化学反应需要用催化剂，如氢化、脱氢、氧化、还原、脱水、脱卤、缩合、环合等反应几乎都使用催化剂。又如酸碱催化、金属催化、酶催化（微生物催化）、相转移催化等技术都已广泛应用于药物合成。关于催化作用原理已有许多专著系统论述[6]。这里仅介绍在化学制药工业中应用较多的催化剂和催化反应。

1. 催化作用的基本特征

某一种物质在化学反应系统中能改变化学反应速率，而其本身在反应前后化学性质并无变化，这种物质称之为催化剂（catalyst）。

有催化剂参与的反应称为催化反应。

当催化剂的作用是加快反应速率时，称为正催化作用。

减慢反应速率时称为负催化作用。副催化作用的应用比较少，如有一些易分解或易氧化的中间体或药物，在后处理或储藏过程中，为防止变质失效，可加入副催化剂，以增加药物的稳定性。

2. 催化剂具有特殊的选择性

催化剂的特殊选择性主要表现在两个方面，一是不同类型的化学反应，各有其适宜的催化剂。例如，加氢反应的催化剂有铂、钯、镍等；氧化反应的催化剂有五氧化二钒（V_2O_5）、二氧化锰（MnO_2）、三氧化钼（MoO_3）等；脱水反应的催化剂有氧化铝（Al_2O_3）、硅胶等。二是对于同样的反应物系统，应用不同的催化剂，可以获得不同的产物。例如，用乙醇为原料，使用不同的催化剂，在不同温度条件下，可以得到25种不同的产物，其中重要反应如下：

$$Al_2O_3 或 ThO_2/350\sim360\ ℃ \longrightarrow H_2C{=}CH_2 + H_2O$$

$$Cu/200\sim250\ ℃ \longrightarrow CH_3CHO + H_2$$

$$H_2SO_4/140\ ℃ \longrightarrow CH_3CH_2OCH_2CH_3 + H_2O$$

$C_2H_5OH \longrightarrow$

$$ZnO\cdot Cr_2O_3/400\sim500\ ℃ \longrightarrow H_2C{=}CH{-}CH{=}CH_2 + H_2$$

$$Cu \longrightarrow CH_3COOC_2H_5 + 2H_2$$

$$Na \longrightarrow CH_3CH_2CH_2CH_2OH + H_2O$$

$$Cu(COO)_2 \longrightarrow CH_3COCH_3 + 3H_2 + CO$$

3. 催化剂的活性及其影响因素

工业上对催化剂的要求主要有催化剂的活性、选择性和稳定性。催化剂的活性就是催化剂的催化能力，是评价催化剂好坏的重要指标。在工业上，催化剂的活性常用单位时间内单位重量（或单位表面积）的催化剂在指定条件下所得的产品量来表示。

影响催化剂的活性因素较多，主要有如下几点：

① 温度。温度对催化剂活性影响较大，温度太低时，催化剂的活性小，反应速率很慢；随着温度升高，反应速率逐渐增大；但达到最大速度后，又开始降低。绝大多数催化剂都有活性温度范围，温度过高，易使催化剂烧结而破坏活性，最适宜的温度要通过实验确定。

② 助催化剂（或促进剂）。在制备催化剂时，往往加入某种少量物质（一般少于催化剂量的 10%），这种物质对反应的影响很小，但能显著地提高催化剂的活性、稳定性或选择性。例如，在合成氨的铁催化剂中，加入 45% Al_2O_3，1%~2% K_2O 和 1% CuO 等作为助催化剂，虽然 Al_2O_3 等本身对合成氨无催化作用，但是可显著提高铁催化剂的活性。又如在铂催化下，苯甲醛氢化生成苯甲醇的反应，加入微量三氯化铁可加速反应。

③载体（担体）。在大多数情况下，常常把催化剂负载于某种惰性物质上，这种惰性物质称为载体。常用的载体有石棉、活性炭、硅藻土、氧化铝、硅胶等。例如，对硝基乙苯用空气氧化制备对硝基苯乙酮，所用催化剂为硬脂酸钴，载体为碳酸钙。

使用载体可以使催化剂分散，增大有效面积，既可提高催化剂的活性，又可节约其用量，还可增加催化剂的机械强度，防止其活性组分在高温下发生熔结现象，延长其使用寿命。

④催化毒物。对于催化剂的活性有抑制作用的物质，叫作"催化毒物"或"催化抑制剂"。有些催化剂对于毒物非常敏感，微量的催化毒物即可使催化剂的活性减小甚至消失。

毒化现象，有的是由于反应物中含有的杂物如硫、磷、砷、硫化氢、砷化氢、磷化氢及一些含氧化合物如一氧化碳、二氧化碳、水等造成的；有的是由于反应中的生成物或分解物所造成的。毒化现象有时表现为催化剂部分活性的消失，呈现出选择性催化作用。如噻吩对镍催化剂的影响，可使其对芳核的催化氢化能力消失，但保留其对侧链及烯烃的氢化作用。这种选择性毒化作用，生产上也可以加以利用。例如，被硫毒化后活性降低的钯，可用来还原酰卤基，使之停留在醛基阶段，即 Rosenmund 反应。

又如在维生素 A 的合成中，用乙酸铅处理的钯－碳催化剂，选择性地将羟基去氢维生素 A 醇（2-13）分子中的炔键还原成烯键，生成羟基维生素 A 醇（2-14），而不影响烯键。

2-13　　　　　　　　　　　　　　　　2-14

（五）加料顺序与方法

对于一些热效应较大的合成反应，其投料顺序与最终的收益往往有着密不可分的关系，同样的原料经常会因加料顺序的不同而使收益有较大的差异。例如，以甲苯为原料利用氧化法合成甲苯酸，投料时应先加入甲苯，再加入氧化剂高锰酸钾，如果采用相反的投料顺序，往往会因反应体系中氧化剂浓度过大，反应温度过高（该反应为放热反应）而发生开环氧化。使副产物数量浓度增加，主产物苯甲酸收率下降。因此，这类反应根据反应原理，充分考虑加料顺序对合成收益的影响。

很多液相反应物料通过滴加加入反应器，滴加有两个功能：一是对于放热反应，可减慢反应速率，使温度易于控制；二是控制反应的选择性。设计原料药合成试验方案时需研究滴加是否对该合成反应选择性产生影响，如果滴加有利于提高选择性，则滴加速度可以慢一些，如果不利于提高选择性，则改为物料一次性加入。

三、实用案例

贝诺酯合成路线的设计

从原料利用率、原料供给、原料价格、合成路线长短、反应总收率、反应仪器与设备、中间体的分离与稳定、反应条件、安全环保、可行性等多方面逐一评价贝诺酯的不同合成路线。

知识链接：
① 合成路线的评价标准。
② 合成路线的设计方法。

根据分析比较结果，最终选择的贝诺酯的合成路线：采用水杨酸和对氨基苯酚为起始原料，水杨酸经过乙酰化制得乙酰水杨酸（阿司匹林），然后氯化制备乙酰水杨酰氯；对氨基苯酚经过乙酰化制得对乙酰氨基酚（扑热息痛），然后与氢氧化钠中和得到对乙酰氨基酚钠；最后由乙酰水杨酰氯与对乙酰氨基酚钠反应制得贝诺酯。具体合成路线如下：

对氨基苯酚 → 对乙酰氨基酚 → 对乙酰氨基酚钠

水杨酸 → 乙酰水杨酸 → 乙酰水杨酰氯 → 贝诺酯

四、项目展示及评价

（一）项目成果展示

展示制定的诺氟沙星小试和中试合成方案及报告。

（二）项目评价依据

①原料选择是否正确，用量与配比是否合理。

②溶剂的选择是否合理。

③选择的反应器、设计的实验装置是否正确。

④安全、环保措施是否得当。

⑤反应温度、压力、催化剂的选择与确定。

⑥方案讲解流畅程度。

⑦对小试、中试流程及操作控制点的理解程度，讲解的熟练程度与准确性。

（三）考核方案

1. 教师评价表（表2-9）

表2-9 诺氟沙星合成方案教师评价表

	考核内容	权重/%	成绩	存在的问题
项目完成情况	查文献，确定合成诺氟沙星原辅材料、配料比、溶剂、催化剂、温度、压力、pH控制等	15		
	材料搜集的完整性、全面性	10		
	讲解工艺条件确定的依据，总体方案制定的依据，方案可行性分析	15		
	讨论、调整、确定并总结方案	10		
职业能力及素养	查阅文献能力	10		
	归纳总结所查阅资料能力	10		
	讲解方案的语言表达能力	10		
	方案制定过程中的学习、创新能力	10		

考核内容		权重 / %	成绩	存在的问题
职业能力及素养	团队协作能力	10		
总分		100		
评分人签名				

2. 学生评价表（用于自评、互评）（表 2-10）

表 2-10 诺氟沙星合成方案学生评价表

考核内容		权重 / %	成绩	存在的问题
项目材料收集	学习态度是否主动，能否及时保质地完成老师布置的任务	15		
	能否熟练利用期刊、数据库、书籍、网络查阅所需要的资料	10		
	收集的有关学习信息和资料是否完整	15		
	能否根据所查的资料对合成诺氟沙星项目进行合理分析，同时对制定的方案进行可行性分析	10		
	是否积极参与各种讨论，并能清晰地表达自己的观点	10		
	是否能够进行正确的归纳总结	10		
职业能力及素养形成	查阅文献获取信息、制订计划的能力	5		
	团队成员之间是否密切合作，互相采纳意见建议	5		
	是否具有较强的质量意识、严谨的工作作风	5		
	是否具有较强的安全环保意识，并具备相应的手段	5		
	是否具有成本意识，重视经济核算	5		
	是否考虑到减轻污染，实现资源循环利用	5		
总分		100		
评分人签名				

项目三 抗生素——氯霉素的合成试验

【知识目标】

了解药物合成中原辅料的要求与选择；

掌握氯霉素的合成原理；

掌握实训方案的制定方法和内容。

【技能目标】

能够利用数据库进行文献的查阅、分析和总结；

能够制定氯霉素合成方案，并根据方案实施；

能够正确选择、称取各种原辅料，并正确控制实验过程参数。

【素质目标】

培养学生良好的自我管理能力和责任意识；

培养小组成员间的团队协作能力；

培养动手能力和实验室安全意识。

【项目背景】

氯霉素是 20 世纪 40 年代继青霉素、链霉素、金霉素之后，第 4 个得到临床应用的抗生素，也是第一个用全合成方法合成的抗生素。氯霉素是一种广谱抗生素，自 20 世纪 50 年代投入工业生产以来，至今仍广泛应用。其剂型有片剂、胶囊、注射液、滴眼液、滴耳液、耳栓、颗粒剂等多种。我国于 1951 年，在东北制药总厂（今东北制药集团股份有限公司）由沈家祥博士主持研究，设计了以乙苯为起始原料，经硝化、氧化的合成路线。在多年的生产实践中，科技工作者对其合成路线、生产工艺及副产物综合利用等方面做了大量的研发工作，使生产技术水平有了大幅的提高。

本项目系统地从物料的准备与预处理、反应条件的确定与控制、终点的控制、后处理、结构确证等方面进行讲解与分析。

任务一 物料的准备与预处理

一、布置任务

（一）设计方案

通过学习必备知识及查阅相关文献，选择实训室合成氯霉素所用的原料、溶剂、催化剂，并根据要求进行适当预处理，使其符合合成工艺要求。写出具体的方案、工作步骤。

（二）讲解方案

从技术、成本、安全、环保及保障供应等方面，说明方案制定的依据。

二、知识准备

（一）原材料的要求与选择

1. 药物合成所用原辅材料及要求

在药品生产中，原料是指生产过程中使用的所有投入物。就是说，原料不仅包括生产产品所需要的骨架和功能基的物质，还包括生产过程中的挥发性液体、溶剂、过滤用的助剂及其他不作为最后产品成分的中间过程所用材料。合成中对原料的基本要求是利用率高、价廉易得。利用率是指包括化学结构中骨架和功能基的利用程度，它取决于原料的化学结构、性质及所进行的反应。

药品被加工成各种类型的制剂时，绝大多数要加入一些无药理作用的辅助物质，这些辅助物质被称为辅料。如片剂生产中加入的淀粉、糊精，注射剂生产中加入调节 pH 的酸、碱等。辅料在制剂生产中起到相当大的作用，它不但赋予药物适于临床用药的一定形式，而且还可以影响药物的稳定性、药物作用的发挥及药品质量等。

2. 原辅材料的质量标准

《药品生产质量管理规范》（2010 年版）第三十九条中明确规定：药品生产所用的物料应符合药品标准、包装材料标准、生物制品规程或其他有关标准，不得对药品的质量产生不良影响。这就意味着药品生产所需的原辅材料和包装材料等必须有质量标准。质量标准可以分为法定标准、行业标准、企业标准。

（1）法定标准

法定标准是国家颁布的对产品质量的最基本要求，是药品生产中必须达到的质量标准。药品生产中执行的法定标准包括以下几个方面：

① 中华人民共和国药典。目前执行的是 2010 年版中国药典。

② 卫生健康委药品标准。它是对暂时收藏于药典尚不够完善，或新药典未出版前的优良产品制定颁发的药品标准。

③ 地方药品标准。只对本地区范围内的药品生产等具有指导意义和约束力，我国正逐步取消地方药品标准。

（2）行业标准

行业标准是药品生产企业系统内部制定的，一般情况下高于法定标准，多用于开展同品种评比、考核，或考察各企业间的质量、生产水平等。

（3）企业标准

企业标准是企业根据法定标准、行业标准和企业的生产技术水平、用户要求等制定的高于法定标准、行业标准的内控标准，目的是保证药品成品质量，并对无法定标准的物料进行质量控制。

3. 试剂的等级与预处理

试剂又称化学试剂。主要是实现化学反应、分析化验、试验研究、教学实验等使用的纯净化学品。一般按用途分为通用试剂、高纯试剂、分析试剂、仪器分析试剂、临床诊断试剂、生化试剂等。试剂的品级与规格应根据具体要求和使用情况加以选择。

在中国国家标准（GB）中，将一般试剂划分为三个等级，一级试剂为优级纯，二级试剂为分析纯，三级试剂为化学纯。定级的根据是试剂的纯度（即含量）、杂质含量、提纯的难易，以及各项物理性质。有时也根据用途来定级，如光谱纯试剂、色谱纯试剂，以及 pH 标准试剂等。化学纯试剂是指一般化学试验用的试剂，有较少的杂质，不妨碍实验结果。分析纯试剂是指做分析测定用的试剂，杂质更少，不妨碍分析测定。色谱纯试剂是指进行色谱分析时使用的标准试剂，在色谱条件下只出现指定化合物的峰，不出现杂质峰。对于化学纯、分析纯、优级纯，不同的药品其要求也完全不同。

4. 危险原辅料的性质与安全防护技术

合成药物的原料一般都是有机化学品。大多数有机化学品都有一定的危险性，可能造成火灾、爆炸、中毒和环境污染等恶性事故。特别的挥发性的化学品，其蒸气的毒性、易燃易爆性更不可忽视。另外，一些原料有可能在加工和储存过程中形成十分危险的过氧化物，必须在使用过程中做特殊处理。例如，乙醚与四氢呋喃（THF）在接触氧气及光线时，会形成高爆炸性的过氧化物。这些过氧化物因为沸点高，会在蒸馏时浓缩。醚类必须在稳定剂或氢氧化钠的存在下储存在封闭容器内，并置于阴暗处。

无机溶剂中，液氨、液氮、液态二氧化碳等属于高压液化气体，还存在窒息、冻伤、高压爆炸等危险。在使用化学品前必须关注其物料安全数据表（material safety data sheet, MSDS），常用的化学品的卫生和安全数据，可以从《化学试剂手册》和官方网站检索。

（1）物料安全数据表

物料安全数据表简称"MSDS 评估认证报告"，其中说明了对应化学品对人类健康和环境的危害性并提供如何安全搬运、储存和使用该化学品的信息，是关于危险化学品的燃、爆性能，毒性和环境危害，以及安全使用、泄漏应急救护处置、主要理化参数、法律法规等方面信息的综合性文件；是阐明化学品的理化特性（如 pH、闪点、易燃度、反应活性等）

及对使用者的健康（如致癌、致畸等）可能产生的危害的文件；是关于传递化学品危害信息的重要报告。

（2）防火、防爆、防中毒、防触电技术

着火是有机实验中常见的事故。为防止着火，实验中要注意以下几点：

① 实验室不得存放大量的易燃、易挥发化学药品，而应放在专设的危险药品橱内。

② 切勿用敞口容器存放、加热或蒸除易燃、易挥发化学药品。

③ 操作和处理易燃、易挥发化学药品时，应尽可能远离火源，最好在通风橱中进行。

④ 尽量不用明火直接加热，而应根据具体情况选用油浴、水浴或电热套等间接加热方式。

⑤ 回流或蒸馏液体时应加入几粒沸石，以防溶液因暴沸而冲出。若在加热后发现未加沸石，则应停止加热，待稍冷后再加。否则在过热溶液中加入沸石会导致液体突然沸腾，冲出瓶外而引起火灾。

⑥ 冷凝水要保持畅通，若冷凝管忘记通水大量蒸气来不及冷凝而逸出，也易造成火灾。

⑦ 不得将易燃、易挥发废物倒入垃圾桶中，应当专门回收处理。

实验室如果发生了着火事故，应沉着冷静，及时地采取措施，控制事故的扩大。首先，立即熄灭附近所有的火源，切断电源，移开未着火的易燃物。然后，根据易燃物的性质和火势设法扑灭。常用的灭火剂有二氧化碳、四氯化碳和泡沫灭火剂等。干沙和石棉布也是实验室经济、常用的灭火材料。不管用哪一种灭火器都是从周围开始向中心扑灭。水在大多数的场合下不能用来扑灭有机物的着火。因为一般有机物都比水轻，泼水后，火不但不熄，反而漂浮在水面上继续燃烧，火随着水流蔓延。地面或桌面着火，如火势不大，可用淋湿的抹布来灭火；反应瓶内有机物的着火，可用石棉板盖住瓶口，火即熄灭。身上着火时，切勿在实验室内乱跑，应就近卧倒，用石棉布把着火部位包起来，或在地上滚动熄灭火焰。

实验时，仪器堵塞或装配不当，减压蒸馏时使用不耐压的仪器，违章使用易燃物，反应过于猛烈而难以控制都有可能会引起爆炸。为了防止发生爆炸事故，应注意以下几点：

① 实验室中的气体钢瓶应远离热源，避免暴晒与强烈震动。使用钢瓶或自制氢气、乙炔、乙烯等气体做燃烧实验时，一定要在除尽容器内的空气后方可燃烧。

② 使用易燃易爆物（如氢气，乙炔和过氧化物）或遇水易燃、爆炸的物质（如钠、钾等）时，应特别小心，严格按照操作规范操作。

③ 仪器装置不正确，也会引起爆炸。在蒸馏或回流操作时，全套装置必须与大气相通，绝不能密闭。减压或加压操作时，应注意事先检查所用器皿的质量是否能承受体系的压力，器壁过薄或有裂痕都容易发生爆炸。

④ 反应过于激烈时，要根据不同的情况采取冷冻和控制加料等措施控制反应速度。

⑤ 必要时可设置防爆屏。

化学药品大多数具有不同程度的毒性，产生中毒的主要原因是皮肤或呼吸道接触有毒化学物质所引起的。在实验中，要防止中毒，切实做到以下几点：

① 药品不要沾到皮肤上，尤其是极毒的药品。称量任何药品都应该使用工具并戴手套，不得用手直接接触。实验完毕应立即洗手。

② 使用和处理有毒或腐蚀性物质时，应在通风橱中进行，并佩戴防护用品，尽可能避免有机物蒸气扩散在实验室内。

③ 对沾染过有毒物质的仪器和用具，实验完毕后应立即采取适当的方法处理以破坏或消除其毒性。

沾在皮肤上的有机物应当立即用大量清水和肥皂洗去，切莫用有机溶剂洗，否则只会增加化学药品渗入皮肤的速度。溅落在桌面或地面的有机物应及时清扫除去。

使用电器时，应检查线路连接是否正确。电器内外要保持干燥，不能有水或其他溶剂。注意身体不要碰到电器的导电部位。电器设备的金属外壳都应接地。实验结束后应先切断电源，再将连接电源的插头拔下。

（二）溶剂的选择与使用

1. 溶剂的性质

溶剂的常用性质包括溶解能力、密度、蒸气压、蒸发潜热、共沸特性、挥发速率、熔点、黏度等。从不同的角度，人们会关心溶剂不同方面的性质，如从合成角度，会关心介电常数、沸点、反应性等；从分离角度，更关心溶解度（或溶解能力）、密度等；从使用安全角度，则会关心蒸发速度、闪点、燃点、爆炸极限、毒性等。

（1）溶解能力

在实际工作中，人们关心的溶剂的溶解能力包括以下几个方面：①溶质在溶液中均匀分散的速率；②溶质溶解（与溶液成为均相）的速率；③将溶质在溶剂中配制成指定浓度的速率；④与其他溶剂混溶的能力。

在反应过程中，往往希望找到对各种反应物和催化剂溶解能力均较强的溶剂作为反应介质，以便形成均相，提高反应速度。

（2）密度

密度是不相溶的两种液体分相的主要动力。多数常用小分子有机溶剂的密度比水小，在与水分相时是轻相，处于水相的上面。一些含卤的化合物（如 CH_2Cl_2、$CHCl_3$ 等）则例外，它们的密度比水大，在与水分相时成为重相沉在水底。这在分离水相和溶剂相时要特别注意。

有机溶剂蒸气密度往往比空气密度大，因此会沉到底部并扩散很长的距离而几乎不被稀释。这就使得有机溶剂发生火灾时会沿着地面"延燃"，是这类火灾容易出现迅速发展的一个重要原因。

（3）共沸特性

共沸混合物是指处于平衡状态下的气相和液相组成完全相同时的混合溶液，形成这种溶液对应的温度叫作共沸点。一旦形成共沸混合物，就不能用普通的蒸馏方法分开，共沸现象往往给溶剂的回收带来影响。可以利用共沸蒸馏轻易地分离非共沸物组成的杂质，但分离共沸组成却是比较麻烦的问题。分离共沸组成往往采用三元共沸精馏、萃取、膜分离等其他方法，并要具体情况具体分析。如乙醇 – 水形成共沸物，使用蒸馏的方法只能得到 95% 的乙醇，要得到无水乙醇必须使用特殊的方法如生石灰脱水法、醇镁脱水法或三元共沸精馏方法达到目的。

（4）蒸发速率、闪点、燃点和爆炸极限

蒸发速率、闪点、燃点和爆炸极限，往往是人们判断溶剂发生火灾、爆炸危险性的指标。

2. 溶剂的分类

溶剂有多种分类方法。例如，按化学组成分类可分为有机溶剂和无机溶剂；按蒸发速率分类可分为快速蒸发溶剂、中速蒸发溶剂、慢速蒸发溶剂、特慢蒸发溶剂等。

按化学结构，溶剂又分为质子性溶剂和非质子性溶剂。质子性溶剂含有易取代氢原子，可与含有阴离子的反应物发生氢键结合，发生溶剂化作用，也可与阳离子的孤对电子进行配合，或与中性分子中的氧原子（或氮原子）形成氢键。质子性溶剂有水、醇类、乙酸、多聚磷酸、三氟乙酸及氨或胺类化合物等。

3. 溶剂的作用与选择方法

大多数有机合成反应是在溶剂中进行的。溶剂可以通过对反应物和催化剂的溶解，降低黏度，使反应体系中分子分布均匀，增加分子碰撞机会，加速反应进程；溶剂的存在还可以改善反应热的传导，缓冲反应条件的变化，使反应条件更趋于温和。在分离过程中，溶剂作为洗涤剂可以洗去物料上的其他杂质；作为萃取剂和重结晶溶剂，可以有效地分离杂质，增加产品的纯度。

在有机反应中，溶剂对反应速率、反应方向和产品结构都有可能产生影响。在分离过程中，溶剂的选择决定着去除杂质的效率，决定着产物的质量和收率，有些溶剂还可以与产物形成溶剂化物，使产物失去应有的疗效。总之，溶剂的选择对整个生产过程的经济性有重要影响。

4. 水和水的选用

在药品制造过程中，水是经常选用的溶剂之一，但药品生产对各种级别水的选用是受到法规约束的。作为原材料，水在不同的药品生产阶段，需要满足不同的质量要求。

制药厂用水一般分为饮用水、纯化水、注射用水 3 个级别。饮用水的质量，在世界卫生组织（WHO）的饮用水指南及各国和各地区均有标准，在我国，饮用水应符合《中华人民共和国国家标准生活饮用水卫生标准》的相关规定。纯化水通常由饮用水通过离子交换、反渗透、蒸馏等方法制备，除应符合药典理化标准和微生物限度外，还要求在储存和使用过程中避免污染和微生物滋生。《中国药典》（2010 年版）规定注射用水为纯化水经蒸馏所得的水。

药厂的水系统一般由水处理、储存、分配和使用环节构成，每个环节都必须采取措施，使水的质量符合标准。在实施 GMP 时，特别关注采取消毒和防止微生物滋生措施，保证纯化水、注射用水的微生物学质量。注射用水是制药行为最高级别的用水，因给药途径的特殊性，质量要求也极其严格，使用纯化水蒸馏制备的注射用水是比较可靠的。各级水在原料药生产中的选择原则见表3-1。

表3-1　饮用水、纯化水和注射用水在原料药生产中的选用原则

水的级别	原料药生产中的使用建议
饮用水	① 所有步骤的工艺：如原料药或使用该原料药的药品不需要无菌或无热源； ② 原料药最终分离和纯化前的工艺步骤：如原料药或使用该原料药的药品不需要无菌或无热源
纯化水	最后的分离和纯化，如果原料药符合下列情况之一 ① 无菌，胃肠道给药制剂； ② 非无菌，但主要用于无菌的注射产品中； ③ 非无菌，但主要用于无菌的注射药品中
注射用水	无菌、无热源的原料药的最后分离和纯化

非无菌原料药（API）用于生产无菌制剂时，应对内毒素及微生物加以控制。如果采取无菌制造工艺，即无最终灭菌工艺的产品，则无菌原料药及制剂最后步骤采用的纯化水必须是无菌的。

三、实用案例

选择合成对氯苯甲酰苯甲酸的催化剂、溶剂

对氯苯甲酰苯甲酸是利尿药氯噻酮（Chlortalidone）的中间体，通过傅-克酰化反应制得。

1. 催化剂的选择

傅-克酰基化反应属于亲电取代反应，首先是催化剂与邻苯二甲酸酐作用，生成酰基碳正离子活性中间体，之后，酰基碳正离子进攻芳环上电子云密度较大的位置，取代该位置上的氢，生成芳酮。通过查阅文献可知，该类型反应常用的催化剂为 $AlCl_3$、BF_3、$ZnCl_2$、$SnCl_4$ 等 Lewis 酸及多聚磷酸、H_2SO_4 等质子酸。一般用酰氯、酸酐为酰化试剂时多选用 Lewis 酸催化，以羧酸为酰化试剂时则多选用质子酸为催化剂。本反应中邻苯二甲酸酐为酰化试剂，所以应该选择 Lewis 酸作催化剂。由于 Lewis 酸中 $AlCl_3$ 价廉、催化活性高，所以，本反应可初步选择 $AlCl_3$ 作为催化剂。

但无水 $AlCl_3$ 易与水快速分解生成氢氧化铝而使催化剂失活。而一般的无水 $AlCl_3$ 试剂由于密封不严和长期存放，通常由黄色的无水 $AlCl_3$ 分解成白色的氢氧化铝，催化活性较低，还易引发一些副反应。因此，实验室制备过程应采用新鲜的无水 $AlCl_3$，以免实验失败。工业化过程中为避免 $AlCl_3$ 水解，一般采取两种措施：一是进行氮气置换反应器中空气后再加 $AlCl_3$；二是 $AlCl_3$ 整包投入以避免剩余物料水解，其余原料的加料量以 $AlCl_3$ 为计算基准。

2. 溶剂的选择

通过查阅文献可知，选择该类反应的溶剂可从以下三方面考虑：

① 保持反应物之一过量，过量的部分起溶剂的作用。

② 硝基苯、二硫化碳是该类反应的常用溶剂。

③ 可以使用卤代烷作溶剂。

由于硝基苯的溶解能力很强，同时可与三氯化铝络合，使得催化活性降低，因而只适用于电子云密度较大芳烃的酰化过程，氯苯中由于氯原子具有弱的吸电子作用使得芳环的电子云密度降低，显然不适合。若用卤代烷做溶剂，因或多或少有烷基化副产物生成，所以卤代烷不是理想的傅-克酰基化反应溶剂，在有其他可选择的情况下，可不必选择卤代烷。而反应物之一的氯苯具有流动性好、价廉、易于回收综合利用等特点，所以，应该首先考虑使用氯苯做溶剂，即加大氯苯的投料比，使其过量兼作溶剂，这样既避免了芳烃烷基化的副反应，同时也减少加入反应体系中的原料种类，利于产品的分离、纯化。实际合成过程中，氯苯：邻苯二甲酸酐=（7~8）：1（摩尔比）。

溶剂乙醇（C_2H_5OH）的纯化

乙醇是一种常用溶剂与基本原料，其沸点为78.3 ℃，n^{20}_D1.361，$d^{20}_4$0.7893。由于95.5%的乙醇和4.5%的水形成恒沸点混合物，所以，市售乙醇多数含量为95%左右，而高含量乙醇价格要高很多。另外，由于市售无水乙醇一般只能达到99.5%，在许多反应中需要纯度更高的绝对乙醇，所以，学会利用廉价的低含量乙醇（或废乙醇）自行制备高含量乙醇具有十分重要的意义。制备无水乙醇的方法很多，常根据无水乙醇质量要求而选择不同的方法。

1. 制备98%～99%的乙醇

方法1：用生石灰脱水。在100 mL 95%乙醇中加入新鲜的块状生石灰20 g，煮沸回流3~5 h，使乙醇中的水与生石灰作用，生成氢氧化钙，它在加热时不分解，可留在瓶中与乙醇一起蒸馏，将无水乙醇蒸出。这样得到的乙醇，纯度最高可到99.5%。

方法2：利用苯、水和乙醇形成低共沸混合物的性质，将苯加入乙醇中，进行分馏，在64.9 ℃时蒸出苯、水、乙醇的三元恒沸混合物，多余的苯在68.3 ℃与乙醇形成二元恒沸混合物被蒸出，最后蒸出乙醇。工业上多采用此法。

2. 制备99%以上的乙醇

方法1：用金属钠制取。在250 mL圆底烧瓶中，加入2 g金属钠和100 mL纯度为99%的乙醇，加入沸石。加热回流30 min，再加入4 g邻苯二甲酸二乙酯或草酸二乙酯，加热回流2~3 h，然后进行蒸馏。产品储存于带磨口塞或橡皮塞的容器中。

金属钠虽能与乙醇中的水作用，产生氢气和氢氧化钠，但所生成的氢氧化钠又与乙醇发生平衡反应，因此单独使用金属钠不能完全除去乙醇中的水，须加入过量的高沸点酯，如邻苯二甲酸二乙酯与生成的氢氧化钠作用，抑制上述反应，从而达到进一步脱水的目的。

方法 2：用金属镁制取。在 250 mL 圆底烧瓶中，加入 0.6 g 干燥镁条、10 mL 99.5% 乙醇，在防潮装置下加热回流然后移去热源，加入少量碘，此时应发生作用。待镁溶解生成醇镁后，再加入 100 mL 99.5% 乙醇和几粒沸石。回流 1 h 后，蒸馏，可得到 99.9% 乙醇。产物收集于玻璃瓶中，用一橡皮塞或磨口塞塞住。

在操作时需注意以下两点：

① 由于乙醇具有非常强的吸湿性，所以在操作时，动作要迅速，尽量减少转移次数以防止空气中的水分进入，同时所用仪器必须事前干燥好。

② 以上方法是采用含量 95%（或以上）的乙醇制备无水乙醇，如果实际遇到的废乙醇含量低或含有其他杂质，这时需要根据实际情况先将可能含有的杂质除去，预先蒸馏浓缩得到含量 95% 的乙醇，便可采用本方法。

四、展示与评价

（一）项目成果展示

① 制定的"合成氯霉素"原料准备方案。

② 讲解方案。

（二）评价依据

① 催化剂、反应物、溶剂的选择是否正确，在技术、成本、安全、环保及保障供应等方面是否合理。

② 这些原料是否有质量要求，若选定的原料不能达到要求，是否有合理的预处理措施。

③ 选择的物料储存、计量方法的正确程度。

④ 安全、环保措施是否得当。

⑤ 方案讲解流畅程度，理论依据是否清晰、可靠。

（三）考核方案

1. 教师评价表（表 3-2）

表 3-2　合成氯霉素原料准备与预处理教师评价表

	考核内容	权重 / %	成绩	存在的问题
项目完成情况	查文献，确定合成氯霉素过程中所需要的原料、试剂、催化剂、溶剂，并说明各组分对反应的影响情况	10		
	从技术角度、生产成本及保障供应等方面说明其合理性	10		
	确定合理的预处理、储存方法	10		
	确定合理的计量方法	10		
	讨论、调整、确定并总结方案	10		

考核内容		权重 / %	成绩	存在的问题
职业能力及素养	查阅文献能力	5		
	归纳总结所查阅资料能力	10		
	制订工作计划的能力	10		
	讲解方案的语言表达能力	10		
	方案制定过程中的学习、创新能力	10		
	团队协作能力	5		
总分		100		
评分人签名				

2. 学生评价表（用于自评、互评）（表 3-3）

表 3-3　合成氯霉素原料准备与预处理学生评价表

考核内容		权重 / %	成绩	存在的问题
项目材料收集	学习态度是否主动，能否及时保质地完成老师布置的任务	10		
	能否熟练利用期刊、数据库、书籍、网络查阅所需要的资料	10		
	收集的有关学习信息和资料是否完整	10		
	能否根据所查的资料对合成氯霉素项目进行合理分析，同时对制定的方案进行可行性分析	10		
	是否积极参与各种讨论，并能清晰地表达自己的观点	10		
	是否能够进行正确的归纳总结	5		
职业能力及素养形成	查阅文献获取信息、制订计划的能力	10		
	团队成员之间是否密切合作，互相采纳意见建议	10		
	是否具有较强的质量意识、严谨的工作作风	10		
	是否具有较强的安全环保意识，并掌握相应的手段	5		
	是否具有成本意识，重视经济核算	5		
	是否考虑到减轻污染，实现资源循环利用	5		
总分		100		
评分人签名				

3. 成绩计算

本项任务考核成绩 = 教师评价成绩 × 50% + 学生自评成绩 × 20% + 学生互评成绩 × 30%

任务二 反应条件的确定与控制

一、布置任务

① 通过学习必备知识，查阅相关文献，借鉴"实用案例"中的思路，确定合成氯霉素的工艺，包括以下几方面：

第一，确定原料的用量及配料比，确定合理的加料顺序。

第二，确定合成过程的温度，选择合适的传热介质及控制方法。

第三，确定合适的 pH 及控制方法。

第四，确定最佳反应时间及反应终点控制方法。

② 编写"合成氯霉素"的实训方案。

③ 按照确定的方案，进行合成氯霉素实训，编写实训报告。

二、知识准备

1. 加料顺序与方法

对于一些热效应较大的合成反应，其投料顺序与最终的收益往往有着密不可分的关系，同样的原料经常会因加料顺序的不同而使收益有较大的差异。例如，以甲苯为原料利用氧化法合成甲苯酸，投料时应先加入甲苯，再加入氧化剂高锰酸钾，如果采用相反的投料顺序，往往会因反应体系中氧化剂浓度过高，反应温度过高（该反应为放热反应）而发生开环氧化，使副产物数量浓度增加，主产物苯甲酸收率下降。因此，这类反应应根据反应原理，充分考虑加料顺序对合成收益的影响。

很多液相反应物料通过滴加加入反应器，滴加有两个功能：一是对于放热反应，可减慢反应速率，使温度易于控制；二是控制反应的选择性。设计原料药合成实验方案时需研究滴加是否对该合成反应选择性产生影响，如果滴加有利于提高选择性，则滴加速度可以慢一些，如果不利于提高选择性，则改为物料一次性加入。

2. 酸碱度的控制

在工业生产中，一般采用 pH 试纸和 pH 计监控反应体系的酸碱度。

（1）pH 试纸

pH 试纸的应用非常广泛，检测迅速简便。它一般用来粗略测量溶液 pH 大小（或酸碱性强弱）。

在使用 pH 试纸检测水溶液的性质时，取一条试纸，用蘸有待测液的玻璃棒或胶头滴管点于试纸的中部，观察颜色的变化，与标准比色卡比较，就可以判断水溶液的 pH。检验气体的性质时，先用蒸馏水将试纸润湿，粘在玻璃棒的一端，用玻璃棒将试纸靠近气体，观察颜色的变化，判断气体的性质。

　　使用试纸需要注意的是，试纸不可直接伸入溶液，不要让试纸接触试管口、瓶口、导管口等；测定水溶液的 pH 时，不要事先用蒸馏水润湿试纸，因为润湿试纸相当于稀释被检验的溶液，会导致测量不准确。正确的方法是用蘸有待测溶液的玻璃棒点滴在试纸的中部，待试纸变色后，再与标准比色卡比较来确定溶液的 pH。pH 试纸润湿后，如与环境中的二氧化碳、氨气接触，会使变色改变，因此在测试时要尽快比较颜色，才能相对准确。pH 试纸不能用来检测无水的有机溶剂的酸碱度。取出试纸后，应将盛放试纸的容器盖严，以免被环境气体污染。

　　（2）pH 计（酸度计）

　　用 pH 计进行电位测量是测量 pH 的精密方法，性能优良的 pH 计可分辨出 0.005 pH 单位。pH 计具有精度高、反应较快、可以在线实时检测、检测数据可以连接计算机保存等优点，因而在制药行业中大量使用。

　　pH 计由 3 个部件构成：参比电极、玻璃电极和电流计。该电流计能在电阻较大的电路中测量出微小的电位差。参比电极的基本功能是维持一个恒定的电位，作为测量各种偏离电位的对照。玻璃电极的功能是建立一个对所测量溶液的氢离子活度发生变化做出反应的电位差。把对 pH 敏感的电极和参比电极放在同一溶液中，组成一个原电池，该电池的电位是玻璃电极和参比电极电位的代数和。如果温度恒定，这个电池的电位随待测溶液 pH 变化而变化，而测量 pH 计中的电池产生的电位是困难的，因其电动势非常小，且电路的阻抗又非常大（1~100 MΩ），因此，必须把信号放大，使其足以推动标准毫伏表或毫安表。电流计的功能就是将原电池的电位放大若干倍，放大了的信号通过电表显示出来，电表指针偏转的程度表示其推动的信号强度，为了使用上的需要，pH 电流表的表盘刻有相应的 pH；而数字式 pH 计则直接以数字显出 pH。为方便读取，化工设备上的 pH 计以数字显示式的为多。

　　pH 计在使用前均需要用标准缓冲液进行二重点校对。pH 测定的准确性取决于标准缓冲液的准确性。标准缓冲液是由标准试剂配制而成的。酸度计用的标准缓冲液，要求有较大的稳定性、较小的温度依赖性。可以根据试剂的测量范围选用合适的标准缓冲液。

三、实用案例

成对硝基苄基溴的工艺条件优化

　　对硝基苄基溴为重要的医药、农药中间体，在医药工业中主要用于制备头孢洛宁、抗风湿药阿克利他等，由对硝基甲苯侧链溴化而得。合成反应属于芳烃的苄位取代，属于自由基型反应，需在高温、光照或引发剂存在条件下进行连锁反应。

　　反应式如下：

1. 溶剂的选择

溶剂有两种作用，即稀释作用和极化作用。对于稀释作用而言，溶剂的加入并未产生对芳烃侧链卤化有利的因素。从生产能力出发，溶剂不加为好。对于该类型的反应，当原料有一定极性，它或它的卤化产物所提供的电场会诱导卤素的极化，引发芳环上的卤代反应时，不得不采取措施削减极性的影响，这就需要溶剂。

非极性溶剂未提供电场，不但有利于卤素的均裂生成自由基，同时由于其稀释作用降低了芳烃本身及卤化产物的极性而抑制了芳环上的卤化，因而对提高芳烃的侧链卤化选择性有利。此外，由于芳环上电子云密度大的芳烃易于发生环上亲电取代，因而当以芳香族化合物为溶剂时，芳环上带有吸电基团更有利。

由以上分析可见，由于本反应中的底物是对硝基甲苯（液态），而硝基（—NO$_2$）是强的吸电子取代基，使苯环上的电子云密度降低卤代困难，所以，从生产能力出发，本反应不另外加溶剂。

需要指出，芳烃侧链卤代反应的溶剂，对选择性的影响十分显著，甚至关系到反应过程的成败。

2. 卤素的选择

由于侧链卤化产物一般是中间体而非终产物，因而卤素是可选择的，以利于整个过程的经济性。溴与氯比较，更有利于侧链而不利于芳环卤化，同时溴在多卤代时需要更高的能量。因而当以溴进行侧链一卤化时选择性较高。故在制备一卤苄时一般应以溴苄为主，因为溴苄有较高的收率。而在制备三卤苄时，因为三溴苄一般不易生成，需更高的能量，因此应制取三氯苄。

3. 引发剂的选择

对于低温下（<100 ℃）的芳烃侧链卤化，引发剂的加入往往是芳烃侧链卤化所必需的。常用的引发剂有偶氮二异丁腈、过氧化二苯甲酰和三氯化磷等。在反应过程中，引发剂的量会因在反应过程中逐渐分解而减少，因此适时补加引发剂非常重要。在较高的反应温度下，因引发剂的不稳定而一般不采用。

本实例可以采用高温引发、光引发和化学引发剂引发。若为高温引发，可采用 140 ℃下在搪玻璃釜内进行；若为光引发，可在装有机械搅拌及石英管（内装卤钨灯）的搪玻璃反应釜中进行；若为化学引发剂引发，可用偶氮二异丁腈或过氧化二苯甲酰，在搪玻璃釜内进行。

当用光照引发自由基时，以 300~478.5 nm 的紫外光照射最为有利，因为在这个波长范围光量子能量较强，且能透过玻璃。若加入微量（0.01%~5%）添加剂 N, N-二甲基甲酰胺（DMF）或 N, N- 二甲基乙酰胺（DMA），往往使反应大大加速。

4. 反应温度的选择

在该类反应中，目标化合物不同温度选择不同。以一卤苄为目标的侧链卤化反应，温度有其最佳值，高了容易发生多卤代，低了容易发生环上卤化，因此具体的温度范围必须由实验确定。以三卤苄为目标的侧链卤化反应，温度高些对反应有利，除了因主反应活化能较高的因素之外，高温也是引发自由基的有利条件。该情况下，反应温度宜高不宜低，当然还应综合平衡成本因素。

5. 杂质的影响及去除

微量的某些杂质（如铁）即可催化芳环上的卤化反应。由于芳环上取代卤化的活化能低于侧链卤化的活化能，因此在侧链卤化条件下，杂质的影响是非常显著的，除去有催化剂作用的杂质是侧链卤化反应最重要的步骤之一。

若除去铁，一般芳烃和溶剂都采用蒸馏方法，有时采用加入 EDTA 络合的方法使其丧失芳环卤化的催化活性。而氯气中的铁可用活性炭吸附的方法脱除。除了铁以外，氧、水等对自由基反应产生不利影响。

6. 加料方式的确定

芳烃、溶剂、引发剂的一次性加入对间歇侧链氯化无害，有时更有利。氯气的通入速率对芳烃侧链氯化反应无影响，在温度可控的条件下，为提高生产能力，一般选择快速通入。

综合以上讨论，有利于芳烃侧链卤化反应的因素和不利于芳烃侧链卤化反应的因素总结如表 1 所示。

表 1　侧链卤化与芳环卤化的条件比较

有利因素	溶剂	温度	添加剂	其他
侧链卤化	非极性	高	自由基引发剂	紫外线照
芳环卤化	极性、酸性	低	路易斯酸	—

四、展示与评价

（一）项目成果展示

主要包括制定的合成氯霉素的实训方案。

（二）评价依据

① 选择的原料、规格，以及确定的配比。

② 选择的反应器、设计的实验装置。

③ 选择的温度，传热介质及控制方法。

④ 确定 pH 控制方法。

⑤ 确定的反应时间及终点控制方案。

⑥ 采取的安全、环保措施。

⑦ 编写方案是否合理、完整、可行。

（三）考核方案

1. 教师评价表（表3-4）

表3-4　合成氯霉素实训教师评价表

考核内容		权重 / %	成绩	存在的问题
项目完成情况	查文献,确定合成氯霉素原辅材料、配料比、溶剂、催化剂、温度、压力、pH 控制等	10		
	材料搜集的完整性、全面性	10		
	讲解工艺条件确定的依据,总体方案制定的依据,方案可行性分析	15		
	讨论、调整、确定并总结方案	15		
职业能力及素养	查阅文献能力	10		
	归纳总结所查阅资料能力	10		
	讲解方案的语言表达能力	10		
	方案制定过程中的学习、创新能力	10		
	团队协作能力	10		
总分		100		
评分人签名				

2. 学生评价表（用于自评、互评）（表3-5）

表3-5　合成氯霉素实训教师评价表

考核内容		权重 / %	成绩	存在的问题
项目材料收集	学习态度是否主动,能否及时保质地完成老师布置的任务	10		
	能否熟练利用期刊、数据库、书籍、网络查阅所需要的资料	10		
	收集的有关学习信息和资料是否完整	15		
	能否根据所查的资料对合成氯霉素项目进行合理分析,同时对制定的方案进行可行性分析	15		
	是否积极参与各种讨论,并能清晰地表达自己的观点	10		
	是否能够进行正确的归纳总结	10		
职业能力及素养形成	查阅文献获取信息、制订计划的能力	5		
	团队成员之间是否密切合作,互相采纳意见建议	5		
	是否具有较强的质量意识、严谨的工作作风	5		
	是否具有较强的安全环保意识,并具备相应的手段	5		
	是否具有成本意识,重视经济核算	5		
	是否考虑到减轻污染,实现资源循环利用	5		
总分		100		
评分人签名				

3. 成绩计算

本项任务考核成绩 = 教师评价成绩 ×50% + 学生自评成绩 ×20% + 学生互评成绩 ×30%

任务三　合成试验

一、布置任务

① 通过学习必备知识，查阅相关文献，根据合成氯霉素的实训方案，在实训室完成氯霉素的合成试验。

② 完成实训报告。及时记录实验过程中的现象并进行理论分析。

二、知识准备

（一）手性药物

手性是用来表达化合物分子结构不对称的术语，是指一个实物与镜像不能重合的性质。手性是三维物体的基本属性，如果一个物体不能与其镜像重叠，该物体就称为手性物体。具有药理活性的手性化合物就是手性药物，通常是只含有效对映体或者以有效的对映体为主。近一二十年来，世界上对手性药物的研究发展很快，已成为药物研究的一个新的热点。手性药物的销售量及所占药物总数的比例也在呈逐年上升趋势。

（二）基本概念

1.外消旋化

旋光物质转化成无旋光性的物质的过程称为外消旋化，常见的途径有以下几种：

① 长期放置，如（+）-α-溴代苯乙酸室温放置 3 年后，其旋光性完全消失。

② 光、热、磁、放射性作用会使旋光物质转化成外消旋体。

③ 反应中经过烯醇化过程，如（R）-3-苯基-2-丁酮在酸性或碱性的乙醇溶液中发生消旋化就是烯醇化引起的。因此，凡具有发生烯醇化结构的物质均能发生消旋化。

④ 反应过程中生成碳正离子。例如：

⑤ 反应过程中生成碳自由基。例如：

2. 不对称分子与非对称分子

（1）不对称分子

不具有任何一种对称元素的分子（对称轴、对称面、对称中心及交错对称轴）称为不对称分子，如下面的分子均是不对称分子。

不对称分子一定是有手性的，而手性分子不一定是不对称分子。

（2）非对称分子

仅有对称轴（或对称面）而具有手性的分子称为非对称分子。例如：

3. 光学纯度

在不对称合成中或外消旋体拆分时，为了判断所得旋光物质的纯度，通常用光学纯度来描述。其定义为：

$$OP = \frac{[\alpha]_{试样}}{[\alpha]_{纯品}} \times 100\% \qquad （3-1）$$

式中，OP 代表光学纯度百分数；$[\alpha]_{试样}$、$[\alpha]_{纯品}$ 分别为试样和光学纯品的比旋光度。

4. 对映体过量值（ee）

对映体过量值亦称对映体过量百分率，简称"ee"值，用下式表示：

$$ee = \frac{E_1 - E_2}{E_1 + E_2} \times 100\% \qquad （3-2）$$

式中，ee 为对映体过量百分率；E_1 和 E_2 为两个对映体，假定 E_1 的量大于 E_2，则对映体 E_1 过量的百分数称为 E_1 的对映体过量，以 ee 来表示。

在计算旋光物质的 E_1 体的收率时，应用 E_1 和 E_2 旋光物质的收率乘以 E_1 的 ee 值，若 E_1、E_2 旋光物质的收率为90%，E_1 的 ee 值为20%，则 E_1 体的收率为18%。若 E_1、E_2 旋光物质的收率为50%，E_1 的 ee 值为80%，则 E_1 体的收率为40%。所以制备旋光物质的收率主要看 ee 值。

5. 比旋光度

比旋光度是旋光物质物理常数，可采用旋光仪来测定。其计算公式如下：

$$[\alpha]_\lambda^t = \frac{\alpha}{L\rho} \qquad （3-3）$$

式中，α 为测定的旋光度数值；λ 为测定时单色光的波长；t 为测定时的温度；L 代表样品管的长度（dm）；ρ 代表测定时的样品浓度（g/mL）。对于纯液体 ρ 代表测定物质的密度。用 d 或（+）表示是平面偏振光向右旋，l 或（-）表示是平面偏振光向左旋。λ 对旋光有较大影响，改变偏光的 λ，有时甚至会改变旋光度的方向。

6. 立体专一性和立体选择性

（1）立体专一性

不同立体异构体的底物，在相同条件下与同一种试剂反应，分别得到不同立体异构体的产物，即每一种立体异构体只给出相应的立体产物，称为立体专一性，该反应称为立体专一性反应。如富马酸在富马酸酶的作用下加水形成苹果酸是立体专一性反应，但富马酸的顺式异构体马来酸却不能和富马酸酶反应。

（2）立体选择性

同一反应物在特定反应中能生成两种或两种以上立体异构的产物，其中某一种异构体生成的较多称为立体选择性，这一反应称为立体选择性反应。所有立体专一性反应都是立体选择性反应，但立体选择性反应不一定都是立体专一性反应。

（三）外消旋体的有关性质

通常认为，对于一对对映异构体来讲，除了各自的旋光度方向相反、强度相等外，它们的物理性质是完全相同的。但是实际上，对映异构体之间存在相互作用。这种作用在气态或稀溶液中影响较小，但在固体、纯液体、浓溶液中影响较大。尤其是在固体条件下，由于晶态外消旋体分子之间亲和力的影响，造成了一些特殊情况。

外消旋混合物是指两个相反构型纯异构体晶体的混合物。在结晶过程中外消旋物的两个异构体分别各自聚结、自发地从溶液中以纯结晶的形式析出。长成的等量结晶体互为镜像关系。外消旋混合物的性质和一般混合物的性质相似，但熔点低于单一纯对映异构体。当向外消旋化合物中加入一些纯的对映体时，熔点下降。

区分外消旋化合物、外消旋混合物的方法有：① 红外光谱法（IR）；② 粉末 X 射线衍射法（XRD）；③ 差热分析法（DSC）。外消旋化合物在这几种方法中与纯对映异构体相比有较大的差别。外消旋混合物用这几种方法测得的数据与纯对映异构体并无显著差异。

另外，也可以采用溶解度曲线和熔点区分外消旋化合物、外消旋混合物和假外消旋体。将外消旋体和任一纯对映异构体混合后，混合物的熔点升高；外消旋化合物混合后的熔点则降低；假消旋体的混合熔点没有显著变化。

当向外消旋化合物、外消旋混合物和假外消旋体各自的饱和溶液中，加入任一纯对映异构体结晶后，对于外消旋混合物和假外消旋体溶液，结晶不溶解；外消旋化合物的饱和溶液中结晶溶解，并产生旋光。这是由于外消旋混合物和假外消旋饱和溶液中，任一纯对映体已处于饱和状态，结晶不再发生溶解。

（四）手性药物的结晶拆分方法

结晶拆分手性药物，是工业生产及实验室拆分手性药物的主要方法，也是最常见的方法。主要包括直接结晶法和间接结晶法。直接结晶法是利用外消旋体具有形成聚集体的性质，直接将其从溶液中结晶析出。间接结晶法是将对映异构体与光学纯的化合物形成非对映异构体，然后利用非对映异构体的溶解度差别，使其中一个异构体结晶析出，即非对映异构体结晶法。此外，还包括色谱拆分法和生物拆分法。

1. 直接结晶法

直接结晶法是将外消旋体直接从溶液中结晶析出。按照采用的方式，可分成以下4类。

（1）自发结晶拆分

外消旋体在结晶的过程中，自发形成聚集体而等量析出。这种方法的先决条件是外消旋体必须能形成聚集体。但在实际情况中，只有 5%~10% 的外消旋体能形成聚集体。为了增加生成聚集体的可能性，可将非聚集体的化合物通过成盐的方式转变成具有聚集体性质的固体。这种方法要求所生成的结晶必须要有一定的形状，否则无法分离，局限性很大，工业上较少应用。

（2）优先结晶拆分

优先结晶拆分是在饱和或过饱的外消旋体溶液中加入其中一种对映体的晶种，使该种对映异构体稍微过量而造成不对称环境，打破原来的平衡状态，与该晶种相同的对映体从溶液中优先结晶析出。

例如，20 世纪 60—70 年代，优先结晶方法在工业生产中大规模地用于丙烯腈制备 L-谷氨酸的拆分，年产量达到 1.3 万 t。

优先结晶法是一种高效、简单、快捷的拆分方法，晶种的加入造成两个对映异构体具有不同的结晶速率，这是动态过程控制的关键。延长结晶时间可提高产品收率，但产品的光学纯度有所下降。得到的晶体可通过反复重结晶进行纯化。

（3）逆向结晶拆分

逆向结晶法是在外消旋体的饱和溶液中加入可溶性的某一种构型的异构体（如 R- 异构体），添加的 R- 异构体就会吸附到外消旋体溶液中的同种构型异构体结晶体的表面，从而抑制这种异构体结晶的继续生长，而外消旋体溶液中相反构型的 S- 异构体结晶速率就会加快，从而形成结晶析出。例如，在外消旋的酒石酸钠铵盐的水溶液中加入少量的 S-（−）- 苹果酸钠铵或 S-（−）- 天冬酰胺时，可从溶液中结晶得到（R，R）-（+）- 酒石酸钠铵。

逆向结晶要求所加入的添加物必须和溶液中的化合物在结构和构型上有相关之处。添加物的加入造成了结晶速率的差别。需要注意的是，逆向结晶的时间需要控制，当结晶时间无限制延长下去，最终得到的将会是外消旋的晶体。

（4）外消旋体的不对称转化和结晶拆分

在外消旋体的拆分中，假设某一个对映异构体被 100% 拆分出来，拆分的产率最高只有 50%，而另一半的对映异构体将成为废物被浪费，原料的成本将极大地增加。实际应用中，常将剩余的对映异构体进行外消旋化，继续拆分和利用，则可以拆分得到超过 50% 产率的对映异构体。

外消旋体的不对称转化有两种情况。一级不对称转化是指在外部手性试剂的作用下，溶液中对映异构体之间的平衡发生移动，产生非等量的关系，形成外消旋体的不对称转化和结晶拆分。这种转化通常发生在非对映异构体之间。二级不对称转化指在平衡混合物中，其中一个对映异构体自发缓慢地结晶或加入纯对映异构体晶种结晶时，由于结晶速率比平衡速率慢，溶液中的平衡不断被打破，形成外消旋体的不对称转化和结晶拆分，这种情况又被称为"结晶诱导的不对称转化"，是将外消旋体转变为单一纯对映异构体。

这种不对称转化和结晶拆分的方法特别适用于氨基酸及其衍生物的合成。通常将氨基酸制备成 N- 酰基氨基酸，在溶液或熔融的条件下均可发生外消旋化。将氨基酸的氨基和醛类化合物，如丁醛、水杨醛反应制成席夫碱也可促进其外消旋化。这种方法在氨基酸的合成中尤为实用。

2. 形成非对映异构体的结晶法

（1）非对映异构体的形成和拆分原理

利用外消旋体的化学性质使其与某一光学活性试剂（拆分剂）作用，生成两种非对映异构体的盐，利用两种非对映异构体盐的溶解度差异，将它们分离。最后再脱去拆分剂，从而分别得到一对对映异构体。这种方法在生产中广泛应用，大多数的光学活性药物的生产均用此方法。适用于这种光学拆分方法的外消旋体有酸、碱、醇、酚、醛、酮、酰胺及氨基酸。

根据非对映异构体之间溶解度差异进行的拆分方法，必须有两个必备的条件：①所形成的非对映异构体盐中至少有一个能够结晶；②两个非对映异构体盐的溶解度差别必须显著。当溶解度差别比较大时，对映异构体盐只需通过温热的溶剂冲洗或简单的研磨即可分离，而不需要重结晶。

（2）拆分剂的选择

应用非对映异构体盐进行拆分的方法最重要的是选择好的拆分剂。选择拆分剂有以下几个原则：

① 拆分剂必须和被拆分的外消旋体容易形成非对映异构体盐，且易从分离后的非对映异构体中除去。

② 在普通溶剂中，所形成的两个非对映异构体盐的溶解度差异必须显著。即其中一个非对映异构体盐能较容易地形成结晶而析出。

③拆分剂必须来源方便，价格低廉，易于制备或获得，在解析后容易回收。

④拆分剂本身的化学性质稳定，光学纯度高。

除了上述对拆分剂物理及化学性质上的要求外，拆分剂的化学结构特征对拆分效果也有较大的影响。例如，含多官能团的拆分剂优于含单个官能团的拆分剂，芳香族的拆分剂比脂肪族的拆分剂效果好。产生这些差别的主要原因是多个官能团拆分剂在非对映异构体盐的相反粒子对的相互作用上产生了不同的影响，而芳香族的拆分剂会在芳环之间产生范德华力，这些额外的作用力都造成非对映异构体溶解度上的差别。

（3）色谱拆分法

利用具有光活性的吸附剂，有时用柱色谱的方法，也可以将一对光活性对映体分开。一对光活性对映体和一个光活性吸附剂形成两个非对映的吸附物，它们的稳定性不同，即被吸附剂吸附的强弱不同，从而分别把它们洗脱下来。

（4）生物拆分法

生物拆分法是用酶、微生物、细菌等生物手性物质与外消旋体作用而进行的，它具有专业性强、拆分效率高、生产条件温和等优点。目前，生物拆分法，尤其是酶催化的动力学拆分，是手性分离技术的研究热点之一，是化学与生物研究的结合点之一。

三、实用案例

制定阿司匹林的实训方案

1. 实验原理

阿司匹林的合成，通常用水杨酸与乙酸酐作用，水杨酸分子中酚羟基的氢被乙酰基取代。

水杨酸既含有羟基，又含有羧基，属于双功能基化合物。它既可以与羧酸及其衍生物作用，又可以与醇作用生成酯，分子间还可以形成氢键。为了加速反应进行，破坏水杨酸分子间的氢键，常加入浓硫酸作催化剂。反应式如下：

$$\text{水杨酸} + (CH_3CO)_2O \rightleftharpoons \text{乙酰水杨酸} + CH_3COOH$$

在生成阿司匹林的同时，水杨酸分子之间可以发生酯化反应，生成少量的聚合酯，反应式如下：

$$n \text{（水杨酸）} \xrightarrow{H^+} \text{（聚合酯）} + H_2O$$

阿司匹林能与 $NaHCO_3$ 反应生成水溶性钠盐，而副产物聚合酯不能溶于 $NaHCO_3$，这种性质上的差别可用于阿司匹林的纯化。

乙酰化反应可能会不够完全，在产物中就会混有水杨酸，这可以通过重结晶的方法除去。$FeCl_3$ 溶液是鉴定酚羟基的特征试剂，当含有酚羟基的化合物加入 $FeCl_3$ 溶液时，会形成紫色的络合物，若结晶中含有未反应的水杨酸，会有颜色变化，也就很容易被检出。

为了测定产物中阿司匹林的含量，可以用稀 $NaOH$ 溶液溶解，阿司匹林水解成水杨酸二钠，反应式如下：

该溶液在 296.5 nm 左右有个吸收峰，测定稀释成一定浓度阿司匹林的 NaOH 水溶液的吸光度值，并用已知浓度的水杨酸的 NaOH 水溶液作一条标准曲线，则可从标准曲线上求出相当于阿司匹林的含量。根据两者的相对分子质量。即可求出产物中阿司匹林的含量，计算式如下：

$$阿司匹林的浓度 = \frac{水杨酸浓度 \times 180.15}{138.2}$$

2. 仪器与药品

（1）仪器

所使用的仪器有：电热套、圆底烧瓶、烧杯、球型冷凝器、量筒、温度计、抽滤瓶、布氏漏斗、容量瓶、吸量管、吸滤装置、滴管、锥形瓶。

（2）药品

所使用的药品有：水杨酸、乙酸酐、无水乙醇、浓 H_2SO_4、浓 HCl、0.1% $FeCl_3$ 溶液、$NaHCO_3$ 饱和水溶液、0.1mol/L NaOH、$CDCl_3$。

3. 实训步骤

（1）阿司匹林的合成

称取 3.0 g 水杨酸，加入 50 mL 干燥的圆底烧瓶中，再加入 5 mL 乙酸酐，摇匀后，加入 5 滴浓硫酸，装一球形冷凝器。待水杨酸全部溶解后，将圆底烧瓶电热套中加热，温度控制在 80~85 ℃，恒温 15~20 min，其间不断振摇。反应结束后，稍微冷却，倒入盛有 30 mL 冷水的烧杯中，并用 10 mL 水洗涤圆底烧瓶，将洗涤液也倒入烧杯中，很快析出白色结晶，将烧杯置于冷水浴中，并不断搅拌，促其结晶完全。抽滤，并用少量水洗涤结晶，抽干，得粗品阿司匹林。

（2）反应终点控制

取极少量粗品阿司匹林，溶于几滴乙醇中，加入 0.1% $FeCl_3$ 溶液 1~2 滴，观察颜色变化。

（3）产品精制

将粗品阿司匹林放入 50 mL 圆底烧瓶中，加入 4~5 mL 无水乙醇，装上球形冷凝器，通入冷凝水，置于 60~70 ℃电热套中加热片刻，粗品还有少量未溶，可补加少量乙醇，直到其全部溶解。用滴管向溶液中滴加水至微浑，再加热溶解，冷却，溶液析出白色晶体，抽滤，红外灯烘干，并计算收率。

四、展示与评价

（一）项目成果展示

展示合成氯霉素产品。

（二）评价依据

① 选择的原料、规格，以及确定的配比是否合理。

② 选择的反应器、设计的实验装置是否正确。

③ 选择的温度，传热介质及控制方法是否合理。

④ 确定 pH 控制方法是否合理。

⑤ 确定的反应时间及终点控制方法是否合理。

⑥ 采取的安全、环保措施是否得当，母液套用及循环利用情况。

⑦ 实训操作是否规范，各工艺点的控制是否精准。

⑧ 产品质量、收率情况。

⑨ 实训整体完成情况，实训报告完成质量。

（三）考核方案

1. 教师评价表（3-6）

表 3-6　合成氯霉素教师评价表

	考核内容	权重 / %	成绩	存在的问题
项目材料收集	原辅材料的准备情况	2		
	确定的投料比、加料速度的正确程度	3		
	控制温度、压力、pH 措施是否得当	5		
实施过程	仪器选择的正确性	5		
	冷凝水的出入水管连接的正确性	5		
	反应装置搭建完整、规范性、整体协调性、稳固性	5		
	反应过程中各工艺参数控制的准确性	5		
	拆卸装置顺序规范	5		
	出料操作细致、准确	5		
	烧瓶内无残留物	5		
	精制产品的方案设计	5		
	收率计算方法正确，收率大小、产品质量及外观	5		
	实训报告完成情况（书写内容、文字、上交时间）	5		

续表

考核内容		权重 / %	成绩	存在的问题
职业能力及素养	动手能力、团结协作能力	5		
	实验现象、原始数据的记录及时、真实、整洁，认真规范的工作作风	5		
	观察现象、总结能力	5		
	分析问题、解决问题的能力	5		
	突发情况、异常问题应对能力	5		
	安全及环保意识	5		
	仪器清洁、保管	5		
	纪律、出勤、态度、卫生	5		
总分		100		
评分人签名				

2. 学生评价表（用于自评、互评）（表 3-7）

表 3-7　合成氯霉素学生评价表

考核内容		权重 / %	成绩	存在的问题
项目实施过程	学习态度是否主动，是否能及时完成教师布置的任务	10		
	能否独立正确选择、安装实训装置	15		
	固体、液体物料的称取是否规范、准确	10		
	是否能够准确控制反应温度、时间、准确控制和判断反应终点	15		
	是否能正确选择产品的后处理方法	10		
	所得产品的质量、收率是否符合要求	10		
	是否独立、按时按量完成实训报告	10		
	对实验过程中出现的问题能否主动思考，并利用所学知识进行解决，对实验方案进行适当优化和改进	10		
	完成实训后，能否保持实训室清洁卫生，对仪器进行清洗，药品妥善保管	10		
总分		100		
评分人签名				

3. 成绩计算

本项任务考核成绩＝教师评价成绩×50%＋学生自评成绩×20%＋小组互评成绩×30%。

任务四　反应终点的判断

一、布置任务

（一）制定方案

制定氯霉素反应终点的控制方案。

（二）讲解方案

讲解反应终点控制的依据、方法等。

（三）实训操作

按照完善的方案，在实训室完成氯霉素反应终点的控制。

二、知识准备

反应终点的监控，即某一原料发生反应完成或残留量达到一定限度时，立即停止反应，尽快地使反应生成物从反应系统中分离出来。这一实验操作称为反应过程监测和终点监控，简称终点监控。按终点监控的特点，可将其归纳为三类。

（一）以反应物或生成物的物理性质判断反应终点

根据反应现象，若反应物或产物的物理性质发生明显变化，可以此作为反应终点监控的依据，判断反应终点，如表3-8所示。

表3-8　根据反应物或产物的物理性质特征判断反应终点

终点监控依据	控制方法	合成物监控实例	备注
反应体系体积	余少量残渣并冒白烟 馏液为反应物总体积的1/2 由分水器中水的体积多少判断	环己烯 乙酸乙酯 正丁酯 邻苯二甲酸二丁酯 对硝基苯乙酮 苯甲酸乙酯	
产物的溶解度（水或溶剂的溶解度）	馏液由混浊变澄清 馏液加水无油珠 反应液过滤加入两份六业甲基四胺的氯仿液加热振动后冷却不呈现混浊	正溴丁烷 1-溴丁烷 对硝基-α-溴代苯乙酮六亚甲基四胺盐	

续表

终点监控依据	控制方法	合成物监控实例	备注
颜色变化	溴液褪色	1，2-二溴乙烷	反应物颜色
	回流液黄色油状物消失至有乳白色油珠	苯胺（锡-盐酸）	产物颜色
	KI淀粉试剂不呈蓝色	环己酮	试纸显色
	浓盐酸酸化至刚果红试纸变蓝	肉桂酸	
	蘸取反应液于滤纸观察颜色	对氨基苯酚	
	通HCl$_{(g)}$至溴甲酚蓝指示剂由黑蓝色变为黄绿色	盐酸氯丙嗪	指示液
	取一定发酵液，以氯仿-四氯化碳混合液提取后加浓H$_2$SO$_4$至红色，再用标准比色液测定	氯化可的松	比色法
控制温度时出现的现象	小火平稳加热至接收器无油珠	溴乙烷	沸点控制
	控制好温度至无油状物蒸出	2-硝基-1，3-苯二酚	
	反应温度自然升至140℃	邻苯二甲酸二丁酯	
固-液相转变	金属钠作用完	乙酰乙酸乙酯	反应物固体消失
	Mg条作用完	格氏试剂	
	二氯喹啉溶于热甲苯中	二氯喹啉	产物溶解
晶型转化	乙酰化物针状结晶减少，缩合物柱状晶体增多，显微镜观察针状结晶消失	对硝基-α-乙酰胺基-β-羟基苯丙酮	
气体变化	无红棕色气体放出	乙二酸	副产物为气体
	无HCl$_{(g)}$逸出或逸出缓慢	乙酰氯	
		对乙酰氨基苯磺酰氯	
	N$_2$气泡消失	桑德迈尔反应	反应物为气体
	反应物不再吸收HCl$_{(g)}$	安息香乙醚	
折光率	样品折光率达（或接近）某一特定值	混合三联苯的氢化与其折光率的关系	折光率与某物量的关系
通电量	当电量达到拟定值	丁醇电解直接合成丁酸酯的研究	电解物与电量的关系
pH变化	pH增至≥7	β-甲基十五烷二酸双甲酯的电化学合成	pH与反应物的关系

（二）测定反应系统中是否尚有未反应的原料或其残留量达到一定限度

当反应系统中反应物或反应产物的物理性质改变，无明显的宏观变化，或者难以用简单的方法检测，一般采用简易快速的化学或物理方法，如色谱法、光谱法等测定反应系统中是否尚有未反应的原料或其残留量来监控反应终点。

1. 色谱法在有机合成终点监控中的运用

色谱法常有气相色谱法、液相色谱法、柱色谱法、薄层色谱法、纸色谱法等，它们都能够快速分离分析微量气体、液体和固体，但它们各有各的应用范围。用得较多的是薄层色谱法。

薄层色谱法（简称"TLC"，又称为"薄层层析"）是一种用于分离混合物的色谱技术。在分析化学特别是针对有机化合物的分析中，薄层色谱法是极为重要的分离方法。

薄层色谱在覆盖有很薄一层吸附剂的玻璃板、塑料片或铝箔上进行。吸附剂又称为薄层色谱固定相，常为硅胶、氧化铝或纤维素。操作时先将待分离样品用毛细管点于板上，然后在密闭的层析缸中，用单一或混合溶剂作为流动相，由流动相的毛细作用缓慢地将混合物样品中的不同组分由下而上爬升至板的顶端。因为样品中各组分与固定相的作用力不同，在流动相中溶解度也不同，导致各组分的上升速度有差异而最终在板上形成上下不一的斑点，从而达到分离混合物的目的。如图 3-1 所示。

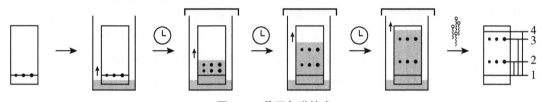

图 3-1　薄层色谱技术

高效薄层色谱是对经典薄层色谱的改进法之一，该法中色谱的灵敏度和分离度都有很大的提高，可以准确地检出极微量的物质。

（1）薄层板的制作

市面上根据薄层层析板（如硅胶 G 板或聚酰胺板）的固定相标准颗粒大小分为不同规格，通常颗粒越细分离效果越好。制作时首先将吸附相（如硅胶）与少量惰性黏合剂（如CMC-Na）和水混合形成的浆状物，均匀地铺于以玻璃片、厚铝箔或塑料制成的载板上。铺过固定相的板先晾干，然后在烤炉内于 110 ℃加热 30 min 进行活化。用于分析鉴定时吸附剂厚度一般为 0.1~0.25 mm，而用于制备时则为 0.5~2.0 mm。

薄层色谱法的操作过程类似于纸色谱法，原理方面类似于柱色谱法，因而与纸色谱法相比具有很多优势，如它分离效果好，灵敏快速，对于固定相的选择更多，且 TLC 的结果还可作为柱色谱法的参考。由于以上的诸多优势，使薄层色谱法成为当今检测化学反应、定性分析化合物和分离化合物的最常用的手段。实验室常用的是硅胶薄层色谱，其制作简单、成本低廉且用途广泛。

（2）分离的过程与原理

在混合物中，不同化合物会以不同的速率前进，其原因为吸引力及固定相的差异和样本溶质在溶剂里溶解度的差异。样本的分离（以 R_f 值来比较）结果是可以借由改变洗脱溶剂或使用的混合的洗脱溶剂来改变的。化合物的分离是利用化合物与流动相之间在固定相上竞争结合位所完成的。例如，使用硅胶作为固定相的话，此固定相可以被视为极性。此时加入两种不同极性的化合物，极性较强的化合物与硅胶间会有较强作用力，因此，更能抵抗流动相与硅胶结合；极性较弱的化合物与硅胶的作用能力较差，因此更容易流动，拥有更高的 R_f 值。如果流动相的极性变得更强的话，这样更能够抵抗化合物与硅胶结合的能力，使所有 TLC 片上的化合物上升到更高的位置。这样的溶剂我们称为"强"溶剂（洗脱剂），而"弱"洗脱剂则几乎不能移动它们。"强"与"弱"的比较是取决于 TLC 片上的涂层（固定相）。

（3）薄层色谱法的步骤

① 点样：将试样溶液用毛细管在层析板上距离板底部约 1.5 cm 的位置点若干下（次数根据样品浓度而定），并静置顷刻（或加热）以使溶剂完全蒸发。若溶剂难以挥发，则点样之后需要将板放于真空容器中干燥后再使用。溶剂的蒸发是必需的，否则残留的溶剂会与流动相作用，降低流动相的均一性，导致分离效果变差。

② 将少量合适的溶剂（流动相）倒于一个合适的玻璃器皿（展缸）中，让流动相高度不超过 1 cm，并在上面放上表面皿使溶剂蒸气在展缸中饱和。可在展缸底部放上一张滤纸，让滤纸底部浸没于溶剂中并靠在展缸内壁，过几分钟后让洗脱溶剂蒸发并在展缸空间内饱和。若不经过以上步骤可能会导致分离度的下降或使结果不具重复性。

③ 将层析板置于展缸内（样品点不可触碰溶剂表面），盖上盖子让溶剂通过毛细现象缓慢爬升。溶剂遇到样品混合点时，会带着样品上升（洗脱样品）。当溶剂快到层析板顶端时，将板拿出，迅速记录溶剂到达的高度并晾干。不要让溶剂爬升到达板的顶部。

④ 关于 R_f 值的计算。对于确定的固定相，混合物样品中不同的化合物在层析板上爬升的速度不同，这是由于它们对于固定相的吸附能力不同，对于洗脱剂的溶解能力也不同。改变不同的洗脱溶剂，或用不同溶剂配成混合洗脱剂，化合物的分离效果可自行调节。组分在板上的分离情况一般用比移值（R_f）的大小来表征。薄层色谱板上的分离情况还可用于预测柱色谱或快速柱色谱的分离效果。

R_f 值定义：$R_f = a/b$，其中 b 表示从原点至溶剂前沿距离；a 表示化合物从原点至终点中心线的距离。如图 3-2 所示。

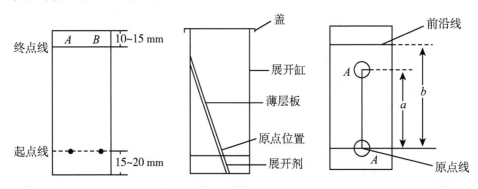

图 3-2 薄层色谱 R_f 值的计算示意

由于薄层色谱中很难产生均匀的吸附剂涂层，且薄板的质量与吸潮程度亦参差不齐，所以即便是同一物质在同类型而不同的层析板上得到的比移值也难以完全一致。相比于纸色谱这是薄层色谱的缺点。操作中常常将标准试样与试样在同一薄板上同时展开并点上混合点，以克服这一缺点。

（4）流动相的选择

以硅胶 TLC 片来说，洗脱剂的强度比较为：

全氟烷（最弱）< 己烷 < 戊烷 < 四氟化碳 < 苯 / 甲苯 < 二氯甲烷 < 乙醚 < 乙酸乙酯 < 乙腈 < 丙酮 < 2- 丙酮 / 正丁醇 < 水 < 甲醇 < 三乙胺 < 乙酸 < 甲酸（最强）

而对于 C18 覆盖的 TLC 板，其顺序完全相反。在应用中，若使用乙酸乙酯 / 庚烷的混合溶剂作为流动相，乙酸乙酯比例越高会导致所有化合物在 TLC 上的 R_f 值更大。通常，更改流动相的极性不会导致 TLC 板上的化合物斑点前后顺序发生改变。若需要更改化合物在 TLC 板上的前后顺序，可以选用反相 TLC 板，即使用非极性固定相来代替极性固定相，如 C18 修饰后的硅胶。

（5）分析与显色

由于被分离出的化学品可能是无色的，因此下列几种方法可用于让没有可见光吸收的斑点显色：

① 通常在可使用少量的荧光化合物，如锰 - 活化的锌硅酸盐加入到吸附相当中，使得吸附物在黑光（UV254）下可以显色。固定相在荧光下本身显绿色，因此化合物的斑点可以掩盖掉荧光下的绿色从而达到显色目的。

② 碘蒸气对于大多数化合物都是显色试剂。

③ 许多化合物的斑点可以通过将 TLC 板浸没于下列显色剂当中而达到显色目的，如高锰酸钾、碘、溴、磷钼酸、茴香醛法与茚三酮。

④ 脂类的情况下，色谱图可能会被转移到 PVDF 膜上，然后受到进一步的分析，如质谱法，这种技术称为 "Far-Eastern blotting"。

当显色成功后，就可以计算出 R_f 值，或保留因子。其计算方法是测量每个点从原点到达最终停留位置的距离，除以原点到溶剂前沿的距离。这些值取决于使用的溶剂与 TLC 板的材质，而与物理常数无关。

薄层色谱实验需要的设备简单，操作方便且快速。薄层色谱法监测有机反应终点的具体做法如下：反应开始时，取反应物的试样进行薄层层析，然后定时进行薄层层析，通过与标准物的层析对比，当反应物的显色点消失或显色深浅达到预期要求时，即认为反应完成，可终止反应，如图 3-3 所示。

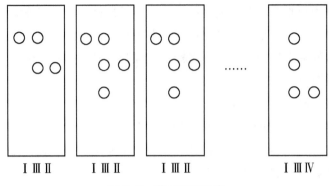

图 3-3　薄层色谱示意

I——甲反应物标液；II——乙反应物标液；III——反应液；IV——生成物标液

2. 红外光谱法在有机合成终点监控中的运用

红外光谱提供有机化合物中主要官能团的结构信息，从 IR 图中吸收峰的出现、消失、拓宽、变窄等现象的变化判断反应进程及终点。

3. 化学定量分析法

化学定量分析法主要通过化学仪器测定样品中某物质含量是否达到一定要求，而确定反应终点。这种方法在工业生产中常常采用。

（三）反应时间法

考察时间因素对产率的影响，寻找较合适的反应时间，这是优化反应条件中一项重要的工作。在有机化学实验教科书中许多合成实验都是采用时间控制法，如相转移催化合成 α- 己基肉桂醛，富马酸二甲酯合成新工艺及应用，壬烯 -2- 酸甲酯的合成，肉桂酸的制备，溴乙烷的制备，乙醚的制备，4- 苯基 -2- 丁酮的制备，Diels-Alder 反应等。值得注意的是，反应时间法是通过利用其他方法监控反应终点实验数据，分析推断而得到的近似结论。它与上述方法有密切的联系。

有机合成反应终点监控方法较多，只有认真分析反应物和产物的性质，反应历程等，才可能找到恰当有效的方法。在有机药物合成实验中，往往认为反应时间长一点，总比短一些好，忽视反应终点的监控，常常合成反应终点已过，副反应大量发生，结果产物少，或实验失败。有的选用终点监控方法不当，虽然其他实验操作做得很仔细，仍然得到少量的产物，同时杂质很多。这是常有的事。如次氯酸氧化法制备环己酮的反应，只记住用反应时间监控反应终点，反应 50~60 min 就终止反应，可能造成产率低，产物混合物成分复杂，难于分离提纯。有机合成终点监控方法适当，不仅有利于制得产物，而且产率较高，分离提纯也容易。

有的反应还可利用反应监测结果，分析推测反应历程。在合成 2，6 - 二咪唑甲基对氯苯酚的实验中，薄层层析中除反应物的显色点和产物显色点外，还有中间产物的显色点在反应后逐渐出现，随反应的不断进行又渐渐变淡，当反应完成时，中间产物的显色点基本消失，这为研究反应历程提供了有价值的信息。

三、实用案例

用红外光谱法监控罗布麻快速脱胶的终点

在其流程中取样得罗布麻的 IR 图如图 1 所示。比较图 1 中 a、b 的吸收峰可以看出，罗布麻酸浸后，小于 1300 cm^{-1} 吸收未明显变化，大于 1300 cm^{-1} 的吸收有不同程度变化，3600~2500 cm^{-1} 峰加宽，1720 cm^{-1} 吸收明显增强，1610 cm^{-1} 吸收减弱，表明羧基、羰基成分增加。比较 b、c 碱煮后，大于 1200 cm^{-1} 吸收发生了变化，1725 cm^{-1} 的羰基吸收大大减弱，3600~2500 cm^{-1} 间羧基中 OH 基吸收变窄，1610~1510 cm^{-1}、1420 cm^{-1} 羧酸盐，芳环吸收大大减弱，表明胶质已大部分脱除，真正脱胶是在这一步中进行的。图 1 中 d 的 1725 cm^{-1} 羰基吸收消失，1510 cm^{-1} 芳环也消失，同时 1366 cm~1355 cm^{-1}、1315 cm^{-1} 等在纤维素中 CH、OH 基团吸收增强，此图与标准纤维素红外光谱图完全一致，这进一步表明脱胶干净了。

以上分析可知，图 1 中 IR 数据不仅为建立反应的理想流程，寻找优化反应条件，而且为探讨反应历程提供了有效的实验依据。

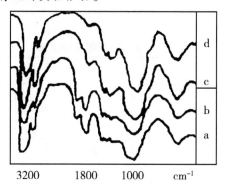

图 1　罗布麻红外光谱

a——罗布麻原麻；b——酸浸罗布麻；c——一煮罗布麻；d——二煮罗布麻

用化学定量分析法控制乙酰氨基酚的反应终点

乙酰氨基酚的生产中，当氨基苯酚含量少于 2.5，醋酸含量在 15~20，反应即可结束。16，17α- 环氧黄体酮的制备中残留过氧化物含量降至 0.5% 以下，反应达到终点。一般工业生产情况下，采用仪器直接显示的物理量与反应中某物质的含量制成一种对应表，或者仪器分析与电脑结合运用，可快速方便地得到监测结果，指导生产，控制反应终点。

四、展示与评价

（一）项目成果展示

（1）制定的方案

制定的氯霉素反应终点的控制方案。

（2）讲解方案

讲解反应终点控制的依据、方法等。

（3）汇报实训结果

按照完善的方案，在实训室完成氯霉素反应终点的控制。

（二）项目评价依据

① 选择的方法、试剂、设备是否正确。

② 监控步骤的合理、准确、规范程度。

③ 采取的安全、环保措施是否得当。

④ 方案讲解流畅程度，理解能力，语言表达能力。

⑤ 产品的总体质量。

⑥ 对终点监控方法及操作控制点的理解程度，讲解的熟练程度与准确性。

（三）考核方案

1. 教师评价表

包括项目准备过程的"项目材料评价表"和项目实施过程的"项目实施评价表"。

（1）项目材料评价表（表3-9）

表3-9　项目材料教师评价表

	考核内容	权重 / %	成绩	存在的问题
项目材料收集	查阅氯霉素反应终点控制的方法等相关资料	10		
	材料搜集完整性、全面性	10		
	讲解制定的氯霉素终点监控方案的理论依据、方案可行性分析	10		
	讨论、调整、确定并总结方案	10		
职业能力及素养	查阅文献能力	10		
	归纳总结所查阅资料能力	10		
	制定实施方案的能力	10		
	讲解方案的语言表达能力	10		
	方案制定过程中的学习、创新能力	10		
	团队协作能力	10		
总分		100		
评分人签名				

（2）项目实施过程评价表（表3-10）

表3-10　项目实施过程教师评价表

	考核内容	权重/%	成绩	存在的问题
项目实施过程	仪器/设备选择与安装	5		
	试剂的选用	5		
	终点的控制过程	10		
	产品的质量，包括外观、收率等	10		
	实验现象、原始记录情况	10		
	实训报告完成情况（是否有涂改、书写内容、及时上交等）	10		
职业能力及素养	动手能力	5		
	同组成员之间的协作能力	5		
	实验过程中对现象的观察、总结能力	10		
	分析问题、解决问题的能力	10		
	对突发情况、异常问题的应对能力	5		
	安全环保意识	5		
	仪器/设备的清洁、是否有损坏、及时上交	5		
	纪律、出勤、态度	5		
总分		100		
评分人签名				

2. 学生评价表（表3-11）

表3-11　氯霉素反应终点控制学生评价表

	考核内容	权重/%	成绩	存在的问题
项目材料收集	学习态度是否主动，能否及时保质地完成老师布置的任务	5		
	能否熟练利用期刊、数据库、书籍、网络查阅所需要的资料	5		
	收集的有关学习信息和资料是否完整	5		
	能否根据所查的资料进行分析并制定方案，同时对制定的方案进行可行性分析	10		
	是否积极参与各种讨论，并能清晰地表达自己的观点	10		
	是否能够进行正确的归纳总结	10		
	团队成员之间是否密切合作，互相采纳意见、建议	5		

续表

考核内容		权重 / %	成绩	存在的问题
项目实施过程	能否独立地选择仪器设备，安装实验装置	5		
	能否选择合适的试剂	10		
	能否准确地控制终点	10		
	所得产品的质量、收率是否符合标准	5		
职业能力及素养形成	能否严谨地操作并观察实验现象，及时、实事求是地记录实验数据	5		
	能否独立、按时按量完成实训报告	5		
	对操作过程中出现的问题能否积极思考，并使用现有知识进行解决	5		
	完成实训后，能否保持实训室清洁卫生，对仪器进行清洗，整理等	5		
总分		100		
评分人签名				

3. 成绩计算

本项任务考核成绩 = 项目材料评价成绩 ×20% + 项目实施评价成绩 ×30% + 学生自评成绩 ×20% + 学生互评成绩 ×30%

任务五　反应的后处理

一、布置任务

（一）制定方案

制定氯霉素实训室合成的后处理方案。

（二）讲解方案

讲解后处理方法的依据、过程等。

（三）实训操作

按照完善的方案，在实训室完成氯霉素合成的后处理。

二、知识准备

后处理的方法必须适合反应产物的化学性质，如挥发性、极性、稳定性（包括对水、酸、热、光和氧的稳定性）。针对不同的反应体系，选择不同的后处理方法。

有机化合物分离纯化的基本后处理技术主要有：萃取技术、蒸馏技术（普通蒸馏、减压蒸馏、水蒸气蒸馏、精馏）、重结晶技术及色谱技术等。

（一）萃取和洗涤

1. 原理

萃取和洗涤，是利用物质在不同溶剂中的溶解度不同来进行分离和提纯的一种操作。萃取和洗涤的原理相同，只是目的不同。如果从混合物中提取的是所需要的物质，这种操作称为洗涤。

2. 萃取（或洗涤）溶剂的选择

用于萃取的溶剂又叫萃取剂。常用的萃取剂为有机溶剂、水、稀酸溶液、稀碱溶液和浓硫酸等。

3. 液体物质的萃取（或洗涤）

液体物质的萃取（或洗涤）常在分液漏斗中进行。选择合适的溶剂可将产物从混合物中提取出来，也可洗去产物中所含的杂质。

（1）分液漏斗使用前的准备

将分液漏斗洗净后，取下旋塞，用滤纸吸干旋塞及旋塞孔道中的水分，在旋塞上微孔的两侧涂上薄薄一层凡士林，然后小心将其插入孔道并旋转几周，至凡士林分布均匀透明为止。在旋塞细端伸出部分的圆槽内，套上一个橡皮圈，以防操作时旋塞脱落。关好旋塞，在分液漏斗中装上水，观察旋塞两端有无渗漏现象，再打开旋塞，看液体是否能通畅流下，然后盖上顶塞，用手指抵住，倒置漏斗，检查其严密性。在确保分液漏斗旋塞关闭时严密、旋塞开启后畅通的情况下方可使用，使用前须关闭旋塞。

（2）萃取（或洗涤）操作

由分液漏斗上口倒入溶液与溶剂，盖好顶塞。为使分液漏斗中的两种液体充分接触，用右手握住顶塞部位，左手持旋塞部位（旋柄朝上）倾斜漏斗并振摇，以使两层液体充分接触（图3-4）。振摇几下后，应注意及时打开旋塞，排出因振荡产生的气体。若漏斗中盛有挥发性的溶剂或用碳酸钠溶液中和酸液时，更应注意排放气体，以防产生的 CO_2 气体冲开顶塞，漏失液体。反复振摇几次后，将分液漏斗放在铁圈中静置分层。

图3-4　萃取或洗涤操作

（3）两相液体的分离操作

当两层液体界面清晰后，便可进行分离液体的操作。先打开顶塞（或使顶塞的凹槽对准漏斗上口颈部的小孔），使漏斗与大气相通，再把分液漏斗下端靠在接收器的内壁上，然后缓慢旋开旋塞，放出下层液体（图 3-5）。当液面间的界线接近旋塞处时，暂时关闭旋塞，将漏斗轻轻振摇一下，再静置片刻，使下层液体聚集得多一些，然后打开旋塞，仔细放出下层液体。当液面间的界线移至旋塞孔的中心时，关闭旋塞，最后把漏斗中的上层液体从上口倒入另一个容器中。

图 3-5　分离两相液体

通常把分离出来的上下两层液体都保留到实验最后，以便操作发生错误时，进行检查和补救。分液漏斗使用完毕后，用水洗净，擦去旋塞和孔道中的凡士林，在顶塞和旋塞处垫上纸条，以防久置粘牢。

（二）蒸馏

1. 普通蒸馏

在常温下，将液体加热至沸腾，使其变为蒸气，然后再将蒸气冷凝为液体，收集到另一容器中，这两个过程的联合操作，叫作普通蒸馏。

（1）普通蒸馏操作的目的

通过蒸馏可将易挥发和难挥发的物质进行分离，也可将沸点不同的物质分离开来。因此，蒸馏是分离和提纯液体有机物最常用的方法。用普通蒸馏法分离的液体混合物，其沸点差在 30 ℃以上时，分离的效果比较好。纯净的液体物质，在蒸馏时温度基本恒定，沸程很小，所以通过蒸馏，还可测定液体有机物的沸点或检验其纯度。

（2）普通蒸馏装置

普通蒸馏装置如图 3-6 所示。主要包括汽化、冷凝和接收三部分。

汽化部分由圆底烧瓶、蒸馏头和温度计组成。液体在烧瓶内受热汽化后，其蒸气由蒸馏头侧管进入冷凝器中。圆底烧瓶的选择应以被蒸馏物占其容积的 1/3~2/3 为宜。

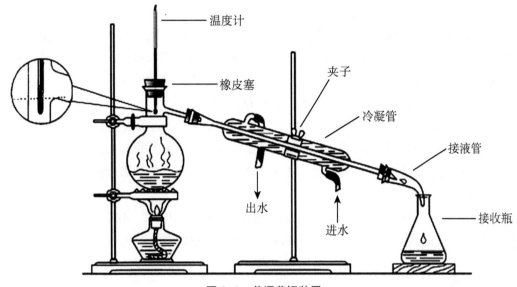

图 3-6 普通蒸馏装置

冷凝部分通常为直型冷凝管。蒸气进入冷凝管的内管时，被外层套管中的冷水冷凝为液体。当所蒸馏液体的沸点高于 140 ℃时，就应该用空气冷凝管。

接收部分由接液管和接收器（常用圆底烧瓶或锥形瓶）组成。在冷凝管中被冷凝的液体经由接液管收集在接收器中。

安装普通蒸馏装置时，先以热源高度为基准，用铁夹将圆底烧瓶固定在铁架台上，再按由下而上、从左向右的顺序，依次安装蒸馏头、温度计、冷凝管、接液管和接收器。

注意温度计的安装应使其汞球上端与蒸馏头侧管下沿相齐平（图 3-6），以便蒸馏时汞球部分可被蒸气完全包围，测得准确温度。冷凝管的下端侧口为进水口，通过橡胶管与水龙头连接，上端侧口为出水口，应朝上安装，以便使冷凝管内充满冷水，保证冷却效果。出水经橡胶管导入水槽。

当蒸馏低沸、易燃或有毒物质时，可在接液管的支管上连接橡胶管，并将其引出室外或下水道内。

整套装置中，各仪器的轴线都应在同一平面内，铁架、铁夹及胶管等应尽可能安装在仪器背面，以方便操作。

（3）普通蒸馏操作

检查装置的稳妥性后，便可按下列程序进行蒸馏操作。

① 加入物料。将待蒸馏液体通过长颈玻璃漏斗由蒸馏头上口倾入圆底烧瓶中（注意漏斗颈应超过蒸馏头侧管的下沿，以防液体由侧管流入冷凝器中），投入几粒沸石（防止暴沸），再装好温度计。

② 通冷却水。仔细检查各连接处的气密性及与大气相通处是否畅通后（绝不能造成密闭体系），打开水龙头开关，缓慢通入冷却水。

③ 加热蒸馏。选择适当的热源，先用小火加热（以防蒸馏烧瓶因局部骤热而炸裂），逐渐增大加热强度。当烧瓶内液体开始沸腾，当蒸气环到达温度计汞球部位时，温度计的读数就会急剧上升，这时应适当调小加热强度，使蒸气环包围汞球、汞球下部始终挂有液珠，保持气 – 液两相平衡。此时温度计所显示的温度即为该液体的沸点。然后可适当调节加热强度，控制蒸馏速度，以每秒馏出 1~2 滴为宜。

④ 观测沸点、收集馏液。记下第一滴馏出液滴入接收器时的温度。如果所蒸馏的液体中含有低沸点的前馏分，则需在蒸馏温度趋于稳定后，更换接收器。记录所需要的馏分开始馏出和收集到最后一滴时的温度，这就是该馏分的沸程（也叫沸点范围）。纯液体的沸程一般在 1~2 ℃之内。

⑤ 停止蒸馏。当维持原来的加热温度，不再有馏液蒸出时，温度会突然下降，这时应停止蒸馏。即使杂质含量很少，也不要蒸干，以免烧瓶炸裂。

蒸馏结束时，应先停止加热，待稍冷后再停通冷却水。然后按照与装配时相反的顺序拆除蒸馏装置。

2. 减压蒸馏

液体物质的沸点是随外界压力的降低而降低的。利用这一性质，降低系统压力，可使液体在低于正常沸点的温度下被蒸馏出来。这种在较低压力下进行的蒸馏叫作减压蒸馏（又称"真空蒸馏"）。

（1）减压蒸馏的适用范围

一般的有机化合物，当外界压力降至 2.7 kPa 时，其沸点可比常压下降低 100~120 ℃。因此，减压蒸馏特别适用于分离和提纯那些沸点较高、稳定性较差，在常压下蒸馏容易发生氧化、分解或聚合的有机化合物。

（2）减压蒸馏装置

减压蒸馏装置如图 3-7 所示。由蒸馏、减压、测压和保护等几部分组成。

蒸馏部分。蒸馏部分与普通蒸馏装置相似，所不同的是需要使用克氏蒸馏头。将一根一端拉成毛细管的厚壁玻璃管由克氏蒸馏头的直管口插入烧瓶中，毛细管末端距瓶底 1~2 mm。玻璃管的上端套上一段附有螺旋夹的橡胶管，用以调节空气进入量，在液体中形成沸腾中心，防止暴沸，使蒸馏能够平稳进行。温度计安装在克氏蒸馏头的侧管中，其位置要求与普通蒸馏相同。常用耐压的圆底烧瓶作接收器。当需要分段接收馏分而又不中断蒸馏时，可使用多尾接液管，可使不同馏分进入指定接收器中。

减压部分。实验室中常用水泵或油泵对体系抽真空来进行减压。水泵所能达到的最低压力为室温下水的蒸汽压。例如水在 25 ℃时的蒸汽压为 3.16 kPa，10 ℃时蒸汽压为 1.228 kPa。这样的真空度已可满足一般减压蒸馏的需要。使用水泵的减压蒸馏装置较为简便（图 3-7 a）。

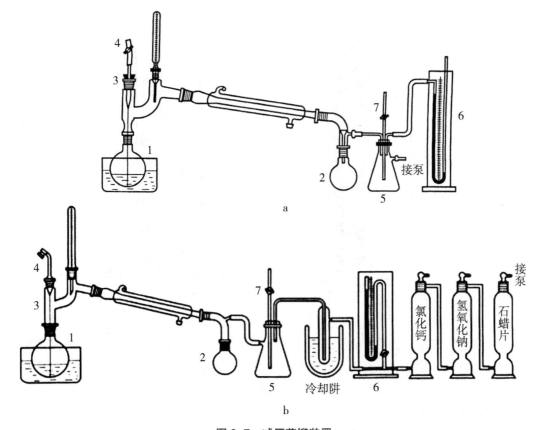

图 3-7　减压蒸馏装置

1——圆底烧瓶；2——接收器；3——克氏蒸馏头；4——毛细管；

5——安全瓶；6——压力计；7——三通活塞

使用油泵能达到较高的真空度（如性能好的油泵可使压力减至 0.13 kPa 以下）。但油泵结构精密，使用条件严格。蒸馏时，挥发性的有机溶剂、水或酸雾等都会使其受到损坏。因此，使用油泵减压时，需设置防止有害物质侵入的保护系统，其装置较为复杂（图 3-7b）。

测压、保护部分。测量减压系统的压力常用水银压力计。水银压力计分开口式和封闭式两种（图 3-8）。

图 3-8a 为开口式压力计，其两臂汞柱高度之差就是大气压力与系统中压力之差。因此蒸馏系统内的实际压力（真空度）等于大气压减去汞柱差值。这种压力计准确度较高，容易装汞，但操作不当，汞易冲出，安全性较差。

图 3-8b 为封闭式压力计，其两臂汞柱高度之差即为蒸馏系统内的真空度。这种压力计读数方便、操作安全，但有时会因空气等杂质混入而影响其准确性。

使用不同的减压设备，其保护装置也不相同。利用水泵进行减压时，只需在接收器、水泵和压力计之间连接一个安全瓶（防止水倒吸），瓶上装配双通活塞，以供调节系统压力及放入空气解除系统真空用。

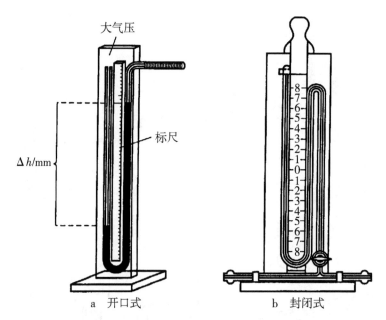

图 3-8　水银压力计

利用油泵减压时，则需在接收器、压力计和油泵之间依次连接安全瓶、冷却阱（置于盛有冷却剂的广口保温瓶中）及 3 个分别装有无水氯化钙、粒状氢氧化钠、片状石蜡的吸收塔，以冷却、吸收蒸馏系统产生的水汽、酸雾及有机溶剂等，防止其侵害油泵。

（3）减压蒸馏的操作步骤

① 检查装置。蒸馏前，应首先检查装置的气密性。先旋紧毛细管上的螺旋夹，再开动减压泵，然后逐渐关闭安全瓶上的活塞，观察能否达到要求的压力。若达不到所需要的真空度，应检查装置各连接部位是否漏气，必要时可在塞子、胶管等连接处进行蜡封。若超过所需的真空度，可小心旋转活塞，缓慢引入少量空气，加以调节。当确认系统压力符合要求后，慢慢旋开活塞，放入空气，直到内外压力平衡，再关减压泵。

② 加入物料。将待蒸馏的液体加入圆底烧瓶中（液体量不得超过烧瓶容积的 1/2）。关闭安全瓶上的活塞，开动减压泵，通过毛细管上的螺旋夹调节空气进入量，以使烧瓶内液体能冒出一串小气泡为宜。

③ 加热蒸馏。当系统内压力符合要求并稳定后，开通冷却水，用适当的热浴加热（一般浴液温度要高出蒸馏温度约 20 ℃）。液体沸腾后，调节热源，控制馏出速度为 1~2 滴 /s。记录第一滴馏出液滴入接收器及蒸馏结束时的温度和压力。

④ 结束蒸馏。蒸馏完毕，先撤去热源，慢慢松开螺旋夹，再逐渐旋开安全瓶上的活塞，使压力计的汞柱缓慢恢复原状（若活塞开得太快，汞柱快速上升，有时会冲破压力计）。待装置内外压力平衡后，关闭减压泵，停通冷却水，结束蒸馏。

3. 水蒸气蒸馏

将水蒸气通入有机物中，或将水与有机物一起加热，使有机物与水共沸而蒸馏出来的操作叫作水蒸气蒸馏。

（1）水蒸气蒸馏的原理及应用范围

两种互不相容的液体混合物的蒸气压，等于两种液体单独存在时的蒸气压之和。当混合物的蒸气压等于大气压力时，就开始沸腾。显然，这一沸腾温度要比两种液体单独存在时的沸腾温度低。因此，在不溶于水的有机物中，通入水蒸气，进行水蒸气蒸馏，可在低于 100 ℃的温度下，将物质蒸馏出来。

（2）水蒸气蒸馏装置

水蒸气蒸馏装置如图 3-9a 所示，其中设有水蒸气发生器。

水蒸气发生器一般为金属制品，也可用 100 mL 圆底烧瓶代替（图 3-9b）。盛水量以不超过其容积的 2/3 为宜，其中插入一支接近底部的长玻璃管，作安全管用。当容器内压力增大时，水就沿安全管上升，从而调节内压。

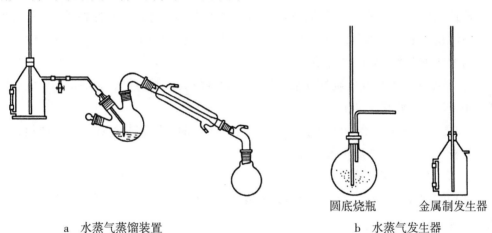

a　水蒸气蒸馏装置　　　　　　　　　　　b　水蒸气发生器

图 3-9　水蒸气蒸馏装置

水蒸气发生器的蒸气导出管经 T 形管与伸入三口烧瓶内的蒸气导入管连接。T 形管的支管套有一短橡胶管并配有螺旋夹。它的作用是可随时排出冷凝下来的积水，并可在系统内压力骤增或蒸馏结束时，释放蒸气，调节内压。

三口烧瓶内盛有待蒸馏的物料。伸入其中的蒸气导入管应尽量接近瓶底。三口烧瓶的一侧口通过蒸馏弯头依次连接冷凝管、接液管和接收器。另一侧口用活塞塞上。混合蒸气通过蒸馏弯头进入冷凝器中被冷凝，并经由接液管流入接收器中。

（3）水蒸气蒸馏的操作步骤

水蒸气蒸馏的操作步骤如下：

①加料。将待蒸馏的物料加入三口烧瓶中，液体量不得超过其容积的 1/3。

②加热。检查整套装置的气密性后，开通冷却水，打开 T 形管的螺旋夹，再开始加热水蒸气发生器，直至水沸腾。

③蒸馏。当 T 形管处有较大量气体冲出时，立即旋紧螺旋夹，蒸气便进入烧瓶中。

这时可看到烧瓶中的混合物不断翻腾，表明水蒸气蒸馏开始进行。适当调节蒸气量，控制馏出速度为2~3滴/s。蒸馏过程中，若发现蒸气过多地在烧瓶内冷凝，可在烧瓶下面用石棉网适当加热。还应随时观察安全管内的水位是否正常，烧瓶内液体有无倒吸现象。一旦发生这类情况，应立即打开螺旋夹，停止加热，查找原因，排除故障后，才能继续蒸馏。

④ 停止蒸馏。当馏出液无油珠并澄清透明时，便可停止蒸馏。先打开螺旋夹，解除系统内压力后，再停止加热，稍冷却后，再停通冷却水。

（三）重结晶

将固体有机物溶解在热的溶剂中，制成饱和溶液，再将溶液冷却、重新析出结晶的过程叫作重结晶。重结晶的原理，就是利用有机物与杂质在某种溶剂中的溶解度不同而将它们分离开来。

（1）重结晶溶剂的选择

正确地选择溶剂，是重结晶的关键。根据"相似相溶"原理，极性物质应选择极性溶剂，非极性物质则应选择非极性溶剂。在此基础上，选择的溶剂还应符合下列条件：

① 不能与被提纯的物质发生化学反应。

② 在高温时，被提纯的物质在溶剂中的溶解度较大，而在低温时则很小（低温时溶解度越小，产品回收率越高）。

③ 杂质在溶剂中的溶解度很小（当被提纯物溶解时，可将其过滤除去）或很大（当被提纯物析出结晶时，杂质仍留在母液中）。

④ 容易与被提纯物质分离。

当几种溶剂都适用时，就要综合考虑其毒性、价格高低、操作难易及易燃性能等因素来决定取舍。

（2）重结晶的操作程序

重结晶操作可按下列程序进行：

① 热溶解。用选择的溶剂将被提纯的物质溶解，制成热的饱和溶液。

② 脱色。如果溶液中含有带色杂质，可待溶液稍冷后，加入适量活性炭再煮沸5~10 min，利用活性炭的吸附作用除去有色物质。

③ 热过滤。将溶液趁热在保温漏斗中过滤，除去活性炭及其他不溶性杂质。

④ 结晶。将滤液充分冷却，使被提纯物呈结晶析出。

⑤ 抽滤。用减压过滤装置将晶体与母液分离，除去可溶性杂质。用冷溶剂淋洗滤饼两次，再抽干。

⑥ 干燥。滤饼经自然晾干或烘干，脱除少量溶剂，即得到精制品。

（四）吸附色谱

1. 吸附色谱基本原理及分类

吸附色谱的固定相为固体吸附剂，吸附剂表面的活性中心具有吸附能力。混合物被流动相带入柱内，吸附剂对被分离成分的吸附能力越强，被分离成分吸附得越牢固，在色谱中移动的速度就越慢，反之移动的就快，因此依据固定相对不同物质的吸附力不同，而使混合物分离的方法，称为吸附色谱法。

当所用的吸附剂和展开剂一定时，吸附力的大小主要取决于被分离成分的性质，成分的极性越大，被吸附的越牢固，展开的速度就慢，反之展开的速度快，据此可把极性不同的一系列化合物分离、展开。如图3-10所示，吸附力不同的三组分混合物（白球分子○＞黑球分子●＞三角分子△），在随着洗脱剂向下流动的过程中被逐渐分开，吸附力最小的三角分子△最先流出色谱柱，依次流出黑球分子●和白球分子○，实现了混合物的分离。

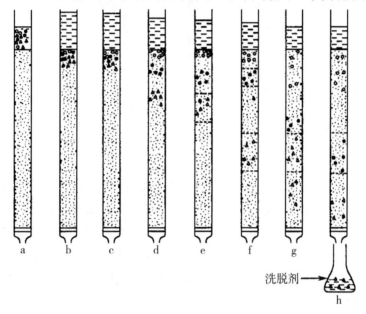

图 3-10　吸附色谱过程示意

吸附色谱应用最早，其关键是固体吸附剂的性能。随着固体吸附剂制造技术的发展，高效有机材料制成的吸附剂逐渐被开发应用，常用的固体吸附剂有强极性硅胶、中等极性氧化铝、非极性炭质及特殊作用的分子筛等。

根据所用吸附剂和吸附力的不同，吸附色谱可分为无机基质吸附色谱（多种作用力）、疏水作用吸附色谱（疏水作用）、共价作用吸附色谱（共价键）、金属螯合作用吸附色谱（螯合作用）、聚酰胺吸附色谱（氢键作用）等，这些色谱分离方法尽管其作用机理和作用力不同，但都可以看作是可逆的吸附作用。

2. 吸附色谱分离操作

（1）柱色谱

1）色谱柱的选择

色谱柱一般是圆柱形容器内装各类固定相而制得的。圆柱形容器直径要均匀，通常用玻璃制成，工业中的大型色谱柱可用金属制造，为了便于观察，一般在柱壁上嵌一条玻璃或有机玻璃。色谱柱类型多种多样（图3-11），长径比一般为20（有些高达90~100），若柱粗而短，则分离效果较差；若柱过长而细，分离效果虽好，但流速慢，消耗时间太长。样品长时间吸附在固定相上和长时间被光照射会使样品中的某些成分发生变化，过长的柱子装填均匀难度也较大，故通常对于分离复杂样品常先使用短而粗的柱子进行粗分，然后对于已经过粗分且成分相对较简单的样品再用细而长的柱子进行分离。所用的色谱柱应比装入吸附剂的柱长再长一段，以备存有一定量的洗脱剂。

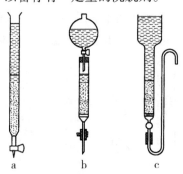

图 3-11　常用色谱柱

2）固定相

进行色谱分离时，应选择合适的吸附剂，常用的吸附剂有硅胶、氧化铝、大孔树脂、聚酰胺等。一般要求吸附剂：第一，有大的表面积和一定的吸附能力；第二，颗粒均匀，不与被分离物质发生化学作用；第三，对被分离的物质中各组分吸附能力不同。

吸附剂的用量要根据被分离样品的组成及其是否容易被分开而决定。一般来说，吸附剂用量为样品量的 20~50 倍。若样品中所含成分的性质很相似，则吸附剂的用量要加大，可增至 100 倍或更大些。

3）洗脱剂（展开剂）的选择

洗脱剂选择原则是根据被分离物质各组分的极性大小、在洗脱剂中溶解度大小进行选择。即容易被吸附而不易溶于洗脱剂的组分，被洗脱的速度慢；相反不太易吸附于吸附剂易溶于洗脱剂的组分，则优先随洗脱剂洗脱出来，从而达到分离物质的目的。各组分在洗脱剂中的溶解能力，基本上是"相似相溶"，即欲洗脱极性大的组分，选择极性大的洗脱剂（如水、乙醇、氨等）；极性小的组分宜选用极性小的洗脱剂（如石油醚、乙醚等）。

另外，被分离物质与洗脱剂不发生化学反应，洗脱剂要求纯度合格，沸点不能太高（一般为 40~80 ℃）。

实际上单纯一种洗脱剂有时不能很好地分离各组分，故常用几种洗脱剂按不同比例混合，配成最合适的洗脱剂。

4）操作方法

柱色谱操作方法分为装柱、加样、洗脱、收集、鉴定 5 个步骤。

a. 装柱

装柱前柱子应干净、干燥，柱的底部要先放一些玻璃棉、玻璃细孔板等可拆卸的支持物，以支持固定相。常用的装柱方法有两种：干法装柱和湿法装柱。

① 干法装柱。将固定相直接均匀地倒入柱内，中间不应间断。通常在柱的上端放一个玻璃漏斗，使固定相经漏斗成一细流状慢慢地加入柱内。必要时轻轻地敲打色谱柱，使填装均匀，尤其是在填装较粗的色谱柱时，更应小心。色谱柱装好后打开下端活塞，然后沿管壁轻轻倒入洗脱剂（注意在洗脱剂倒入时，严防固定相被冲起），待固定相湿润后，在柱内不能带有气泡。如有气泡需通过搅拌等方法设法除去，也可以在柱的上端再加入洗脱剂，然后通入压缩空气使空气泡随洗脱剂从下端流出。

② 湿法装柱。因湿法装柱容易赶走固定相内的气泡，故一般以湿法装柱较好。量取一定量体积的准备用作首次洗脱的洗脱剂（Vo），倒入色谱柱中，并将活塞打开，使洗脱剂滴入接收瓶内，同时将固定相慢慢地加入；或将固定相放置于烧杯中，加入一定量的洗脱剂，经充分搅拌，待固定相内的气泡被除去后再加入柱内（因后一种方法对固定相内的气泡除去的较完全，故最常用）。一边沉降一边添加，直到加完为止。固定相的加入速度不宜太快，以免带入气泡。必要时可在色谱柱的管外轻轻给予敲打，使固定相均匀地下降，有助于带入的气泡外溢。

b. 加样

样品的加入有两种方法，即湿法加样和干法加样。

① 湿法加样。先将样品溶解于用作首次使用的洗脱剂的溶剂中，如果样品在首次使用的洗脱剂中不溶解，可改用极性较小的其他溶剂，但溶剂的极性要尽可能地小，否则会大大地降低分离效果，并有可能导致分离的失败（需完全溶解，不得有颗粒或固体）。溶液的体积不能过大，体积太大往往会使色带分散不集中，影响分离效果，通常样品溶液的体积不要超过色谱柱保留体积的 15%。先将色谱柱中固定相面上的多余洗脱剂放出，再用滴管将样品溶液慢慢加入，在加入样品时勿使柱面受到扰动，以免影响分离效果。

② 干法加样。先将样品溶解在易溶的有机溶剂中。样品体积不要太大，通常不要超过色谱柱保留体积的 30%，否则会造成死吸附过多和大量样品进入多孔性固定相的内部，影响分离效果和降低样品的回收率，同时样品与固定相一同加热时间过长，也会导致样品中的某些成分发生变化。但样品体积也不宜太小，样品体积太小会造成溶液过浓，同样也会影响分离效果。称取一定量固定相，慢慢加入样品溶液，边加边搅拌，待固定相已完全被样品溶液湿润时，在水浴锅上蒸除溶剂，如果样品溶液还没有加完，则可重复上述步骤，直到加完为止。按湿法装柱的方法装入柱内，但要注意在样品加入时不要使柱面受到扰动。

c. 展开与洗脱

样品溶液全部加完后，打开活塞将液体徐徐放出，当液面与柱面相平时，再用少量溶剂洗涤盛样品的容器数次，洗液全部加入色谱柱内，开始收集流出的洗脱液，当液面与柱面相同时，缓缓加入洗脱溶剂，使洗脱剂的液面高出柱面约 10 cm。有色物质在日光下即可观察到明显的色谱带，有些无色物质虽然在日光下观察不到色谱带，但在紫外光的照射下可以观察到明显的荧光色谱带。馏分的收集既可按色谱带收集，也可按等馏分收集法收集。由于一个色带中往往含有多个成分，故现在常常采用等馏分收集法收集，即分取一定洗脱液为一份，连续收集。理论上每份收集的体积越小，则将已分离开的成分又重新人为地合并到一起的机会就越少，但每份收集的体积太小，必然要大大地加大工作量。每份洗脱液的收集体积，应根据所用固定相的量和样品的分离难易程度的具体情况而定，通常每份洗脱液的量约与柱的保留体积或固定相的用量大体相当。但若所用洗脱剂的极性较大或被分离成分的结构很相近，则每份的收集量要小一些。为了及时了解洗脱液中各洗脱部分的情况，以便调节收集体积的多少和选择或改变洗脱剂的极性，现在多采用薄层色谱或纸层色谱的方法来检查。根据色谱的结果，可将成分相同的洗脱液合并或更换洗脱剂。采用薄层色谱或纸层色谱的方法来检查洗脱液的分离情况，既可在回收溶剂之前，也可在回收溶剂之后，应根据具体情况而定。

在整个操作过程中，必须注意不使吸附剂表面的液体流干，否则会使色谱柱中进入气泡或形成裂缝。同时洗脱液流出的速度也不应太快，流速过快，柱中交换达不到平衡，均能影响分离效果。

（2）薄层色谱

薄层色谱是一种将固定相在固体（一般为玻璃平板）上铺成薄层而进行的色谱分离方法。薄层色谱的主要操作如下。

1）薄层板制备

薄层板通常用玻璃板作基板，上面涂铺固定相薄层，根据薄层的牢固程度不同，可分为硬板和软板。

硬板制备，又称湿法铺层法。将固定相、胶黏剂、溶剂等调成糊状，用刮刀推移法或涂铺器，将其均匀涂铺于基板上，于室温下晾干，使用前再进行活化处理。湿法制成的薄层比较牢固，展开效果好，展开后易于保存。

软板制备，又称干法铺层法，如图3-12所示。干法铺层制成的薄板疏松，展开速度快，但斑点较散，展开后不能保存，不能采用喷雾显色，因此应用较少。

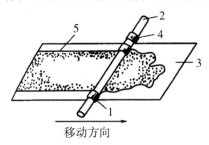

图3-12　软板制备

1——调节薄层厚度的塑料环；2——均匀直径的玻璃棒；

3——玻璃棒；4——防止玻璃滑动的环；5——薄层吸附剂

2）点样

将混合液（或溶于适当溶剂的混合物）用玻璃毛细管或点样器在薄层板上点样。要求点样点距底边约 2 cm，每点间距约 2 cm，点的直径一般小于 0.5 cm，也可点成 3~5 mm 横长条。点样的量与样品浓度有关，对于浓度较稀的样品，常需多次点样，在每次点样后，要晾干后方可再点，以保证点的大小符合要求。但对于制备和生产规模的色谱分离过程，薄层色谱的点样量较大，一般采用以下方法：将样品溶液点在直径 2~3 mm 的小圆形滤纸上，点样时将滤纸固定于插在软木塞的小针上，同时在薄层起始线上也制成相同直径的小圆穴（圆穴及滤纸片均可用适当大小的打孔器印出），必要时在圆穴中放入少许淀粉糊，将已点样并除去溶剂后的圆形滤纸片小心放在薄层圆穴中粘住，然后展开。采用这种方法，样品溶液体积大至 1~2 mL 也能方便地点样，并能保证圆点形状的一致。

在干法制成的薄层上点样，经常把点样处的固定相滴成孔穴，因此必须在点样完毕后用小针头拨动孔旁的固定相，将此孔填补起来，否则展开后斑点形状不规则，影响分离效果。当样品量很大时，则可将固定相吸去一条，将样品溶液与固定相搅匀，干燥后再把它仔细地填充在原来的沟槽内，再行展开。

3）展开

薄层色谱的展开方式可分为上行展开和下行展开，单次展开和多次展开，单向展开和多向展开等。对于软板，则采用上行水平展开方式，在色谱槽内进行展开操作，如图 3-13 所示。

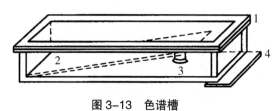

图 3-13　色谱槽

1——色谱槽；2——薄层板；3——垫架；4——垫板

4）显迹

薄层色谱在显迹前，一般均需使溶剂挥发除尽，然后利用荧光法、喷雾显色法、蒸汽显色法等理化方法或生物显色法进行显色，也可利用基于投射法或反投射法的薄层色谱扫描仪进行扫描测量。

三、实用案例

乙酸乙酯萃取苯酚水溶液

器材：球形分液漏斗、滴管、铁架台（带铁圈）、锥形瓶、白瓷板、酒精灯。

药品：苯酚、水、乙酸乙酯、三氯化铁。

组织形式：分组完成下列实验，并记录实验现象。

实训内容：乙酸乙酯萃取苯酚水溶液。

① 用量筒量取 19 mL 苯酚水溶液，放分液漏斗中。

② 加入 5 mL 乙酸乙酯萃取液（注意近旁不能有火）。

③ 盖上顶塞。先用右手食指的末节将漏斗上端玻塞顶住，再用大拇指及食指和中指握住漏斗。这样漏斗转动时可用左手的食指和中指蜷握在活塞的柄上，使振摇过程中玻璃塞和活塞均夹紧，上下轻轻振摇分液漏斗，每隔几秒钟将漏斗倒置（活塞朝上），小心打开活塞，以平衡内外压力，然后再用力振摇，使乙酸乙酯与苯酚水溶液两不相溶液体充分接触，提高萃取效率。

④ 将分液漏斗置于铁圈，当溶液分成两层后，小心旋开活塞，放出下层水溶液于锥形瓶内，用滴管从下层水溶液中取少量液滴于白瓷板上，滴加 $FeCl_3$ 溶液，如无紫色液出现，表明乙酸乙酯已将苯酚完全萃取。

实验记录（表1）：

表1　实验记录

实验步骤	实验现象	结论
1		
2		
3		
5		

苯甲酸的重结晶

器材：烧杯、铁架台（带铁圈）、酒精灯、布氏漏斗、普通漏斗、铜漏斗、玻璃棒、抽滤瓶、滤纸、石棉网、火柴。

药品：粗苯甲酸、蒸馏水、活性炭。

组织形式：分组完成下列实验，并记录实验现象。

实训内容：

（1）溶解

① 取约 3 g 粗苯甲酸晶体置于 100 mL 烧杯中，加入 40 mL 蒸馏水，若有未溶固体，可再加入少量热水，直至苯甲酸全部溶解为止（如不全部溶解，可再加入 3~5 mL 热水，加热搅拌使其溶解。但要注意，如果加水加热后不能使不溶物减少，说明不溶物可能是不溶于水的杂质，就不要再加水，以免误加过多溶剂）。

② 铁架台上垫一张石棉网，将烧杯放在石棉网上，点燃酒精灯加热，不时用玻璃棒搅拌（注意：搅拌时玻璃棒不要触及烧杯内壁，沿同一方向搅拌）。

③ 待粗苯甲酸全部溶解，停止加热，冷却后加入几粒活性炭，加热煮沸 5 min（不能向正在沸腾的溶液中加入活性炭，否则将造成暴沸而溅出）。

（2）过滤

① 将准备好的铜漏斗放在铁架台的铁圈上，漏斗下放一小烧杯，点燃酒精灯加热（图1），在漏斗里放一张折叠好的折叠滤纸，并用少量热水润湿。这时将上述热溶液尽快地沿玻璃棒倒入漏斗中，每次倒入的溶液不要太满，也不要等溶液滤完后再加。所有溶液过滤完毕后，用少量热水洗涤烧杯和滤纸。

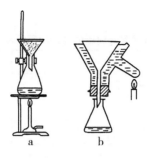

图1　热过滤装置

② 将烧杯中的混合液趁热过滤（过滤时可用坩埚钳夹住烧杯，避免烫手），使滤液沿玻璃棒缓缓注入过滤器中。

（3）冷却结晶

将滤液静置冷却，观察烧杯中是否有晶体析出。待晶体完全析出后，用布氏漏斗抽滤，并用少量冷蒸馏水洗涤结晶，以除去结晶表面的母液。洗涤时，先从吸滤瓶上拔去橡胶管，然后加入少量冷蒸馏水，使晶体均匀浸透，再抽滤至干。如此重复洗涤2次。

实验记录（表2）：

表2　实验记录

样品	样品形态	样品质量
重结晶前		
重结晶后		
结论		

四、展示与评价

（一）项目成果展示

① 制定的方案。制定的氯霉素合成后处理的技术方案。

② 讲解方案。讲解后处理技术的依据、方法等。

③ 汇报实训结果。按照完善的方案，在实训室完成氯霉素合成后处理。

（二）项目评价依据

① 选择的方法、试剂、设备是否正确。

② 处理步骤的合理、准确、规范程度。

③ 采取的安全、环保措施是否得当。

④ 方案讲解流畅程度，理解能力，语言表达能力。

⑤ 产品的总体质量。

⑥ 对后处理技术及操作的理解程度，讲解的熟练程度与准确性。

（三）考核方案

1. 教师评价表

包括项目准备过程的"项目材料评价表"（表3-12）和项目实施过程的"项目实施

评价表"（表 3-13）。

表 3-12 氯霉素合成后的处理项目材料教师评价表

	考核内容	权重 / %	成绩	存在的问题
项目材料收集	查阅氯霉素合成后处理方法等相关资料	10		
	材料搜集完整性、全面性	10		
	讲解制定的氯霉素后处理的理论依据、方案可行性分析	10		
	讨论、调整、确定并总结方案	10		
职业能力及素养	查阅文献能力	5		
	归纳总结所查阅资料能力	15		
	制定实施方案的能力	10		
	讲解方案的语言表达能力	10		
	方案制定过程中的学习、创新能力	15		
	团队协作能力	5		
总分		100		
评分人签名				

表 3-13 氯霉素合成后的处理项目实施过程教师评价表

	考核内容	权重 / %	成绩	存在的问题
项目实施过程	仪器 / 设备选择与安装	10		
	试剂的选用	5		
	粗产品后处理过程	10		
	处理后产品的质量，包括外观、收率等	10		
	实验过程原始记录情况	5		
	实训报告完成情况(是否有涂改、书写内容、及时上交等)	10		
职业能力及素养	动手能力	10		
	同组成员之间的协作能力	5		
	实验过程中对现象的观察、总结能力	10		
	分析问题、解决问题的能力	5		
	对突发情况、异常问题的应对能力	5		
	安全环保意识	5		
	仪器 / 设备的清洁、是否有损坏、及时上交	5		
	纪律、出勤、态度	5		
总分		100		
评分人签名				

2. 学生评价表（表3-14）

表3-14　氯霉素合成后的处理项目学生评价表

	考核内容	权重 / %	成绩	存在的问题
项目材料收集	学习态度是否主动，能否及时保质地完成老师布置的任务	10		
	能否熟练地利用期刊、数据库、书籍、网络查阅所需要的资料	10		
	收集的有关学习信息和资料是否完整	5		
	能否根据所查的资料进行分析并制定方案，同时对制定的方案进行可行性分析	10		
	是否积极参与各种讨论，并能清晰地表达自己的观点	5		
	是否能够进行正确的归纳总结	5		
	团队成员之间是否密切合作，互相采纳意见建议	5		
项目实施过程	能否独立地选择仪器设备，安装实验装置	10		
	能否选择合适的试剂	5		
	能否准确地控制终点	5		
	所得产品的质量、收率是否符合标准	10		
职业能力及素养形成	能否严谨地操作并观察实验现象，及时、实事求是地记录实验数据	5		
	能否独立、按时按量完成实训报告	5		
	对操作过程中出现的问题能否积极思考，并使用现有知识进行解决	5		
	完成实训后，能否保持实训室清洁卫生，对仪器进行清洗，整理等	5		
总分		100		
评分人签名				

3. 成绩计算

本项任务考核成绩 = 项目材料评价成绩 ×20% + 项目实施评价成绩 ×30% + 学生自评成绩 ×20% + 学生互评成绩 ×30%

任务六　结构确证

一、布置任务

（一）制定方案

制定氯霉素结构确证的方案。

（二）讲解方案

讲解结构确证的依据、过程等。

（三）实训操作

按照完善的方案，在实训室完成氯霉素的结构确证。

二、知识准备

（一）一般药物的结构确证

1. 药物元素组成

通常采用元素分析法。这种方法可获得组成药物的元素种类及含量，经比较测试结果与理论结果差值的大小（一般要求误差不超过 0.3%），即可初步判定供试品与目标物的分子组成是否一致。

对于因药物自身结构特征而难于进行元素分析时，在保证高纯度情况下可采用高分辨质谱方法获得药物元素组成的相关信息。

2. 紫外吸收光谱（UV）

通过对药物溶液在可见 – 紫外区域内在不同波长处吸收度的测定和吸收系数（尤其是摩尔吸收系数）的计算，以及对主要吸收谱带进行归属（如 K 带、R 带、E 带、B 带），可获得药物结构中可能含有的发色团、助色团种类及初步的连接方式等信息，同时对药物的鉴别亦有指导意义。

对于发色团上存在酸性或碱性基团的药物，通过在酸或碱溶液中（常用 0.1 mol/L HCl 或 0.1 mol/L NaOH）最大吸收波长的测试，观察其紫移或红移现象，可为上述酸性或碱性基团的存在提供进一步的支持。

3. 红外吸收光谱（IR）

通过对药物进行红外吸收光谱测试，可推测出药物中可能存在的化学键、所含的官能团及其初步的连接方式，亦可给出药物的几何构型、晶型、立体构象等信息。

固态药物红外测试可分为压片法、糊法、薄膜法，液态药物可采用液膜法测试，气态药物则可采用气体池测定。部分含多晶型药物在研磨和压片过程中，其晶型可能发生变化，可改用糊法测定，同时应根据药物的结构特点对糊剂的种类进行选择。盐酸盐药物在采用溴化钾压片时可能会发生离子交换现象，应分别对氯化钾压片和溴化钾压片法测得的结果进行比较，并根据结果选择适宜的压片基质。

4. 核磁共振（NMR）

本项测试可获得药物组成的某些元素在分子中的类型、数目、相互连接方式、周围化学环境，甚至空间排列等信息，进而推测出化合物相应官能团的连接状况及其初步的结构。常用的有氢核磁共振谱（^{1}H-NMR）和碳核磁共振谱（^{13}C-NMR）等。

核磁共振测试的重要参数有化学位移（δ）、偶合常数（J 值）、峰形、积分面积等。

溶剂峰或部分溶剂中的溶剂化水峰可能会对药物结构中部分信号有干扰，因此测试时应选择适宜的溶剂和方法，以使药物所有信号得到充分显示。

（1）氢核磁共振谱（^{1}H-NMR）

该项测试可提供供试品结构中氢原子的数目、周围化学环境、相互间关系、空间排列等信息。此外，属于 ^{1}H-NMR 测试的 NOE（nuclear overhauser effect）或 NOESY 试验，还可给出某些官能团在分子中位路、优势构象及构型。对含有活泼氢的药物必须进行氘代实验，以提供活泼氢的存在及位置的信息。

（2）碳核磁共振谱（^{13}C-NMR）

该项测试可提供供试品结构中不同碳原子的类型及所处的不同化学环境信息。

DEPT（distortionless enhancement by polarization transfer）谱可进一步明确区分碳原子的类型，对于结构复杂的药物，DEPT 谱对结构解析可给予更加有力的支持。

（3）二维核磁共振谱

对于结构复杂或用一般 NMR 方法难以进行结构确证的化合物，进行二维谱测试可更有效地确证药物的结构。

（4）其他核磁共振谱

分子式中含 F、P 等元素的药物，进行相应的 F、P 谱测试，除可提供相应元素的种类、在分子中所处的化学环境等信息外，对药物元素组成测试亦有佐证作用。

5. 质谱（MS）

用于原子量和分子量的测定、同位素的分析、定性或定量的分析，重要参数有分子离子峰、碎片峰、丰度等。

分子离子峰是确证药物分子式的有力证据，应根据药物自身结构特性选择适宜的离子源和强度，同时尽可能地获得分子离子峰和较多的、可反映出药物结构特征的碎片峰。对含有同位素元素（如 Cl、Br 等）的药物，利用分子离子峰及其相关峰丰度间的关系，可以判断药物中部分组成元素的种类、数量。高分辨质谱是通过精确测定分子量确定药物分子式，但它不能反映药物的纯度和结晶水、结晶溶剂、残留溶剂等情况。随着科学的发展，在药物研究中也采用了 GC-MS、MS-MS、LC-MS 等方法，研发者应根据药物的组成和结构特征选择适宜的方法。

6. 粉末 X– 衍射（XRPD）

可用于固态单一化合物的鉴别与晶型确定，晶态与非晶态物质的判断，多种化合物组成的多相（组分）体系中的组分（物相）分析（定性或定量），原料药（晶型）的稳定性研究等。

（二）手性药物的结构确证

手性药物的结构（或通过生成其衍生物）确证应在上述一般研究的基础上，对其绝对构型进行确证。常用方法有单晶 X– 衍射（XRSD）、核磁共振谱（NMR）、圆二色谱（CD）、旋光光谱（ORD）及前述的 NOESY 或 NOE 谱（主要适用于具有刚性结构的药物）等。其中单晶 X– 衍射（XRSD）为直接方法，后 3 种为间接方法。

1. 单晶 X- 衍射（XRSD）

可获得有关药物晶型的相关信息、药物的相对或绝对构型及与药物以结晶形式存在的水 / 溶剂及含量等一系列信息。手性药物绝对构型的测试，建议采用单晶 X 射线四圆衍射仪，CuKα 靶，衍射实验的 θ 角范围不低于 57°。普通的单晶 X- 衍射不能区分对映体，仅能推导出在空间的相对位置和药物的相对构型。

2. 圆二色谱（CD）

该项测试通过测定光学活性物质（药物）在圆偏振光下的 Cotton 效应，根据 Cotton 效应的符号获得药物结构中发色团周围环境的立体化学信息，并与一个绝对构型已知的与待测药物结构相似药物的 Cotton 效应相比较，即可能推导出待测物的绝对构型。

此外对于一般具有刚性结构的环体系的羰基药物，通过比较其 Cotton 效应的符号并结合经验规律"八区律"，亦可能预测某些羰基药物的绝对构型。

3. 旋光光谱

通过比较相关药物的旋光性，可得到手性药物的相对构型信息。如能得知药物旋光的可测范围，则在一系列反应后，药物绝对构型可从用于制备该药物的底物构型推导得到。

在采用该方法测定药物绝对构型时，要在相同的溶剂中以相同的浓度和温度测定旋光，以保证比较的可靠性。

4. NOESY 或 NOE 谱

通过对具有刚性结构（或优势构象）药物官能团上质子的选择性照射，致使与其相关质子峰强度的增减和相互间偶合作用的消失，从而推测出邻近官能团的空间构象，进而可获得药物构型的信息。

5. 其他方法

例如，化学比较法、核磁共振谱法等。

（三）药物晶型的研究

在药物研发过程中，多晶型现象是普遍存在的，其中有部分药物因晶型不同具有不同的生物利用度和 / 或生物活性，特别是水溶性差的口服固体药物。

对于新化学实体的药物，应对其在不同结晶条件下（溶剂、温度、结晶速率等）的晶型进行研究；通过不同晶型对药物活性和毒性等影响的研究可为其临床应用晶型的选择提供依据。

对于仿制已上市的药物，应进行自制药物的晶型与已上市药物晶型比较的研究，以保证自制品晶型的正确性。

进行连续多批样品晶型一致性的研究，是判断药物制备工艺是否稳定的依据之一。

药物晶型测定方法通常有粉末 X- 衍射、红外光谱、热分析、熔点、光学显微镜法等。

1. 粉末 X- 衍射（XRPD）

该项测试是判断化合物（药物）晶型的首选方法。

2. 红外光谱（IR）

结构相同但晶型不同的药物其红外光谱在某些区域可能存在一定的差异，因此比较药物的 IR 可以用于区分药物的晶型，但应注意在研磨、压片时可能会发生药物晶型的改变。

3. 熔点（melt point，mp）

结构相同但不同晶型的药物其熔点可能存在一定的差异，熔点也可以用于晶型研究。

4. 热分析

用于药物的物理常数、熔点和沸点的确定，并作为鉴别和纯度检查的方法。晶型不同的药物其热分析图谱有一定的差异，常用的方法有差示扫描量热法（DSC）和差热分析法（DTA）等。

5. 其他方法

光学显微镜法等。

（四）药物结晶水或结晶溶剂的分析

对于含有结晶水或结晶溶剂的药物，应对药物中的水分 / 溶剂进行分析。常用分析方法为热重、差热分析、干燥失重、水分测定、核磁共振谱及单晶 X– 衍射（XRSD）。

1. 热重

可获得药物的吸附水 / 溶剂、结晶水 / 溶剂及初步的分解温度等信息。结合差热分析的结果，还可判断测试药物在熔融时的分解情况。

2. 差热分析

该项测试可推测出测试药物的吸附水 / 溶剂、结晶水 / 溶剂及熔点、有无多晶型存在和热熔值等信息。

3. 干燥失重

该方法可以获得药物中的结晶水或溶剂、吸附水或溶剂的含量。

4. 水分测定

可以获得样品中总含水量的信息（结晶水或吸附水）。

5. 单晶 X– 衍射（XRSD）

单晶 X– 衍射在提供药物元素组成、分子量及结构的同时，还可提供药物中以结晶形式存在的水或溶剂的信息，包括结晶水或溶剂的种类、数量、存在方式等。

6. 其他方法

如通过核磁共振谱测试，有可能获得药物中含有的部分结晶溶剂的信息。

以上分析方法均有各自的优、缺点，在药物的结构确证研究中应根据药物的结构特征，选择适宜的方法，同时也可利用不同方法所得结果进行相互补充、佐证，以确定存在药物中水或溶剂的种类、数量和形式。

（五）其他具有特殊结构药物的结构确证

结构中含有金属离子及 F、P 等元素的药物，可进行相应金属原子吸收以 F、P 等元素的测定。

1. 原子发射光谱法和原子吸收分光光度法

原子发射光谱法（atomic emission spectrophotometry，AES）常用于金属元素的定性研究；原子吸收分光光度法（atomic absorption spectrophotometry，AAS）用于含有多种金属离子的药物中无机微量元素的含量分析和金属元素定量研究。

2. 络合金属离子存在方式的检测

对于分子中含有顺磁性金属离子的药物，常用的核磁共振谱法（NMR）不能得到金属离子在药物中存在方式的确切信息，可采用单晶 X- 衍射等方法进行检测。

三、实用案例

丁酸氯维地平的波谱学数据与结构确证

丁酸氯维地平（Clevidipine Butyrate），化学名为 4-（2，3- 二氯苯基）-1，4- 二氢 -2，6- 二甲基 -3，5- 吡啶二羧酸甲基（1- 氧代丁氧基）甲基酯，是一种短效二氢吡啶类钙通道阻滞剂。美国 FDA 于 2008 年 8 月批准 The Medicines Company 公司的丁酸氯维地平静脉注射用乳剂（商品名 Cleviprex）上市，用于不宜口服药物或口服药物无效的高血压患者的治疗，也可用于治疗外科手术后急性血压升高，该药是 10 年来美国 FDA 批准的首个新型静脉注射用抗高血压药。其化学结构如图 1 所示。

关于丁酸氯维地平的制备、药理及临床研究方面的文献报道较多，而有关其 UV、IR 及 ^{1}H-NMR、^{13}C-NMR 谱的全归属等尚未见到报道。我们对其进行了比较全面的波谱表征，测定了丁酸氯维地平的红外（IR）、紫外（UV）、质谱（MS）、^{1}H-NMR、氢 - 氢相关谱（^{1}H-^{1}H COSY）、^{13}C-NMR、DEPT 谱、碳氢相关谱（HMQC）及碳氢远程相关谱（HMBC），分析讨论了 ^{1}H 和 ^{13}C-NMR 谱的特征，并对所有谱峰进行了准确的归属，同时分析讨论了其 IR 吸收峰所对应的官能团的振动形式。

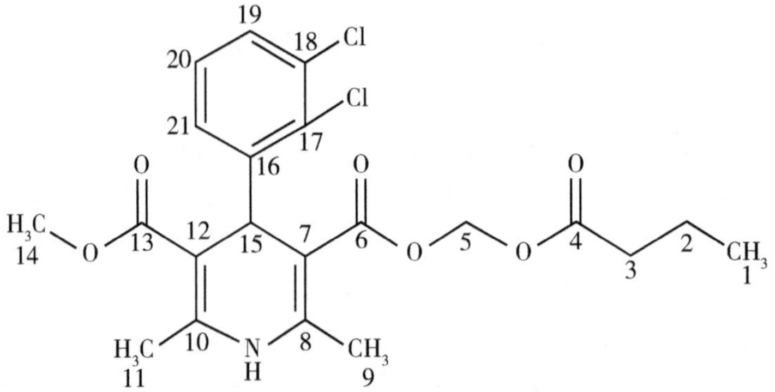

图 1 丁酸氯维地平的化学结构式

1. 仪器

紫外光谱用 HP-8452 型紫外分光光度计（美国惠普公司）测定；红外光谱用 FTIR-NEXUS 670 傅里叶变换红外光谱仪（美国 Nicolet 公司）测定，KBr 压片；^{1}H-NMR、

^{13}C-NMR、^{1}H-^{1}H COSY、DEPT、HMQC 和 HMBC 谱 均 用 INOVA-400 核 磁 共 振 仪（美国 Varian 公司）测定，以 CDCl$_3$ 为溶剂，TMS 为内标，二维谱采用反向检测探头，^{1}H-NMR 的观测频率为 399.95 MHz；^{13}C-NMR 的观测频率为 100.58 MHz；各种二维谱，均为标准序列测定。质谱用 Q-Tof micro 质谱仪（美国 Agilent 公司）测定，ESI 源。

2. 试剂

所有试剂均为分析纯。

3. 样品制备

以双乙烯酮为起始原料，经加成反应，生成的产物无须纯化，直接胺化，得到的胺化物与 2, 3-二氯亚苄基乙酰乙酸甲酯发生环合反应，生成 4-（2′, 3′-二氯苯基）-1, 4-二氢 -2, 6-二甲基 -3, 5-吡啶二甲酸-（2-氰基乙）甲酯，再经水解、缩合反应，经水和乙醇重结晶得到丁酸氯维地平。对纯化后的白色结晶样品进行 HPLC 分析，测定纯度为 99.76%，符合结构鉴定所需的纯度。

阿托伐他汀内酯的波谱学数据与结构确证

阿托伐他汀内酯（Atorvastatin Lactone, 1），化学名为（4R, 6R）-6-{2-[2-（4-氟苯基）-5-异丙基 -3-苯基 -4-（苯基氨基甲酰基）吡咯 -1-基]-2-基 }-4-羟基四氢 -2H-吡喃 -2-酮，是阿托伐他汀钙（一种治疗低血胆甾醇和防止动脉硬化的药物）合成过程中最易产生的一种杂质。其化学结构式如图 2 所示。经文献检索发现，文献报道的重点都是阿托伐他汀内酯合成方法的研究及阿托伐他汀内酯的一维氢谱和碳谱数据，对 3 个芳环上的碳氢信号没有给予归属，且内酯环上的碳氢信号归属均出现了错误，有关阿托伐他汀内酯的 UV，IR 及 ^{1}H-NMR，^{13}C-NMR 谱的全归属尚未见到报道。我们对其进行了比较全面的波谱表征，测定了阿托伐他汀钙内酯的紫外吸收光谱（UV）、红外吸收光谱（IR）、核磁共振氢谱（^{1}H-NMR）、氢 - 氢相关谱（^{1}H-^{1}H COSY）、核磁共振碳谱（^{13}C-NMR）、DEPT 谱、异核单量子相关谱（HSQC）、异核多键相关谱（HMBC）及质谱（MS），分析讨论了 ^{1}H-NMR 和 ^{13}C-NMR 谱的特征，并对所有峰进行了归属，同时分析讨论了其 IR 吸收峰所对应的官能团的振动形式及 MS 的主要碎片离子的可能

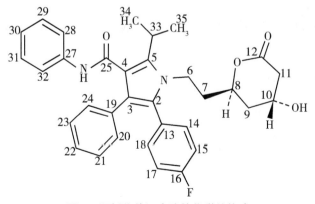

图 2　阿托伐他汀内酯的化学结构式

的裂解方式。上述工作对该类产品的研究提供了更多的结构及光谱和波谱信息，为阿托伐他汀钙的质量研究提供较为全面的参考依据。

1. 仪器

紫外光谱用岛津 UV-2550（日本岛津）测定；红外光谱用 Nicolet IS10 FT-IR 红外光谱仪（美国 Nicolet 公司）测定，KBr 压片；^{1}H-NMR、^{1}H-^{1}H COSY、^{13}C-NMR、DEPT、HSQC 和 HMBC 谱均用 Bruker AV 400 型核磁共振波谱仪（瑞士 Bruker 公司）；质谱用 WatersQ-Tof Micro 高分辨质谱仪（美国 Waters 公司）测定，ESI 源；元素分析用 FLASH EA1112 元素分析仪（美国 Thermo 公司）。

2. 试剂

氘代试剂 DMSO-d$_6$（美国 CIL 公司）；其他所有试剂均为分析纯。

四、展示与评价

（一）项目成果展示

① 制定的方案。制定的氯霉素结构确证的方案。

② 讲解方案。讲解氯霉素结构确证的依据、方法等。

③ 汇报实训结果。按照完善的方案，在实训室完成氯霉素结构确证。

（二）项目评价依据

① 制定方案的正确程度，包括原料选择、用量与配比、反应器、实验装置、操作步骤等。

② 讲解方案的流畅程度、条理性。

③ 实验过程、操作的规范程度。

④ 采取的安全、环保措施是否得当。

⑤ 对工艺过程操作控制点的理解程度。

⑥ 产品整体质量。

⑦ 项目实施过程的职业能力及素养养成。

（三）考核方案

1. 教师评价表

包括项目准备过程的"项目材料评价表"（表 3-15）和项目实施过程的"项目实施评价表"（表 3-16）。

表 3-15　氯霉素结构确证项目材料教师评价表

考核内容		权重 / %	成绩	存在的问题
项目材料收集	查阅氯霉素结构确证方法等相关资料	10		
	材料搜集完整性、全面性	5		
	讲解制定的氯霉素结构确证的理论依据、方案可行性分析	15		
	讨论、调整、确定并总结方案	10		
职业能力及素养	查阅文献能力	10		
	归纳总结所查阅资料能力	5		
	制定实施方案的能力	15		
	讲解方案的语言表达能力	15		
	方案制定过程中的学习、创新能力	10		
	团队协作能力	5		
总分		100		
评分人签名				

表 3-16　氯霉素结构确证项目实施过程教师评价表

考核内容		权重 / %	成绩	存在的问题
项目实施过程	结构确证方法的选择	10		
	仪器 / 设备选择与安装	5		
	是否是目标产物	15		
	实验过程原始记录情况	10		
	实训报告完成情况（是否有涂改、书写内容、及时上交等）	10		
职业能力及素养	动手能力	5		
	同组成员之间的协作能力	10		
	实验过程中对现象的观察、总结能力	10		
	分析问题、解决问题的能力	10		
	对突发情况、异常问题的应对能力	5		
	安全环保意识	5		
	仪器 / 设备的清洁、是否有损坏、及时上交	5		
	纪律、出勤、态度	5		
总分		100		
评分人签名				

2. 学生评价表（表3-17）

表3-17　氯霉素结证确证学生评价表

考核内容		权重 / %	成绩	存在的问题
项目材料收集	学习态度是否主动，能否及时保质地完成老师布置的任务	5		
	能否熟练利用期刊、数据库、书籍、网络查阅所需要的资料	5		
	收集的有关学习信息和资料是否完整	10		
	能否根据所查的资料进行分析并制定方案，同时对制定的方案进行可行性分析	10		
	是否积极参与各种讨论，并能清晰地表达自己的观点	5		
	是否能够进行正确的归纳总结	5		
	团队成员之间是否密切合作，互相采纳意见建议	5		
项目实施过程	能否独立地选择仪器设备，安装实验装置	5		
	能否准确地控制确证过程	10		
	所得产品的结构是否就是目标产物	5		
职业能力及素养形成	能否严谨地操作并观察实验现象，及时、实事求是地记录实验数据	10		
	能否独立、按时按量完成实训报告	10		
	对操作过程中出现的问题能否积极思考，并使用现有知识进行解决	10		
	完成实训后，能否保持实训室清洁卫生，对仪器进行清洗，整理等	5		
总分		100		
评分人签名				

3. 成绩计算

本项任务考核成绩 = 项目材料评价成绩 × 20% + 项目实施评价成绩 × 30% + 学生自评成绩 × 20% + 学生互评成绩 × 30%

任务七　撰写实验报告

一、布置任务

（一）制定方案

制定氯霉素合成反应的试验方案。

（二）讲解方案

讲解氯霉素合成试验过程控制的依据、方法等。

（三）实训操作

按照完善的方案，在实训室完成氯霉素合成试验。

二、知识准备

实验报告分三部分：实验前预习、现场记录及课后实验总结。

（一）实验预习

实验预习的内容包括：

①实验目的。写出本次实验要达到的主要目的。

②反应及操作原理。用反应式写出主反应及副反应，简单叙述操作原理。

③按实验报告要求填写主要试剂及产物的物理和化学性质。

④画出主要反应装置图。

⑤写出操作步骤。

预习时，应想清楚每一步操作的目的是什么，为什么这么做，要弄清楚本次实验的关键步骤和难点，实验中有哪些安全问题。预习是做好实验的关键，只有预习好了，实验时才能做到又快又好。

（二）实验记录

实验记录是科学研究的一手资料，实验记录的好坏直接影响对实验结果的分析。因此，学会做好实验记录也是培养学生科学作风及实事求是精神的一个重要环节。

作为一位科学工作者，必须对实验的全过程进行仔细观察。如反应液颜色的变化，有无沉淀及气体出现，固体的溶解情况，以及加热温度和加热后反应的变化等，都应认真记录。同时还应记录加入原料的颜色和加入的量、产品的颜色和产品的量、产品的熔点或沸点等物化数据。记录时，要与操作步骤一一对应，内容要简明扼要，条理清楚。记录直接写在实验报告上。不要随便记在一张纸上，课后抄在报告上。

（三）实验报告

这部分工作在实验完成后进行。内容包括：

① 对实验现象逐一做出正确的解释。能用反应式表示的尽量用反应式表示。

② 计算产率。在计算理论产量时，应注意：第一，有多种原料参加反应时，以摩尔数最小的那种原料的量为准；第二，不能用催化剂或引发剂的量来计算；第三，有异构体存在时，以各种异构体理论产量之和进行计算，实际产量也是异构体实际产量之和。计算公式如下：

$$产率 = \frac{实际产量}{理论产量} \times 100\% \qquad\qquad （3-4）$$

③ 填写物理常数的测试结果。分别填上产物的文献值和实测值，并注明测试条件，如温度、压力等。

④ 对实验进行讨论与总结：首先，对实验结果和产品进行分析；其次，写出做实验的体会；然后，分析实验中出现的问题和解决的办法；最后，对实验提出建设性的建议。

通过讨论来总结、提高和巩固实验中所学到的理论知识和实验技术。此部分内容可写在思考题中另列标题。

实验报告要求条理清楚，文字简练，图表清晰、准确。一份完整的实验报告可以充分体现学生对实验理解的深度、综合解决问题的能力及文字表达的能力。

三、实用案例

药物合成实验报告样本

班级_____组_____姓名_____学号_____同组人_____

实验名称_____实验日期_____

（一）实验目的和要求

（二）主要仪器设备、药品

（三）实验基本原理（写出主、副反应方程式）及实验仪器装置简图

（四）实验记录

时间	操作步骤	现象	备注

（五）实验数据记录及计算

主要原料及产物的性质、用量及理论产量

化合物	M（相对分子质量）	熔点 /℃	沸点 /℃	密度 /g·cm⁻³	溶解性	投料量 /mL	投料量 /g	投料量 /mol	理论产量 /mL

实验结果数据

产品名称	外观	熔程 /℃	沸程 /℃	产品质量 /g、体积 /mL	理论产量质量 /g、体积 /mL	产率

（六）讨论

四、展示与评价

（一）项目成果展示

① 实验报告。一份完整的氯霉素合成实验报告

② 讲解报告。

（二）项目评价依据

① 报告内容完整。

② 实验记录数据无涂改。

③ 对实验中出现的问题进行了分析与总结。

④ 能清晰地讲解实验报告中的内容。

（三）考核方案

1. 教师评价表（表3-18）

表 3-18　氯霉素合成实验报告教师评价表

考核内容		权重 / %	成绩	存在的问题
项目实施过程	实验报告内容的完整性	5		
	实验报告内容的正确性	10		
	实验过程原始记录情况	10		
	实训报告内容无涂改	10		
	及时上交实验报告	10		
职业能力及素养	同组成员报告之间的一致性	10		
	同组成员之间的协作能力	10		
	实验过程中对现象的观察记录、总结能力	10		
	理论归纳能力	10		
	安全环保意识	5		
	严谨细致的态度	10		
总分		100		
评分人签名				

2. 学生评价表（用于自评、互评）（表3-19）

表 3-19　氯霉素合成实验报告学生评价表

考核内容		权重 / %	成绩	存在的问题
项目实施过程	报告的完整性和正确性	10		
	能否准确地控制实验过程	20		
	是否准确地记录实验现象	10		
	报告无涂改，数据、现象真实	15		

续表

职业能力及素养形成	能否严谨、及时、实事求是地记录实验数据	15		
	能否独立、按时按量完成实训报告	15		
	对操作过程中出现的问题能否积极思考，并使用现有知识进行解决	15		
总分		100		
评分人签名				

3. 成绩计算

本项任务考核成绩 = 教师评价成绩 × 50% + 学生自评成绩 × 20% + 学生互评成绩 × 30%

项目四 抗癫痫药——苯妥英钠的合成工艺改进

【知识目标】

了解抗癫痫药物的基本情况；

掌握原料药工艺改进的内容、原则和主要途径；

掌握优化实验设计方法；

掌握工艺评价的原则和方法。

【技能目标】

能对原料药传统合成工艺进行分析，总结优缺点；

能针对传统合成工艺，采用优化实验设计方法进行优化实验设计；

能开展优化试验，分析试验结果，并对工艺进行评价。

【素质目标】

培养学生团队合作的意识；

培养学生节能、环保的意识；

培养学生发现问题、解决问题的能力和创新意识；

培养学生严谨的科学态度。

【项目背景】

癫痫是一种常见的发作性神经症状，机理尚不清楚，一般认为是由于不同病因引起脑灰质神经元群过度放电的结果。抗癫痫药物的主要用途是预防和控制癫痫的发作，理想的抗癫痫药物，在治疗剂量应能完全抑制发作而不产生催眠或其他非预期的中枢神经毒性，应用良好的耐受性及对多种类型的发作具有良好的效果，而对生命器官没有副作用，注射给药起效快，以便控制癫痫状态，口服给药应有较长的作用时间，以防再次发作。

苯妥英钠，化学名为 5，5-二苯基乙内酰脲钠，又名大伦丁钠（Dilantin Sodium），是一种白色粉末，无臭，味苦，微有吸湿性。在空气中渐渐吸收二氧化碳，分解成苯妥英，在水中易溶，水溶液呈碱性，在乙醇中溶解，在氯仿或乙醚中几乎不溶。苯妥英钠对治疗癫痫大发作最为有效，精神运动型发作次之，对小发作不仅无效，而且反会诱发、增加发作次数。本品无镇定作用，服用后起效慢，需连服数日才能生效。在低于 10 μg/mL 血浆水平，通常不产生毒性，但随着血浆浓度的增加，达到控制发作的浓度时，毒性也随着增大，主要表现为胃不适、恶心、呕吐、共济失调、厌食等症状。

苯妥英钠结构式

任务一　苯妥英钠合成工艺改进方案制定

一、布置任务

（一）制定方案

分析苯妥英钠的传统合成工艺，针对传统工艺中的缺点，根据工艺改进的原则和方法，提出解决的办法，制定工艺改进方案。

（二）讲解方案

讲解设计工艺改进方案的依据，以及其与传统工艺的异同点。

二、知识准备

（一）工艺改进的内容

化学合成原料药工艺改进的主要任务是在探索现有原料药合成路线反应原理，掌握反应过程内因（如反应物和反应试剂的性质）的基础上，研究影响该反应的外因（即反应条件），围绕提高产品的质量、减少污染、降低成本等目的有重点地改进原料药合成的反应条件。

化学合成原料药的工艺改进应遵循国家食品药品管理总局〔2008〕242 号文件《已上市化学药品变更研究的技术指导原则》。变更包括以下内容：变更试剂、起始原料的来源，变更试剂、中间体、起始原料的质量标准，变更反应条件，变更合成路线（含缩短合成路线，变更试剂和起始原料）等。生产工艺变更可能只涉及上述某一种情况的变更，也可能设计上述多种情况的变更。此种情况下，需考虑各自进行相应的研究工作。对于变更合成路线的，原则上合成原料药的化学反应步数至少应为一步以上（不包括成盐或精制）。

具体分为Ⅰ类变更、Ⅱ类变更和Ⅲ类变更。

1. Ⅰ类变更

Ⅰ类变更主要包括：变更原料药合成工艺中所用试剂、起始原料的来源，而不变更其质量。提高试剂、起始原料、中间体的质量标准，提高原有质量控制项目的限度要求，改用专属性、灵敏度更高的分析方法等。

Ⅰ类变更属于微小变更，对产品安全性、有效性和质量可控性基本不产生影响。

2.Ⅱ类变更

Ⅱ类变更主要包括：变更起始原料、溶剂、试剂、中间体的质量标准。这种变更包括减少起始原料、溶剂、试剂、中间体的质量控制项目，或放宽限度，或采用新分析方法替代现有方法，但新方法在专属性、灵敏度等方面并未得到改进和提高。这类变更形式上减少了起始原料、溶剂、试剂、中间体的质控项目，但变更后原料药的质量不得降低，即变更应不会对所涉及中间体（或原料药）质量产生负面影响，变更前后所涉及中间体或原料药的杂质状况应是等同的，这是变更需满足的前提条件。

Ⅱ类变更属于中度变更，需要通过相应研究工作证明变更对产品安全性、有效性和质量可控性不产生影响。除有充分的理由，一般不鼓励进行此种变更。

3.Ⅲ类变更

此类变更比较复杂，一般认为可能对原料药或药品质量产生较显著的影响，主要包括：变更反应条件，变更某一步或几步反应，甚至整个合成路线等，将原合成路线中的某中间体作为起始原料的工艺变更也属于此类变更的范畴。总体上，此类变更不应引起原料药质量的降低。

Ⅲ类变更属于较大变更，需要通过系列的研究工作证明变更对产品安全性、有效性和质量可控性没有产生负面影响。

原料药的工艺改进是一个动态的过程，随着工艺的不断改进，起始原料、试剂或溶剂的规格、反应条件等会发生改变，在工艺改进过程中，应特别注意这类改变对产品质量的影响。

（二）工艺改进的原则

按照《已上市化学药品变更研究的技术指导原则》改进原料药生产工艺的总体原则是：原料药生产工艺不应对药品安全性、有效性和质量可控性产生负面影响。

变更原料药生产工艺可能会引起杂质种类及含量的变化，也可能引起原料药物理性质的改变，进而对药品质量产生不良影响。因此，原料药生产工艺发生变更后，需全面分析工艺变更对药品结构、质量及稳定性等方面的影响。如原料药的杂质状况、原料药的物理性质等。

一般认为，越接近合成路线最后一步反应的变更，越可能影响原料药质量。由于最后一步反应前的生产工艺变更一般不会影响原料药的物理性质，生产工艺变更对原料药质量的影响程度通常以变更是否在最后一步反应前来判断。

多数合成工艺中均涉及将原料药粗品溶解到合适的溶剂中，再通过结晶或沉淀来分离纯化，这一步操作与原料药的物理性质密切相关，因此，需研究变更前后原料药的物理性质是否等同。

如果研究结果证明，变更前后该步反应产物（或原料药）的杂质状况及原料药物理性质均等同，则说明变更前后原料药质量保持一致。如果研究结果显示变更前后原料药质量不完全一致，工艺变更对药品质量产生一定影响的，应视情况从安全性及有效性两个方面进行更加深入和全面的研究。

（三）工艺改进的主要途径

化学合成原料药的工艺改进是在系统研究了原有合成工艺的基础上，根据目标化合物的结构特性，拟定改进工艺，其途径主要如下。

1. 改进合成路线

药物合成往往需要多步反应才能达到目的，在此过程中，即使各单步反应的收率均较高，随着步骤的增多，反应的总收率也不会很理想。若能缩短或减少合成步骤，反应的收率将明显提高。消炎止痛药原料布洛芬的合成就是一个很好的例子。

布洛芬最初是由英国 BOOTS 集团公司（UK BOOTS GROUP LTD）研发的，该合成路线需 6 个步骤（图 4-1），起始原料异丁基苯经傅 – 克酰基化反应（Friedel-Crafts 反应）得对异丁基苯乙酮，再由氯乙酸乙酯经达参反应（Darzens 反应）生成 α ， β – 环氧羧酸酯， α ， β – 环氧羧酸酯经过脱羧反应，水解，生成不稳定的游离酸，失去二氧化碳成烯醇，再经酮 – 烯醇互变异构生成醛。醛与羟胺反应生成肟后转化为腈，并通过水解生成所需的羧酸。

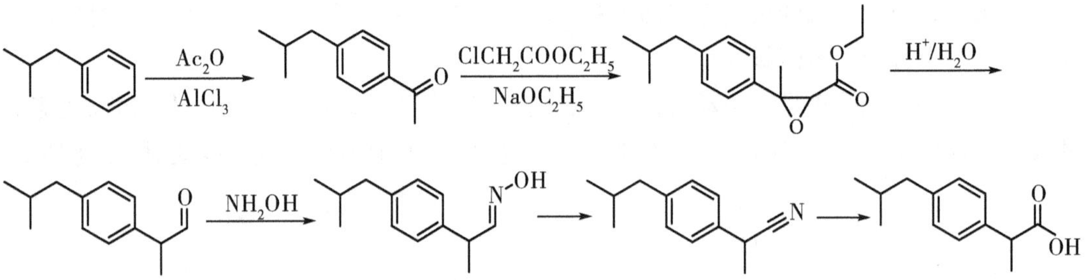

图 4-1　英国 BOOTS 公司研发的布洛芬合成路线

法国 BHC 公司对此合成路线进行了改进：仍以异丁基苯为起始原料，经过类似的酰基化反应后，以雷尼镍为催化剂还原生成醇，再以钯催化偶合进行羰基化反应得产物（图 4-2）。该合成路线因此获得了 1997 年的美国总统绿色化学挑战奖。

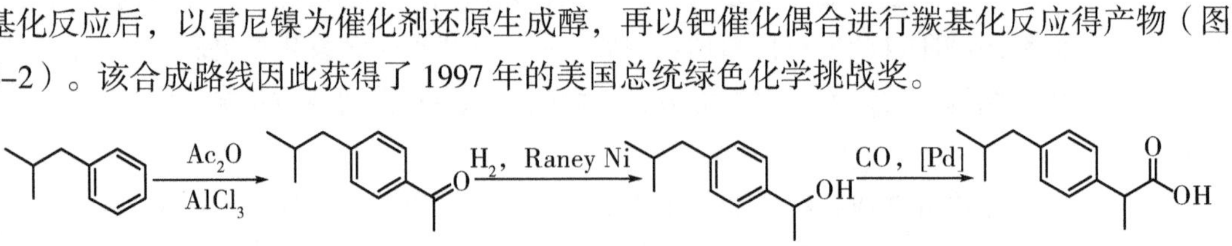

图 4-2　法国 BHC 公司研发的布洛芬合成路线

2. 优化工艺条件

工艺条件的优化主要是对化学反应条件的优化和分离纯化方法的优化，优化的最终目标始终是在优质、高产、低耗、环保的前提下生产出符合实际质量要求的原料药，并且保证工艺过程的稳定性和重现性。但影响工艺条件的因素非常复杂，各种合成工艺不能一概而论，在此只对常规工艺条件在改进时的基本思考方法作一简述。

（1）配料比

配料比是指参与反应的各物料之间物质的量的比例。通常物料量以摩尔为单位，则称物料的摩尔比。有机反应很少是按理论值定量完成的。这是由于有些反应是可逆的、动态平衡的，有些反应同时有平行或串联的副反应存在。因此，需要采取各种措施来提高产物的收率。合适的配料比，是提高产物收率的有效方法之一。

（2）反应温度

化学反应需要光和热的传输和转换，反应温度的选择控制是合成工艺改进研究的一个重要内容。温度对反应的影响表现在两方面，一方面影响反应的平衡移动，另一方面影响反应速率。吸热反应，高温有利于反应的进行；放热反应，低温有利于反应的进行，但即使是放热反应，也需要先加热到一定温度后才开始反应。

对大多数反应而言，反应速率随温度的升高而逐渐加快，这种影响情况根据大量实验数据总结得到了一个经验规则，即反应温度每升高 10 ℃，反应速率提高 1~2 倍。该规则称为范特霍夫规则。温度升高不仅加快主反应速率，同时也加快副反应速率，对可逆反应，温度升高，正逆反应的速率均增加。对不同反应过程的具体影响，通常遵循阿仑尼乌斯方程：

$$k = Ae^{-E/RT} \tag{4-1}$$

式中，k——反应速率常数；A——频率因子；E——反应活化能；R——气体常数；T——反应温度。

工艺改进过程中正是利用温度对不同活化能的反应速率的不同影响，正确选择控制反应温度，以加快主反应速率，增大目标产物收率，提高反应过程的效率。

粗略的温度考察可用类推法，即根据文献报道的类似反应的反应温度初步确定反应温度，然后根据反应物的空间位阻、电性情况等影响因素，进行设计和试验。如果是全新反应，可从室温开始，用薄层色谱法追踪发生的变化，若无反应发生，可逐步升温或延长时间；若反应过快或激烈，可以降温或控温使之缓和进行。

理想的反应温度是室温，但室温反应毕竟是极少数，而冷却和加热才是常见的反应条件。常用的冷却介质有冰/水（0 ℃）、冰/盐（-10~-15 ℃）、干冰/丙酮（-60~-50 ℃）和液氮（-196~-190 ℃）。从工业生产规模考虑，在 0 ℃或 0 ℃以下反应，需要冷冻设备。加热可使用电炉或电热套，也可通过水浴（0~100 ℃）、油浴（100~250 ℃）将反应温度恒定在某一温度范围。

（3）反应压力

压力对反应的影响多数情况与反应物的聚集状态有关。对于液相或液固相反应，压力的影响不大，一般是在常压下进行。而对于气相、气—固相或气—液相反应，压力直接影响了反应的平衡移动、速率及收率。

压力对于收率的影响，依赖于反应物与产物体积或分子数的变化，如果一个反应的结果使分子数增加，即体积增加，那么，加压对产物生成不利；反之，如果一个反应的结果使体积缩小，则加压对产物的生成有利；如果反应前后分子数没有变化，则压力对化学平衡无影响。

压力既影响化学平衡，又可影响其他因素，如催化氢化反应中加压能增加氢气在反应液中的溶解度和催化剂表面上氢的浓度，从而促进反应的进行。对需要较高反应温度的液相反应，当反应温度超过反应物或溶剂的沸点时，也可以在加压下进行，以提高反应温度，缩短反应时间。例如，磺胺嘧啶的合成中（图4-3），Vilsmerier试剂与磺胺脒的缩合反应是在甲醇中进行的，常压下反应，需要12 h才能完成；而在0.294 MPa压力下进行，2 h即可反应完全。

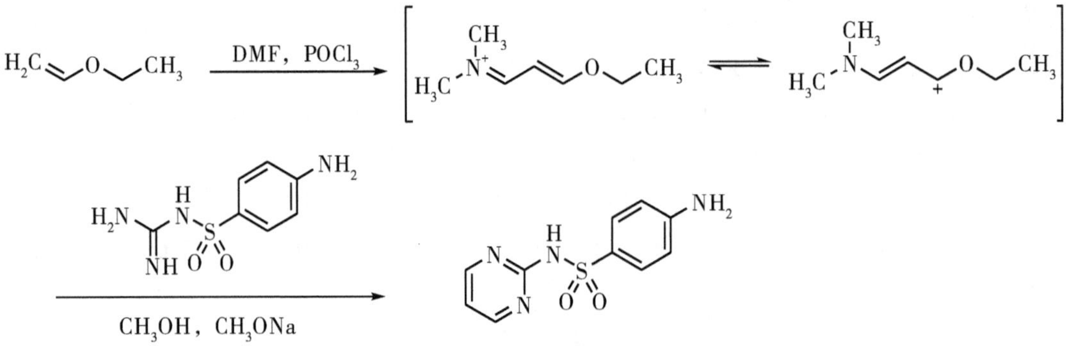

图 4-3 磺胺嘧啶的合成路线

在一定压力范围内，适当加压有利于反应的进行，但压力过高，动力消耗大，对设备要求高，且效果有限。

（4）反应时间与终点控制

反应物在一定条件下通过化学反应转变成产物，与化学反应时间有关。一方面，对于许多化学反应，反应完成后必须及时停止反应，并将产物立即从反应系统中分离出来。否则反应继续进行，可能使反应产物分解破坏，副产物增多或发生其他复杂变化，使收率降低，产品质量下降。另一方面，若反应未达到终点，过早地停止反应，也会导致类似的不良效果。同时还必须注意，反应时间与生产周期和劳动生产率有关。因此，对于每一个反应都必须掌握好它的进程，控制好反应终点，保证产品质量。

反应终点的控制，主要是控制主反应的完成。测定反应系统中是否尚有未反应的原料（或试剂），或其残存量是否达到规定的限度。在工艺研究中常用薄层色谱、气相色谱和高效液相色谱等方法来监测反应，也可用简易快速的化学或物理方法，如测定显色、沉淀、酸碱度、相对密度、折射率等手段进行反应终点的监测。

例如，由水杨酸制备阿司匹林的乙酰化反应，由氯乙酸钠制备氰乙酸钠的氰化反应，两个反应都是利用快速的化学测定法来确定反应终点的。前者测定反应系统中原料水杨酸的含量达到0.02%以下方可停止反应，后者是测定反应液中氰离子（CN^-）的含量在0.04%以下方为反应终点。又如重氮化反应，可利用淀粉-碘化钾试液（或试纸）来检查反应液中是否有过剩的亚硝酸存在以控制反应终点。也可根据化学反应现象、反应变化情况，以及反应产物的物理性质（如相对密度、溶解度、结晶形态和色泽等）来判定反应终点。在氯霉素合成中，成盐反应终点是根据 α – 溴代对硝基苯乙酮与成盐物在不同溶剂中的溶解度来判定的。在其缩合反应中，由于反应原料乙酰化物和缩合产物的结晶形态不同，可通过观察反应液中结晶的形态来确定反应终点。

3. 改进反应催化剂

催化剂是指能改变化学反应速率，而本身结构和质量在反应前后不发生永久性改变的物质。在原料药合成中有 80%~85% 的化学反应需要使用催化剂，大多数反应使用的催化剂是用于提高反应速率的，这类催化剂称为正催化剂，也有少数反应的催化剂用于减缓反应速率，这类催化剂称为负催化剂。

（1）均相催化反应和非均相催化反应

有催化剂参与的反应称为催化反应。根据反应物与催化剂的聚集状态分为均相催化反应和非均相催化反应。催化剂和反应物同处于一相，没有相界存在而进行的反应，称为均相催化反应，能起均相催化作用的催化剂为均相催化剂。均相催化剂以分子或离子独立起作用，活性中心均一，具有高活性和高选择性。反应物和催化剂不在同一相中的催化反应为非均相催化反应，所用催化剂为非均相催化剂，这类催化剂主要是固体催化剂，催化效率比均相催化剂低，但生成物与催化剂易分离，后处理工艺简单，催化剂能回收循环使用。

（2）催化剂的评价

催化剂的性能主要从 4 个方面评价，即活性、选择性、稳定性和寿命。催化剂的活性即是催化剂加速反应的能力，是催化作用大小的重要指标之一，通常用转化率和空时收率作为衡量指标。在一定条件下，催化反应的转化率或空时收率高，催化剂的活性好。空时收率是单位体积或质量的催化剂在单位时间内合成目标产物的质量，单位为 $kg \cdot m^{-3}h^{-1}$ 或 $kg \cdot kg^{-1}h^{-1}$，计算式为：

$$空时收率 = \frac{目标产物的质量}{催化剂体积（或质量） \times 时间} \qquad (4\text{-}2)$$

选择性反映了催化剂加快主反应速率的能力，是主反应在主、副反应的总量中所占的比例。催化剂的选择性越好，该催化剂加速主反应、抑制副反应的能力越强。

稳定性是催化剂在使用过程中，保持活性和选择性的能力，主要包括化学稳定性、热稳定性及在压力、搅拌、摩擦等外力作用下的力学稳定性。

寿命是从催化剂开始使用，直到经再生后也难以恢复活性为止的时间，寿命越长，催化剂的性能越好。

（3）影响催化剂的因素

温度对催化剂活性影响较大，温度太低时，催化剂的活性小，反应速率很慢；随着温度升高，反应速率逐渐增大；但达到最大速率后，又开始降低。绝大多数催化剂都有活性温度范围，温度过高，易使催化剂烧结而破坏活性，最适宜的温度要通过实验确定。

助催化剂是影响催化剂活性的另一因素。在制备催化剂时，往往加入某种少量物质（一般少于催化剂量的 10%），这种物质能显著地提高催化剂的活性、稳定性或选择性。例如，苯甲醛在铂催化下氢化生成苯甲醇的反应中，加入微量氯化铁可显著加速反应。

在固体催化剂的制备过程中，常把催化剂负载于某种惰性物质上，这种惰性物质称为载体。常用的载体有石棉、活性炭、硅藻土、氧化铝、硅胶等。例如，对硝基乙苯用空气氧化制备对硝基苯乙酮，所用催化剂为硬脂酸钴，载体为碳酸钙。载体的作用是分散催化剂，增大有效面积，以此提高催化剂的活性，增加催化剂的机械强度，防止其活性组分在高温下发生熔结现象，延长使用寿命。

催化毒物是对催化剂的活性有抑制作用的物质。这些物质有的来源于反应物中的杂物，如硫、磷、砷、硫化氢、砷化氢、磷化氢、一氧化碳、二氧化碳、水等，有的是反应中的生成物或分解物。有些催化剂对于毒物非常敏感，微量的催化毒物即可使催化剂的活性减小甚至消失。在使用时应注意避免。

催化剂能加快反应的进行，但无法改变化学平衡的移动，对原本无法进行的反应，催化剂同样无能为力。

三、实用案例

硝酸依柏康唑的合成工艺改进

1. 传统工艺分析

硝酸依柏康唑，化学名称为 1-（2, 4- 二氯 -10, 11- 二氢 -5H- 二苯并 [a, d] 环庚烯 -5- 基）咪唑硝酸盐，是由西班牙凯西（Chiesi）制药公司研制，之后授权 Dr Reddys Laboratories 公司共同开发的新型抗真菌感染药物。该药物是一种对皮肤浅部真菌病、念珠菌病和糠疹治疗有效的外用广谱咪唑类衍生物。以往研究显示，硝酸依柏康唑治疗皮肤浅部真菌病比克霉唑、咪康唑更为有效。

在硝酸依柏康唑的合成过程中，中间体 2, 4- 二氯 -10, 11- 二氢 -5H- 二苯并 [a, d] 环庚烯 -5- 酮的制备是关键。目前，文献报道的合成方法主要有以下 3 种：

① 以邻甲基苯甲酸甲酯为起始原料，先进行溴代，再进行磷叶立德制备、Wittig 反应，然后经过水解、还原和环合等 6 步反应得到 2, 4- 二氯 -10, 11- 二氢 -5H- 二苯并 [a, d] 环庚烯 -5- 酮（图 1）。

图 1　硝酸依柏康唑关键中间体合成路线 1

② 以 3，5-二氯苄醇为起始原料，经过溴代反应，再与亚磷酸三乙酯制备磷叶立德，后经 Wittig 反应、还原、水解和环合等 6 步反应得到 2，4-二氯 -10，11-二氢 -5H-二苯并 [a，d] 环庚烯 -5- 酮（图 2）。

图 2　硝酸依柏康唑关键中间体合成路线 2

③ 以 3，5-二氯溴苄为原料，经磷叶立德制备、Wittig 反应、还原、水解、氯化和环合等 6 步反应得到 2，4-二氯 -10，11-二氢 -5H-二苯并 [a，d] 环庚烯 -5- 酮（图 3）。

图 3　硝酸依柏康唑关键中间体合成路线 3

综合分析以上 3 种方法，在制备硝酸依柏康唑的关键中间体 2，4- 二氯 -10，11- 二氢 -5H- 二苯并 [a，d] 环庚烯 -5- 酮的工艺中，存在的主要问题是，3 种工艺都经过了一个磷叶立德的制备及 Wittig 反应的过程，虽然这是一个经典的反应，但是制备磷叶立德的溴化苄类物质成本较高，且具有较强的刺激性，同时在 Wittig 反应过程中会产生大量的有机磷废弃物，增加了中间体提纯的难度和对环境的影响。此外这 3 种路线的共同的特点是路线都较长，总收率低，原子利用率低，后处理操作复杂。

2. 合成工艺改进

（1）合成路线改进

针对硝酸依柏康唑的传统合成工艺当中的主要问题，采用邻苯二甲酸酐和 3，5- 二氯苯乙酸为起始原料，采用离子液体（如 1- 十六烷基 -3- 甲基咪唑溴盐）作为反应介质，得到中间体 3-（3，5- 二氯苄叉）异苯并呋喃 -1（3H）- 酮（中间体 2）。得到的中间体 2 经高压催化氢化得到 2-（3，5- 二氯苯乙基）- 苯甲酸（中间体 3）。然后，在熔融三氯化铝、离子液体或聚磷酸中环合得到关键中间体 2，4- 二氯 -10，11- 二氢 -5H- 二苯并 [a，d] 环庚烯 -5- 酮（中间体 4），中间体 4 经还原、氯化、N- 烃基化、成硝酸盐 4 步反应得到硝酸依柏康唑。合成工艺路线如图 4 所示。

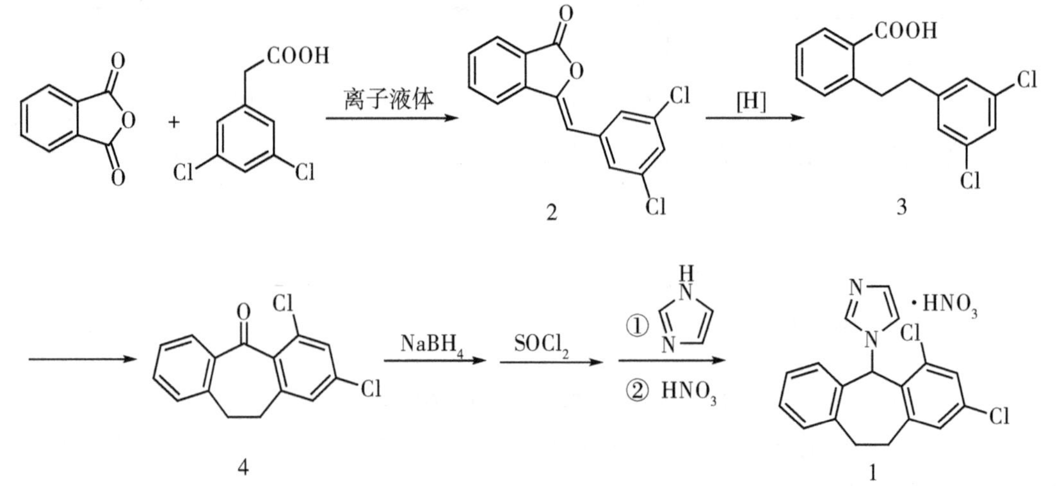

图 4　硝酸依柏康唑合成路线改进

（2）具体操作过程

1）中间体 2 的制备

将 12.8 g 邻苯二甲酸酐和 20.5 g 3，5- 二氯苯乙酸与 1.94 g 1- 十六烷基 -3- 甲基咪唑溴盐充分混合后，加入到反应瓶中，缓慢加热至 180 ℃，反应 5 h，反应结束后，将反应液放出，加入冰水中，加乙酸乙酯萃取，分液，有机层减压蒸除溶剂，得到 21.3 g 白色固体，收率为 82.4%。

2）中间体 3 的制备

将 14.5 g 3-（3，5- 二氯苄叉）异苯并呋喃 -1（3H）- 酮加入到 200 mL 乙醇中，

通氮气置换 3 次，向上述混合物中加入 0.72 g 10% 钯碳，加热至 50 ℃，持续通氢气，保持压力在 0.2 MPa，反应 8 h，反应结束后，过滤除去钯碳，滤液减压蒸除乙醇，得到的固体用 50% 乙醇重结晶，得到 9.5 g 2-（3，5-二氯苯乙基）苯甲酸，收率为 61.9%。

3）中间体 4 的制备

将 16.0 g 多聚磷酸加热至 120 ℃，缓慢加入 4.8 g 2-（3，5-二氯苯乙基）苯甲酸，升温至 160 ℃，保温反应 5 h，将反应液倒入 100 mL 冰水混合物中，然后用二氯甲烷萃取，碱洗，无水硫酸钠干燥，旋蒸除去二氯甲烷，得到 4.2 g 淡黄色固体，收率为 93.8%。

4）硝酸依柏康唑（化合物 1）的制备

将 4.2 g 中间体 4 加入到 30 mL 乙醇中，缓慢滴加 0.86 g NaBH$_4$ 水溶液，TLC 跟踪反应终点，反应 3 h。反应结束，减压蒸除乙醇，加入 30 mL 二氯甲烷萃取，无水硫酸钠干燥，过滤。向反应液中缓慢滴加 2.2 mL 氯化亚砜，加热回流反应 3 h，减压蒸除二氯甲烷和过量的氯化亚砜，加入少量环己烷带出残留的氯化亚砜。将残留物溶于 10 mL DMF，加入 2.0 g 咪唑，回流反应 5 h。反应结束后，减压蒸除 DMF，残留物用二氯甲烷萃取，水洗，无水硫酸钠干燥，蒸出溶剂，残留物溶于混合溶剂（$V_{异丙醇}$: $V_{异丙醚}$ = 1 : 2），滴加稀硝酸至 pH=2，有固体析出，过滤，异丙醇洗涤，干燥，得 4.3 g 白色固体，收率为 72.1%。

该合成工艺方法缩短了硝酸依柏康唑的合成路线，提高了总收率，且避免经过磷叶立德的制备及 Wittig 反应的过程，提高了原子利用率，不产生有机磷废弃物，更适合于工业化生产。

合成 3-N，N'- 二乙基 -4- 甲氧基乙酸苯胺工艺改进

本产品由 3- 氨基 -4- 甲氧基乙酰苯胺与溴乙烷进行 N- 烷基化反应得到，反应方程式如下：

原来的合成工艺是：以乙醇或者甲醇作为溶剂，以 MgO 为缚酸剂。在反应釜里加入原料后，升温到 80 ℃左右，反应 4~5 h，过滤除去固体（没反应完的 MgO 和生成的 MgBr$_2$），蒸馏回收大部分溶剂，最后加水析出产品，过滤，烘干，得产品，收率为 90%~92%。

分析原工艺可考虑的问题有以下几点：

① 本工艺为什么要以乙醇或甲醇作为溶剂？不用水作反应溶剂？根据所学知识，你认为应该选择用甲醇还是乙醇，各有什么优缺点？

② 这里 MgO 起什么作用？是否可用其他物质代替？

③ 水析的原理是什么？在水析的过程中要注意什么问题？如何操作较合理？还可以采用什么方法分离出产品？

④ 本工艺过程中有哪些可能的副反应？工艺设计是如何克服的？

⑤ 产品质量中最可能存在的问题有哪些？如何保证产品质量？

⑥ 反应的投料中原料配比应当是多少较合适？为什么？

本工艺存在的突出问题：一是用溶剂，带来生产安全与成本问题；二是产品质量问题，灰分（即高温焙烧后残渣的含量，通常是无机物）含量较高。为此要设计一个新的工艺改进这些缺点。

1. 分析旧工艺

① 酰胺基在碱性、酸性条件下都易水解，且温度越高越易水解；溴乙烷在碱性条件下也易水解。反应式如下：

$$-NHCOCH_3 + H_2O \longrightarrow -NH_2 + CH_3COOH$$
$$C_2H_5Br + H_2O \longrightarrow C_2H_5OH + Br^-$$

因此，减少水的存在有利于减少上述副反应而提高收率。另外，原料和产物都不溶于水，而溶于乙醇，若用水作反应介质，会导致"包囊"现象（固体原料外层起反应后生成固体产品，从而把一些原料包住使反应不能继续进行，反应不能完成的现象）影响反应。而用醇就不会产生这种现象，使反应顺利进行。

甲醇和乙醇从溶解性能来说对此反应相差不大，但从其他方面来说就有较大差别，包括价格、安全性、能耗等。乙醇价格较高，但安全性相对较好，回收能耗较高。由于成本相差较大，一般用甲醇较多。

② MgO 起到缚酸剂的作用，这是因为在溴乙烷胺解的过程中产生酸 HBr，若不中和掉，一方面会使酰胺键分解，另一方面会与氨基形成胺盐使氨基活性下降，反应不能进行。凡是碱都可以起到缚酸剂的作用，但要考虑到两点：一是碱性要合适，不能过强，使酰胺键分解；二是在酸中有一定的溶解性，使反应顺利进行。

③ 水析的原理是：产品溶于醇而不溶于水，在产品的醇溶液中加水后产品的溶解性变小而析出分离。在水析过程中要注意加料的顺序与速度，否则容易产生"包囊"现象或使晶形变差，使产品质量及吸收率下降（为什么？另外考虑，应当是产品的醇溶液加到水中还是水加到醇溶液中？）。本产品还可以采用结晶工艺得到，但产品质量较差，因为 MgO，MgBr$_2$ 在醇中都有一定的溶解性，在结晶过程中也会析出，导致产品的灰分含量很高，因此一般采用水析法，但同时导致了大量废水的产生。

④ 本工艺过程中可能产生的副反应有酰胺基水解、溴乙烷水解，工艺中采用避免水的存在及使用酸碱性合适的缚酸剂以减少副反应。

⑤ 产品质量可能存在的问题：一是烷基化不彻底，含有一烷基化产物或原料；二是酰胺基水解系列副产物，即酰胺基水解生成的胺，胺再乙基化等的产物；灰分（因为 MgO 微溶于水，水析时醇溶解的 MgO 析出混到产品中）。

⑥反应中投料比为 3- 氨基 -4- 甲氧基乙酰苯胺：溴乙烷 =1 ：（2.05~2.4）（mol），MgO 比溴乙烷的 1/2 多 5% 左右。原因有以下几点：

一是原料中 3- 氨基 -4- 甲氧基乙酰苯胺价格最高，尽可能多地转化，产品成本才可能低。

二是溴乙烷、MgO 易与产品分离，而 3- 氨基 -4- 甲氧基乙酰苯胺及一烷基化产物难以与产物分离，但是从产品质量考虑必须要转化完全，因此溴乙烷要过量，但过量太多没必要。

三是虽然用溶剂，但不可避免地会有一定量的水存在，因此溴乙烷会部分水解，会消耗一部分。

四是若 MgO 质量稍有问题则会导致体系呈酸性，副反应会大大增加；而且工业溴乙烷往往含有少量水，为保证体系稳定，MgO 要稍微过量，但过量太多会使产品灰分大大增加，反而影响产品质量。溶剂量要合适，过少反应不好，过多能耗大、溶剂损失大。

2. 提出新工艺

根据前面的分析，如何设计工艺以水作为反应介质完成反应？其中主要的问题是要避免水解、"包囊"等对反应不利的现象。同时原料 3- 氨基 -4- 甲氧基乙酰苯胺和溴乙烷都不溶于水，如何能使反应很好地进行？首先要了解一些基础知识：

① 在此反应体系中副反应主要是水解，有 3 种：原料 3- 氨基 -4- 甲氧基乙酰苯胺的水解、产品的水解、溴乙烷的水解，经试验表明，在 80 ℃以下 pH 5~9 上述几种物质水解都较慢，因此只要反应在此条件下进行就有可能控制好副反应。

② 原料 3- 氨基 -4- 甲氧基乙酰苯胺、产品、溴乙烷都不溶于水，但产品在 pH 5~6 可形成铵盐，溶解性很好，而 3- 氨基 -4- 甲氧基乙酰苯胺及产品形成的铵盐溶于水，它们可起到相转移催化剂的作用，使溴乙烷在水中很好地分散。

③ 在碱性条件下反应比较快，在酸性条件下比较慢。

根据上述分析可知，问题的关键是如何控制反应体系的 pH，使反应前期 pH 可高达 8~9，后期为 5~5.5，这样就可解决上述可能存在的问题。如何设计反应体系使整个反应过程的 pH 如此变化呢？可以考虑用缓冲溶液，如用乙酸钠。由于工业溴乙烷原来有一定的酸性，在体系中加入乙酸钠后自然就会形成缓冲溶液。乙酸钠加多少可以控制体系的 pH 为 5~8 呢？可以根据化学平衡的原理计算。

假设 2 m³ 反应釜投水 1 m³，原料 3- 氨基 -4- 甲氧基乙酰苯胺 360 kg（2 kmol），加溴乙烷要稍过量，为 4.3 kmol，应当加多少乙酸钠（NaAc）？根据 pH 计算公式得出加 NaAc 3.6 kmol。

实际反应过程是：在投料完成后体系是混浊的，升到反应温度保持一定时间后体系慢慢变为澄清溶液，此时反应基本完成，在保温 1~2 h，取样 HPLC 分析合格后，再降到一定温度，然后滴加碱进行中和，析出、离心、烘干，就得到产品。要注意，若有较多溴乙烷，往往有结块现象，使产品质量下降。

此工艺相对于醇溶剂法工艺的好处有以下几点：

① 同样的反应釜投料量增加，生产能力提高近 50%。

② 收率从 92% 左右提高到 95%~96%。

③ 原来要用不锈钢压力釜保压反应，还带来设备的腐蚀问题（卤素离子对不锈钢腐蚀比较严重），现在只需要搪瓷锅即可。

④ 原来是非均相反应，设备体积不能太大，一般不能超过 2 m³，现在变成准均相反应（中后期是均相），设备可增大到 5 m³ 以上，生产能力大大提高。

⑤ 不用溶剂，安全，生产成本很低。

四、展示及评价

（一）项目展示

① 制定的"苯妥英钠合成工艺改进方案"。

② 汇报"苯妥英钠合成工艺改进方案"。

（二）项目评价依据

① 工艺改进方案内容完整性；

② 工艺方案改进的科学性与可行性；

③ 操作步骤的合理性、准确性；

④ 方案讲解流畅程度，对工艺改进方案中的原理及流程的理解程度，讲解的熟练程度与准确性。

（三）考核方案

1. 教师评价表（表 4-1）

表 4-1　苯妥英钠合成工艺改进方案教师评价表

	考核内容	权重 / %	成绩	存在的问题
项目方案制定	查阅苯妥英钠合成文献的准确性和完整性	10		
	制定、讲解苯妥英钠合成工艺改进方案设计的依据、可行性情况	15		
	各步反应原理的掌握情况	25		
	讨论、调整、确定苯妥英钠合成工艺改进方案情况	10		
	工艺改进方案撰写的准确性、完整性，问题的讨论与归纳	10		
职业能力与素养	文献查阅能力	5		
	归纳总结文献的能力	5		
	撰写方案的能力	5		
	语言表达能力	5		
	自主学习、创新能力	5		
	团结合作、沟通能力	5		
总分		100		
评分人签名				

2. 学生评价表（表4-2）

表4-2 苯妥英钠合成工艺改进方案学生评价表

	考核内容	权重 / %	成绩	存在的问题
项目资料	学习态度是否主动，是否能及时完成教师布置的任务	10		
	是否能熟练利用期刊书籍、数据库、网络查询苯妥英钠合成的相关资料	20		
	收集的有关学习信息和资料是否完整	15		
	能否根据学习资料对苯妥英钠合成工艺改进项目进行合理分析，对所制定的改进方案进行可行性分析	20		
	是否积极参与各种讨论，并能清晰地表达自己的观点	10		
	是否能够掌握所需知识技能，并进行正确的归纳总结	15		
	是否能够与团队密切合作，并采纳别人的意见、建议	10		
总分		100		
评分人签名				

注：学生评价表用于学生自评和小组互评。

3. 成绩计算

本项任务考核成绩 = 教师评价成绩 × 50% + 学生自评成绩 × 20% + 小组互评成绩 × 30%。

任务二 苯妥英钠合成工艺改进试验

一、布置任务

（一）实训操作

按照制定的苯妥英钠合成工艺改进试验方案，在实训室进行苯妥英钠合成。

（二）完善方案

根据工艺改进试验结果完善苯妥英钠合成工艺改进方案。

二、知识准备

（一）单因素试验优化法

单因素试验优化法是指用尽可能少的试验次数尽快地找到某一因素的最优值，它主要用于只有一个因素影响结果的试验。根据其数学原理的不同，又可分为对分法、黄金分割法、分数法和分批试验法等，这些不同的方法可根据工艺优化具体情况进行选择。

1. 对分法

如果每做一次试验，就可以根据试验结果决定下一次试验的方向，这时可用对分法，对分法是优选法中最简单的一种。其具体做法是：每次试验点都取在试验范围的中点，即中点取点法。根据试验结果，如下次试验在高处（取值大些），就把此试验点（中点）以下的一半范围划去；如下次试验在低处（取值小些），就把此试验点（中点）以上的一半范围划去，重复上面的试验，直到找到一个满意的试验点。

对分法是单因素优选法中运用最方便的一种，一次试验就能把试验方位缩小一半，但它只适用于预先已了解所考察因素对指标的影响规律，能从一个试验的结果直接分析出该因素的值是取大了还是取小了，即每做一次试验，根据结果就可确定下次试验的方向，这限制了对分法的应用。

2. 黄金分割法

在设计优化方案时，最常遇到的是只知道在试验范围内有一个最优点，再大些或再小些试验效果都差，而且距最优点越远试验效果就越差，这种情况称为单峰函数。对于一般的单峰函数，对分法不适用，必须采用黄金分割法或分数法。黄金分割法优化试验步骤如下：

① 确定试验范围。在一般情况下，可通过预实验或其他信息，确定试验范围 [a，b]。

② 选试验点。这一点与前述对分法的不同处在于它是按 0.618、0.382 的特殊位置定点的，一次可得到两个试验点 $x1$、$x2$ 的试验结果。

③ "留好去坏"。根据"留好去坏"的原则对试验结果进行比较，留下好点，从坏点处将试验范围去掉，从而缩小试验范围。

④ 找出最佳点。在新试验范围内按 0.618、0.382 的特殊位置再次安排试验点，重复上述过程，直至得到满意结果，找出最佳点。

3. 分数法

分数法又称斐波那契搜索法，基本思想和黄金分割法是一致的，也是适合单峰函数的方法。其主要不同点是：黄金分割法每次都按同一比例常数 0.618 来缩短区间，而分数法每次都是按不同的比例来缩短区间的，即按斐波那契数列 $\{F_n\}$ 产生的分数序列 $\{G_n\}$ 为比例来缩短区间的，并要求预先给出试验总次数。斐波那契数列 $\{F_n\}$ 为：

$$\begin{cases} F_0 = F_1 = 1 \\ F_{n+1} = F_n + F_{n-1} \quad (n \geqslant 2) \end{cases}$$

这个整数序列写出来就是：

1，1，2，3，5，8，13，21，34，……

这个数列的前后两项的比为一分数数列 $\{G_n\} = \left\{ \dfrac{F_n}{F_{n+1}} \right\}$：

$1，\dfrac{1}{2}，\dfrac{2}{3}，\dfrac{3}{5}，\dfrac{5}{8}，\dfrac{8}{13}，\dfrac{13}{21}，\dfrac{21}{34}，……$

当 $n \to \infty$ 时, $\left\{\dfrac{F_n}{F_{n+1}}\right\} \to 0.618$，因此数列 $\{G_n\}$ 中任一个分数都可作为 0.618 的近似数。

使用分数法优化的一般步骤如下：

① 根据试验范围确定试验总次数。如果试验范围有 K 个等级，则从数列中 $\{G_n\}$ 找到不小于 K 的最小分母相应的 G_n，则试验次数等于 n。

② 第一次试验点取在 G_n 的分子上。

③ 以后按 0.618 法找对称点，继续试验。

4. 分批试验法

前面所介绍的对分法、黄金分割法、分数法有一个共同的特点，就是必须根据前一次试验的结果才能安排后面的试验。这样安排试验的方法，其优点是总的试验次数很少，但缺点是试验只能一个个做，试验的时间累加起来可能较长，无法在较短时间完成全部试验，并得出结论。

与此相反，也可以把所有可能的试验同时都安排下去，根据试验结果找出最好点，这种方法称为分批实验法。例如，把试验范围平分为若干份，在每个分点上同时做试验。很显然，它的好处是试验总时间短，但却是以多做试验为代价的。当某项试验要求在最短的时间内得出结论，而每个试验的代价不大，又有足够数量的设备时，这种方法是可行的。

（二）正交试验优化法

一般来说，解决多因素问题比单因素问题复杂一些。因为在众多因素中，有的对试验结果影响大，有的影响小，有的是单独起作用，有的则是与别的因素联合起作用（通常称为交互作用）。所以，多因素试验的任务，就不仅要搞清楚每个因素对结果的影响情况，而且要分清诸因素中谁主谁次，要弄清它们之间的关系，在这个基础上，才能选出对产品的产量、质量指标有利的生产条件。正交试验优化法是以概率论与数理统计专业技术知识和实践经验为基础，充分利用标准化的正交表来安排优化方案，并对试验结果进行计算分析，最终达到减少试验次数，缩短试验周期，迅速找到优化方案的一种科学计算方法，它是一种解决多因素试验问题非常有成效的数学方法。

1. 正交试验设计中的有关概念

（1）常用术语

在正交表的选择与应用过程中，需用到指标、因素、水平等术语，下面逐一介绍。

① 指标。是指试验中需要考察效果的特性值。指标与试验目的是相对应的，例如，试验目的是提高产量，则产量就是试验要考察的指标；如果试验目的是降低成本，则成本就成了试验要考察的指标。总之，试验目的多种多样，而对应的指标也各不相同。

指标一般分为定量指标（如强度、硬度、产量、出品率、成本）和定性指标（如颜色、口感、光泽），正交试验需要通过量化指标以提高可比性，通常把定性指标通过评分定级等方法转化为定量指标。按考核指标的个数，试验可分为单指标试验和多指标试验。

例如，白地霉核酸的生产工艺试验，目的是提高核酸的收率。考察的指标有两个，即核酸泥纯度和纯核酸回收率。这样，最终的试验结果就应当由这两项指标的综合评价结果来决定。

② 因素（也称因子）。是考察试验中指标可能有影响的原因或要素，它是试验当中的重点考察内容，通常用大写字母 A、B、C 等来表示，一个字母表示一个因素。因素又分为可控因素和不可控因素。可控因素指在现有科学技术条件下，能人为控制调节的因素；不可控因素指在现有科学技术条件下，暂时还无法控制和调节的因素。正交试验中，首先要选择可控因素并列入试验当中，而对不可控因素，要尽量保持一致，即在每个方案中，要对试验指标可能有影响的不可控因素，尽量保持相同状态。这样，在进行试验结果数据的处理过程中就可以忽略不可控因素对试验造成的影响。

③ 水平（也称位级）。是试验中选定的因素所处的状态或条件。例如，加热温度为70 ℃、80 ℃、90 ℃这 3 个状态，就是 3 个位级，可分别用"1""2""3"来表示。

在正交实验中，确定好因素的位级是十分重要的，在选取位级时考虑的原则一般是：因素应多定，若亦有一定经验，掌握部分文献或资料，就可在小范围内选取位级，若对某实验一无所知，就应在大范围内定位级，以免遗漏试验中的好条件。

（2）基本工具

正交法的基本工具是正交表。它是一种依据数据整理统计原理而制定的具有某种数字性质的标准化表格，用 $L_n(t^c)$ 表示。L 为正交表的代号，n 为试验总次数，即正交表中的行；t 为位级数也称水平数，c 为安排的因素个数，即正交表中的列数。以 $L_4(2^3)$ 正交表（表 4-3）为例，其图解如下（图 4-4）：

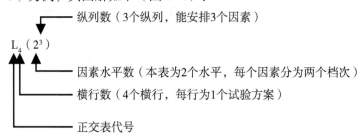

图 4-4　$L_4(2^3)$ 图解

从表 4-3 来看，该正交表是一个 3 列 4 行的矩阵，每 1 个因素占用 1 列，该表最多能考察 3 个因素，每个因素分为 2 个水平，共有 4 个横行，也就是有 4 个试验方案，每 1 行是 1 个方案。假若用 A 因素占第 1 列，B 因素占第 2 列，C 因素占第 3 列，则 1 号方案为 $A_1B_1C_1$，2 号方案为 $A_1B_2C_2$，3 号方案为 $A_2B_1C_2$，4 号方案为 $A_2B_2C_1$。

表4-3 三因素二水平正交表 L_4 (2^3)

试验号	列号		
	1	2	3
1	1	1	1
2	1	2	2
3	2	1	2
4	2	2	1

再以 L_9 (3^4) 正交表（表4-4）为例， L_9 (3^4) 表为4列9行的矩阵，即该表最多可安排4个因素，共有9个试验方案，每个因素分为3个水平，即每个纵列只有1、2、3这3个数码。

表4-4 四因素三水平正交表 L_9 (3^4)

试验号	列号			
	1	2	3	4
1	1	1	1	1
2	1	2	2	2
3	1	3	3	3
4	2	1	2	3
5	2	2	3	1
6	2	3	1	2
7	3	1	3	2
8	3	2	1	3
9	3	3	2	1

通过认真分析这两个正交表，可以发现，每1个纵列中，各种数码出现次数相同。在 L_4 (2^3) 表中，每列"1"出现2次，"2"出现2次。在 L_9 (3^4) 表中，"1""2""3"各出现3次。正交表中，任意2列，每1行组成1个数字对，有多少行就有多少个这样的数字对，这些数字对是完全有序的，各种数字对出现的次数必须相同，正交表必须满足以上两个特性，有一条不满足，就不是正交表。例如， L_9 (3^4) 正交表，任意2列各行组成的数字对分别为：（1，1）、（1，2）、（1，3）、（2，1）、（2，2）、（2，3）、（3，1）、（3，2）、（3，3），共9种，每种出现一次，且完全有序。

正交表通常分为两类，一类是各个因素的位级数都相等的正交表，称为同位级正交表，如 L_4 (2^3)、 L_9 (3^4)。另一类是某些因素的位级相等，而另一些因素的位级数和它们不等的正交表，称为混合位级正交表，如 L_8 ($4×2^4$)（表4-5），表示共做8次试验，此表的5列中，安排了5个因子，有1列为4个位级（即1个因子有4个位级），4列为2个位级（即其余4个因子均为2个位级），位级数不同。

表 4-5　混合位级正交表 L_8（4×2^4）

试验号	列号				
	1	2	3	4	5
1	1	1	1	1	1
2	1	2	2	2	2
3	2	1	1	2	2
4	2	2	2	1	1
5	3	1	2	1	2
6	3	2	1	2	1
7	4	1	2	2	1
8	4	2	1	1	2

2. 正交优化试验方案设计步骤

设计好正交优化试验方案是发挥正交试验优越性的首要环节，只有掌握好它的设计步骤，才能使优化方案正确、科学，达到预期的效果。正交优化试验方案设计步骤如下。

（1）确定试验指标

试验设计前必须明确试验目的，即本次试验要解决什么问题。试验目的确定后，对试验结果如何衡量，即需要确定出试验指标，试验指标一般为定量指标。为了便于试验结果的分析，定性指标也可按相关的标准打分或用模糊数学处理进行数量化，将定性指标定量化。

（2）列出因素位级表

根据专业知识及以往的研究经验，从影响试验指标的诸多因素中，通过因果分析筛选出需要考察的试验因素。一般确定试验因素时，应以对试验指标影响大的因素、尚未考察过的因素、尚未完全掌握其规律的因素为先。试验因素选定后，根据所掌握的信息资料和相关知识，确定每个因素的水平，一般以 2~4 个水平为宜。对主要考察的试验因素，可以多取水平，但不宜过多（≤6），否则实验次数骤增。因素的水平间距，应根据专业知识和已有的资料，尽可能把水平值取在理想区域。

（3）选择正交表

正交表的选择是试验设计的首要问题。正交表选得太小，实验因素可能安排不下；正交表选得过大，实验次数增多，不经济。正交表的选择原则如下：

① 先按位级选表。如果所有因素都有相同的位级数，应选同位级正交表。如果有若干个因素需要重点考察，则这些因素应多设位级，非重点因素少设位级，此时就应选用混合位级正交表。

② 根据试验特点要求选表。试验特点要求一般指时间、经费、设备、技术力量和对结果的精确要求等，同样位级数的试验可以选用不同的正交表，如 L_9（3^4）和 L_{27}（3^{13}）

都适用于 3 位级数的试验，这时主要根据因素的数量来决定，因素的数量应当小于或等于正交表的列数。

（4）设计表头

设计表头是指将实验因素和交互作用合理地安排到所选正交表的各列中去。若试验因素间无交互作用，各因素可以任意安排；若要考察因素间有交互作用，各因素应按相对应的正交表的交互作用列表来进行安排，以防止设计"混杂"。

（5）编制试验方案

根据正交表获取各试验方案的具体条件。

3. 正交试验优化法的数据处理

用正交表安排试验，通过少量试验可以找到较好条件，这只是正交试验优越性的一个方面。通过正交实验所得数据的分析，还可以确定关键因素、重要因素、一般因素和次要因素，确定各因素的可能最优位级，从而探寻出更优试验条件。

对试验结果的分析，常用直接观察法、一般计算分析法和位级趋势考察法。无论同位级正交试验，还是混合位级正交实验，其分析原理、步骤、数据处理方法和评价原则都是基本相同的。

（1）直接观察法

直接观察法指对试验结果不进行计算而直接根据观察试验结果来确定较好试验条件的方法。由直接观察法得到的最好方案称为较优方案。

一般情况下，直接观察法选出的方案可以直接用于指导科研、生产，但不是最优方案。

（2）一般计算分析法

指运用简单的数学运算对试验结果进行分析的方法。因为这种方法简单实用，不仅可以对每个因素的重要性做出定量化评估，而且还可以帮助寻找到可能存在的最优方案，所以是常用的分析方法。步骤如下：

①计算各因素每个位级的转化率之和（分别记为 K_1、K_2、K_3）及平均值。

②计算每列平均值的极差 R，即最大平均值与最小平均值之差。

③分析因素主次和各因素对产品收率影响的规律。在许多因素中，可根据极差的相对大小来划分关键因素、重要因素、一般因素和次要因素。通常极差最大的因素就是关键因素，其次是重要因素，极差最小的是次要因素，其余就是一般因素。从表中数据可以看出 3 个因素的主次关系为：关键因素 A →一般因素 C →次要因素 B。

极差的大小反映了每个因素作用的大小。极差大，说明该因素是活泼的，它的变化对结果影响大；极差小，说明该因素的变化对结果影响小。关键因素和重要因素的微小变化会导致试验结果有较大差异，在试验中要注意对它们进行考察，准确掌握它们的位级量。

④寻找最优试验方案。可能的最优方案是指在已考察的各因素的位级中，优秀位级组合成的试验方案。而优秀位级是指导致结果之和最好的位级。

（3）位级趋势考察法

寻找可能更优方案，通过分析位级与结果之间的内在联系，探寻在试验中并没有选取而可能存在的更好位级，从而找到可能存在的更优秀的试验方案（简称"更优方案"）。

考察位级趋势需要画趋势图，其方法是用因素的位级作横坐标，相应的位级之和作纵坐标，在图中画出相应的点，再用直线将它们一次连接，就形成了位级趋势图。需要注意的是对定量的位级要按位级量递增或递减顺序画图。

需要说明的是，只有3位级以上的因素才能考察位级趋势，2位级不能进行考察。因此，为了发挥正交试验设计的优势，应尽可能选用2位级以上的正交表来进行正交试验。

经周密设计和正确操作的正交试验，能很好地优化试验条件，但正交试验结论只适用于该轮试验所取因素和位级的试验范围，不能盲目外推。

三、实用案例

乙苯合成工艺优化

合成乙苯主要采用乙烯与苯发生烷基化反应的方法，为了因地制宜，对于没有石油乙烯的地区，开发了乙醇与苯在分子筛催化下一步合成乙苯的新工艺。反应式如下：

$$C_6H_6+C_2H_5OH \rightarrow C_6H_5C_2H_5+H_2O$$

对该合成路线筛选了多种催化剂，其中效果较好的一种催化剂的最佳反应温度，就是通过试验用黄金分割法找出的，其具体方法如下。

1. 确定试验范围

通过试验初步确定反应温度为340~420 ℃。保持其他反应条件不变的情况下，苯的转化率 X 见表1。

表1　不同温度下苯的转化率

反应温度 /℃	苯的转化率 /%
340	10.98
420	15.13

2. 选择试验点

第一个试验点位置是：（420-340）×0.618+340=389.4 ℃，选用390 ℃；第二个试验点的位置是：（420-340）×0.382+340=370 ℃。

3. 留好去坏，缩小试验范围

分别在370 ℃和390 ℃下进行试验，得出390 ℃下苯的转化率 X_1 为16.5%，370 ℃下苯的转化率 X_2 为15.4%。比较两个试验点的结果，因390 ℃的 X_1 大于370 ℃的 X_2，故从370 ℃处将试验范围340~370 ℃一段去掉，缩小试验范围至370~420 ℃。

4. 在370~420 ℃范围内再优选

第三个实验点位置是：（420-370）×0.618+370=400 ℃，试验测得400 ℃下 X_3 大于

370 ℃下的转化率 X_1，再删去 370~390 ℃一段。

5. 在 390~420 ℃范围内再优选

第四个试验点位置是（420-390）×0.618+390=410 ℃，在 410 ℃下测得 X_4=16.00%，已经小于 400 ℃的结果，故试验的最佳温度确定为 400 ℃。事实上，在此温度下进行试验，苯确实获得了高转化率。

对氯苯氧基异丁酸合成工艺优化

某原料药生产企业开发降血脂药氯贝丁酯中间体对氯苯氧基异丁酸，以氢氧化钠为催化剂，由氯仿、丙酮和对氯苯酚反应合成对氯苯氧基异丁酸，通过正交设计，寻找该中间体最佳工艺条件。

① 明确试验目的，确定试验考核指标。

试验目的：寻找对氯苯氧基异丁酸合成的最佳工艺条件。

考核指标：产品收率。

② 选择试验因素，确定试验位级，列出因素位级表。

经技术人员分析，影响产品收率的因素有 3 个，即氯仿与对氯苯酚的物质的量比（因素 A）、氢氧化钠用量（因素 B）、反应时间（因素 C）。

根据反应的化学原理和以往的生产经验，确定如下 3 个考察因素和各因素的试验范围。

氯仿与对氯苯酚的物质的量比（A）：（1：1）~（2：1）。

氢氧化钠用量（B）：20~32 g。

反应时间（C）：90~150 min。

据此可制定出因素位级表，见表 1。

表 1 合成工艺因素位级

位级	因素		
	氯仿与对氯苯酚的物质的量比（A）	氢氧化钠用量（B）/g	反应时间（C）/min
1	1：1	20	90
2	1.5：1	26	120
3	2：1	32	150

③ 选择合适的正交表。选用什么样的正交表是根据制定的因素位级表来决定的。需要注意的是：因素位级表中的位级数与正交表中的位级数要完全一致；因素位级表中的因素个数要小于或等于正交表中的列数。本例是 3 个因素，每个因素 3 个位级的试验，故可选 $L_9(3^4)$ 正交表来安排试验方案。

④ 设计表头。本例的 3 个因素放在 1、2、3 列，该合成反应正交试验方案见表 2。

表2　合成工艺正交试验方案

试验号	水平组合	实验条件		
		氯仿与对氯苯酚的物质的量比（A）	氢氧化钠用量（B）/g	反应时间（C）/min
1	$A_1B_1C_1$	1：1	20	90
2	$A_1B_2C_2$	1：1	26	120
3	$A_1B_3C_3$	1：1	32	150
4	$A_2B_1C_2$	1.5：1	20	120
5	$A_2B_2C_3$	1.5：1	26	150
6	$A_2B_3C_1$	1.5：1	32	90
7	$A_3B_1C_3$	2：1	20	150
8	$A_3B_2C_1$	2：1	26	90
9	$A_3B_3C_2$	2：1	32	120

以下分别采用直接观察法、计算分析法和位级趋势考察法进行结果分析。

① 直接观察法。由9组试验得到的转化率见表3。本例共进行9组试验，相应得到了9个试验结果。由于收率越高越好，所以直接观察法所得的较优方案为第9组的位级组合 $A_3B_3C_2$，即当工艺条件为氯仿与对氯苯酚物质的量比为2：1、氢氧化钠用量为32 g，反应时间为120 min时，收率较高，这就是直接观察法的分析结果。

表3　合成工艺正交试验数据

试验号	因素			收率/%
	氯仿与对氯苯酚的物质的量比（A）	氢氧化钠用量（B）/g	反应时间（C）/min	
1	1：1	20	90	36.7
2	1：1	26	120	41.4
3	1：1	32	150	51.6
4	1.5：1	20	120	60.1
5	1.5：1	26	150	52.1
6	1.5：1	32	90	54.9
7	2：1	20	150	52.6
8	2：1	26	90	37.7
9	2：1	32	120	61.4

② 计算分析法，通过计算极差寻找最优实验方案，见表4。

表4 合成工艺正交试验数据处理

试验号	因素			收率 /%
	氯仿与对氯苯酚的物质的量比（A）	氢氧化钠用量（B）/g	反应时间（C）/min	
1	1：1	20	90	36.7
2	1：1	26	120	41.4
3	1：1	32	150	51.6
4	1.5：1	20	120	60.1
5	1.5：1	26	150	52.1
6	1.5：1	32	90	54.9
7	2：1	20	150	52.6
8	2：1	26	90	37.7
9	2：1	32	120	61.4
1位级结果之和 K_1	36.7+41.4+51.6=129.7	36.7+60.1+52.6=149.4	36.7+54.9+37.7=129.3	
2位级结果之和 K_2	60.1+52.1+54.9=167.1	41.4+52.1+37.7==131.2	41.4+60.1+61.4=162.9	
3位级结果之和 K_3	52.6+37.7+61.4=151.7	51.6+54.9+61.4=167.9	51.6+52.1+52.6=156.3	
1位级平均值 K_1	129.7/3=43.2	149.4/3=49.8	129.3/3=43.1	
2位级平均值 K_2	167.1/3=55.7	131.2/3=43.7	162.9/3=54.3	
3位级平均值 K_3	151.7/3=50.6	167.9/3=56.0	156.3/3=52.1	
极差	55.7-43.2=12.5	56.0-43.7=12.3	54.3-43.1=11.2	

需要说明的是用极差划分因素重要性的依据是相对的，因为极差受到位级量的影响很大。一个因素所取位级量的范围不同，会出现不同的极差值。例如，反应时间由于取了90 min、120 min、150 min 3个位级，它的极差是11.2。如果选取30 min、120 min、210 min 3个位级，则极差就可能大得多。因此，恰当的位级量对于一个试验来说是十分重要的，它既需要试验者掌握丰富的情报资料，又需要有一定的实践经验。

③ 位级趋势考察法。通过画趋势图寻找更优方案。

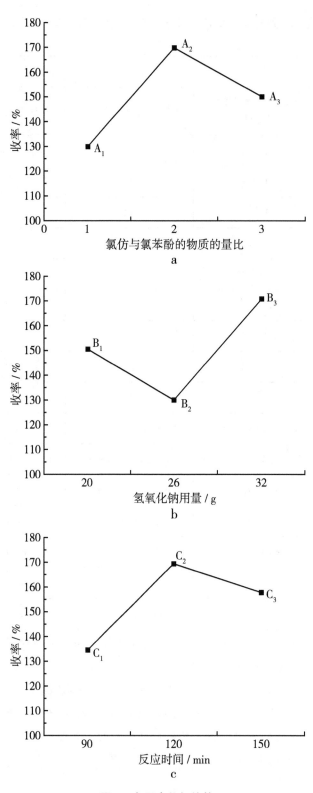

图 1　各因素位级趋势

从趋势图1上可以看出，随着氢氧化钠用量的上升，产品收率先下降后上升，因此，如果将氢氧化钠用量提高到38 g以上，有可能会出现更好的结果；氯仿与对氯苯酚的物质的量比为1.5：1时已达到曲线的顶峰，说明1.5：1是比较理想的位级；反应时间120 min也已达到曲线的顶峰，说明120 min也是比较理想的位级，无须变动。因此得到更优方案为：氯仿与对氯苯酚的物质的量比1.5：1、氢氧化钠用量38 g、反应时间120 min。该方案是否为更优方案，需要通过试验来验证。

四、展示及评价

展示合成的苯妥英钠产品（图4-5）。

本品为白色粉末；无臭，味苦；微有引湿性；在空气中渐渐吸收苯妥英钠片二氧化碳，分解成苯妥英；水溶液显碱性反应，常因部分水解而发生浑浊。本品在水中易溶，在乙醇中溶解，在氯仿或乙醚中几乎不溶。

图4-5　苯妥英钠

（一）项目评价依据

① 合成方法、原料选择是否正确，用量与配比是否合理。
② 选择的反应器、设计的实验装置的正确程度。
③ 操作步骤的合理、准确、规范程度。
④ 采取的安全、环保措施是否得当。
⑤ 产品整体质量。
⑥ 项目实施过程的职业能力及素养养成。

（二）考核方案

1. 教师评价表（表4-6）

表4-6　苯妥英钠合成工艺改进教师评价表

考核内容		权重/%	成绩	存在的问题
项目实施过程	仪器选择及安装	5		
	物料处理	5		
	物料称取、加料顺序	5		
	控制反应过程是否得当	10		
	反应终点的判断是否正确	5		
项目实施过程	后处理操作是否得当	10		
	干燥，称重，计算收率	5		
	物料衡算	5		
	实验室"三废"处理及环保措施	5		
	实验现象、原始数据记录情况	5		
	产品整体质量，包括外观、收率	5		
	实训报告完成情况	5		

续表

考核内容		权重/%	成绩	存在的问题
职业能力与素养	动手能力、团结协作能力	5		
	现象观察、总结能力	5		
	分析问题、解决问题能力	5		
	突发情况、异常问题应对能力	5		
	安全及环保意识	5		
	仪器清洁、保管	5		
总分		100		
评分人签名				

2.学生评价表（表4-7）

表4-7　苯妥英钠合成工艺改进学生评价表

考核内容		权重/%	成绩	存在的问题
项目实施过程	能否独立正确选择、安装实训装置	5		
	是否能对所用原料进行处理	10		
	能否准确控制反应过程	10		
	能否正确检测反应终点	10		
	能否正确进行后处理操作	10		
	所得产品的质量、收率是否符合标准	15		
职业能力及素养养成	能否准确观察实验现象，及时、实事求是地记录实验数据	10		
	是否能独立、按时按量完成实训报告	10		
	对试验过程中该出现的问题能否主动思考，并使用现有知识进行解决，对试验方案进行适当优化和改进，并知道自身知识的不足之处	15		
	完成实训后，是否能保持实训室清洁卫生，合理处置实训产生的废弃物，对仪器进行清洗，药品妥善保管	5		
总分		100		
评分人签名				

注：学生评价表用于学生自评和小组互评。

3.成绩计算

本项任务考核成绩 = 教师评价成绩 ×50%+ 学生自评成绩 ×20%+ 小组互评成绩 ×30%。

任务三 评价优化工艺

一、布置任务

（一）评价工艺方案

结合苯妥英钠传统合成工艺，评价合成工艺改进路线的优缺点。

（二）优化工艺路线

在现有的合成工艺路线的基础上，进一步优化苯妥英钠合成工艺路线。

二、知识准备

工艺路线是原料药生产技术的基础和依据，它的技术先进性和经济合理性是衡量生产技术高低的尺度。从技术角度分析，优化合成工艺路线的主要特点概括为：汇聚式合成策略、反应步骤最少化、原料来源稳定、化学技术可行、生产设备可靠、后处理过程简单化、环境影响最小化。以上特征，是评价化学制药工艺路线的主要技术指标。在此需要特别指出的是：最终路线的确定受到经济因素的显著制约。在考察上述技术指标的基础上，必须对工艺路线的综合成本做出比较准确的估算，挑选出高产出、低消耗的路线作为应用于工业生产的实用工艺路线。

（一）汇聚式合成策略

对于一个多步骤的合成路线而言，存在两种极端的装配策略。其一是"直线式合成法"，一步一步地进行反应，每一步增加目标分子的一个新单元，最后构建整个分子；其二是"汇聚式合成法"，分别合成目标分子的主要部分，并使这些部分在接近合成结束时再连接到一起，完成目标物构建。以由 64 个结构单位构建的化合物为例，见图 4-6，直线式合成法中的第一单元要经历 63 步反应，如果这些反应的收录都是 90%，该路线的总收率为 $0.9^{63} \times 100\% = 0.13\%$；而采用汇聚式合成法进行合成时，反应的总数并没有变化，但每个起始单元仅经历 6 步反应，反应收率仍按照 90% 计算，则路线的总收率为 $0.9^6 \times 100\% = 53\%$。与直线式合成法相比，汇聚式合成法具有一定的优势：①中间体总量减少，需要的起始原料和试剂少，成本降低；②所需要的反应容器小，增加了设备使用的灵活性；③降低了中间体的合成成本，在生产过程中一旦出现差错，损失相对较小。

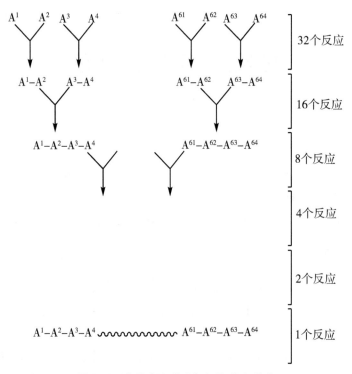

图 4-6　直线式合成法与汇聚式合成法

（二）反应步骤最少化

在其他因素相差不大的前提下，反应步骤较少的合成路线往往呈现总收率较高、周期较短、成本较低等优点，合成路线的简捷性是评价工艺路线的最为简单、最为直观的指标。以尽量少的步骤完成目标物制备是合成路线设计的重要追求，简捷、高效的合成路线通常是精心设计的结果。在一步反应中实现两种（甚至多种）化学转化是减少反应步骤的常见思路之一。在苯并氮杂环庚烯类化合物（TM）的合成中（图 4-7），3 次巧妙地使用了"双反应"策略，使整个反应路线大为缩短。在第一步反应中，恶唑啉环的开环与氰基的醇解反应一次完成；在第三步反应中，底物（3a）和（3b）中的酰胺、酯／内酯基团在硼氢化钠／乙酸体系中同时被还原，形成相应的仲胺和伯醇基团；在最后一步反应中，伯醇氯代／氯代物分子内 Friedel-Crafts 烷基化关环反应与苯甲醚去甲基化反应同时完成。

（三）原料来源稳定

没有稳定的原辅材料供应就不能组织正常的生产。因此，在评价合成路线时，应了解每一条合成路线所用的各种原辅材料的来源、规格和供应情况，同时要考虑原辅材料的储存和运输等问题。有些原辅材料一时得不到供应，则需要考虑自行生产。对于准备选用的合成路线，需列出各种原辅材料的名称、规格、单价，算出单耗（生产 1 kg 产品所需各种原料的数量），进而算出所需各种原辅材料的成本和原辅材料的总成本，以便比较。例如，奥美拉唑（1）的合成工艺路线，如图 4-8 所示，其分子骨架构建的关键步骤是 5- 甲氧基 -1H- 苯并咪唑 -2- 硫醇（3）和 2- 氯甲基 -3，5- 二甲基 -4- 甲氧基吡啶（4）在碱作用下发生亲核取代反应形成 C—S 键，得到硫醚类中间体 2。事实上，如果改用 2- 卤代苯并咪唑类化合物（5）与 2- 硫甲基 - 吡啶衍生物（6）为原料发生类似反应，也可以完成中间体 2 的制备，而且两种途径的反应条件和产物收率相差并不大。由于后一途径的两种中间体 5 和 6 的合成难度大、成本高，来源困难，导致该途径无法实现工业化。

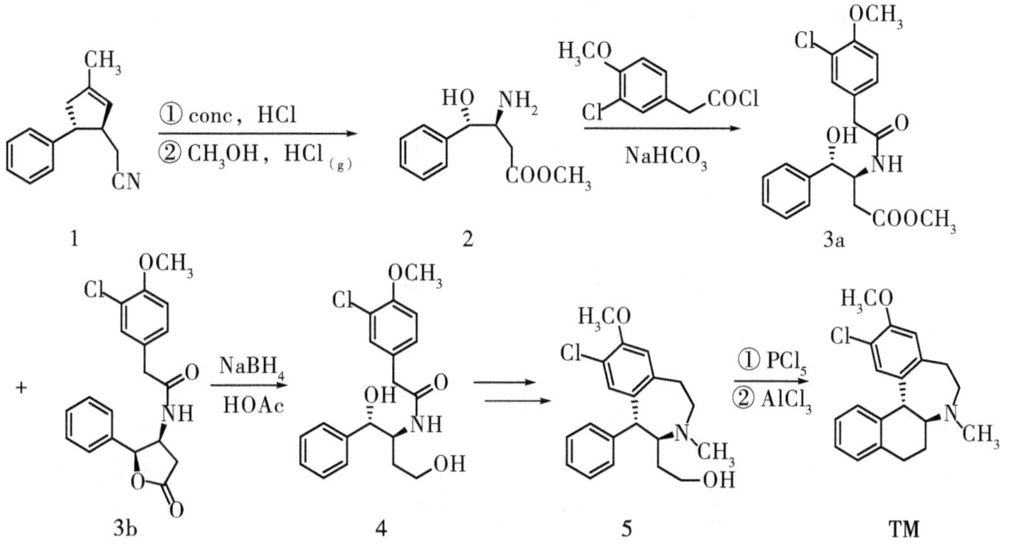

图 4-7　苯并氮杂环庚烯类化合物合成路线

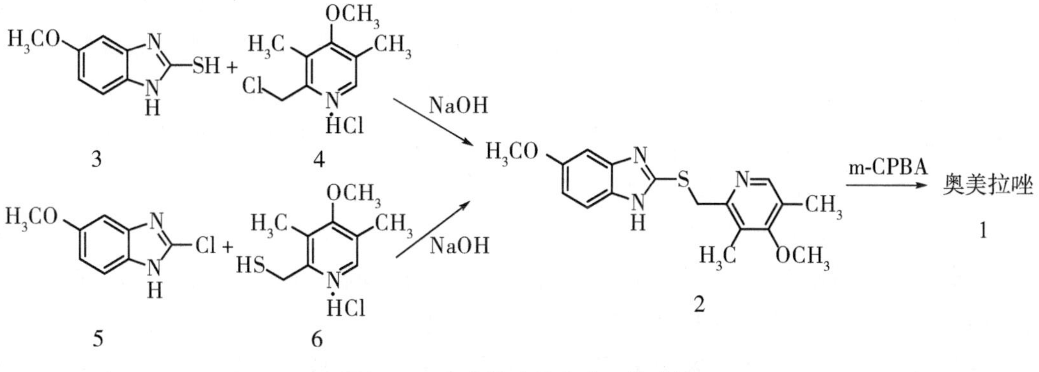

图 4-8　奥美拉唑的合成工艺路线

（四）化学技术可行

化学技术可行性是评价合成工艺路线的重要指标。优化的工艺路线各步反应都应稳定可靠，发生意外事件的概率级低，产品的收率和质量均有良好的重现性。各步骤的反应条件比较温和，易于达到、易于控制，尽量避免高温、高压或超低温等极端条件，最好是平顶型反应（图 4-9 a）。所谓的平顶型反应是优化条件范围较宽的反应，即使某个工艺参数稍稍偏离最佳条件，收率和质量也不会受到人人的影响；与之相反，如果工艺参数稍有变化就会导致收率、质量明显下降，则属于尖顶型反应（图 4-9 b）。工艺参数通常包括物料纯度、加料量、加料时间、反应温度、反应时间、溶剂含水量、反应体系的 pH 等。

工业化价值较高的工艺应在较宽的操作范围内，提供预期质量和收率的产品。

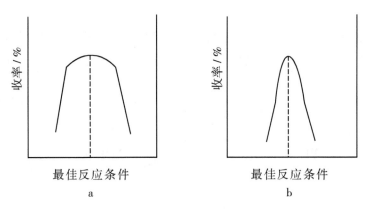

图 4-9　平顶型反应和尖顶型反应示意

（五）生产设备可靠

在工业化合成路线选择的过程中，必须考虑设备的因素，生产设备可靠性是评价合成工艺路线的重要指标。实用的工艺路线应尽量使用常规设备，最大限度地避免使用特殊种类、特殊材质、特殊型号的设备。大多数光化学、电化学、超声、微波、高温或低温、剧烈放热、快速猝灭、严格控温、高度无水、超强酸碱、超高压力等条件需要借助于特殊设备来实现，只有在反应路线中规避这些条件，才能有效避免使用特殊型设备。近年来，微波加热技术已经发展成为实验室的常规技术手段，有多种型号的专用的微波反应装置可供选择；然而，由于技术、成本、安全性等因素的限制，可用于工业化的大型微波反应器目前尚未上市。降低反应温度是提高反应选择性的重要手段之一，-78 ℃的反应条件在实验室中很容易实现；但若在工业生产中采用低温条件，必须使用大功率的制冷设备，并需要长时间的降温过程，这将导致生产成本的大幅上升。

（六）后处理过程简单化

分离、纯化等后处理过程是工艺路线的重要组成部分，在工业化生产过程中，约占 50% 的人工时间和 75% 的设备支持。在整个工艺过程中，减少后处理的次数或简化后处理的过程能有效地减少物料的损失、降低污染物的排放、节省工时、节约设备投资、降低操作者劳动强度并减少他们暴露在可能具有毒性的化学物质中的时间。压缩后处理过程的常用方法是反应结束后产物不经分离、纯化，直接进行下一步反应，将几个反应连续操作，实现多步反应的"一锅操作"，俗称为"一勺烩"或"一锅煮"。使用"一勺烩"方法的前提条件是上一步所使用的溶剂和试剂及产生的副产物对下一步反应的影响不大，不至于导致产物和关键中间体纯度的下降。如果"一勺烩"方法使用得当，不仅可以简化操作，还有望大幅提升整个反应路线的总收率。但需要注意的是，减少后处理的次数和简化后处理的过程是有一定风险的，过分地采用"一勺烩"工艺方法，将会导致产物或重要中间体纯度的下降，使分离、纯化的难度增加，甚至可能影响产品的质量。

（七）环境影响最小化

环境保护是我国的基本国策，是实现经济、社会可持续发展的根本保证。传统的化学制药工业产生大量的废弃物，虽经无害化处理，但仍对环境产生不良影响。解决化学制药工业污染问题的关键，是采用绿色工艺，使其对环境的影响趋于最小化，从源头上减少甚至避免污染物的产生。评价合成工艺路线的"绿色度"，需要从整个路线的原子经济性、各步反应的效率和所用试剂的安全性等方面来考虑。原子经济性是绿色化学的核心概念之一，它是由著名化学家 B. M. Trost 于 1991 年提出的。原子经济性被定义为出现在最终产物中的原子质量和参与反应的所有起始物的原子质量的比值。原子经济性好的反应应该使尽量多的原料分子中的原子出现在产物分子中，其比值应趋近于 100%。传统的有机合成化学主要关注反映产物的收率，而忽视了副产物或废弃物的生成。按照原子经济性的尺度来衡量，加成反应最为可取，取代反应尚可接受，而消除反应需尽量避免；催化反应是最佳选择，催化剂的用量低于化学计量，且反应过程中不消耗；而采用保护基是不符合原子经济性的，保护—脱保护的过程中，注定要产生大量废弃物。各步反应的效率涵盖产物的收率和反应的选择性两个方面，其中，选择性包括化学选择性、区域选择性和立体选择性（含对映选择性）。此处的反应效率主要用于标度主原料转化为目标产物的情况，只有提高反应的收率和选择性，才有可能减少废弃物的产生。所用试剂的安全性主要是强调合成路线中所涉及的各种试剂、溶剂都应该是毒性小、易回收的绿色化学物质，最大限度地避免使用易燃、易爆、剧毒、强腐蚀性、强生物活性（细胞毒性、致癌、致突变等）的化学品。

三、实用案例

盐酸普鲁卡因的合成工艺路线评价

盐酸普鲁卡因又名"奴佛卡因"，化学名为对氨基苯甲酸 $-\beta-$ 二乙胺基乙酯盐酸盐，为局部麻醉药，主要用于浸润、传导麻醉剂封闭疗法等，其结构式如下：

$$H_2N-\langle\bigcirc\rangle-COOCH_2CH_2N(C_2H_5)_2 \cdot HCl$$

设计工艺路线一般是将价格高的原料安排在最后使用，因为反应会使收率减少，增加成本。盐酸普鲁卡因合成中，二乙胺基乙醇的价格是原料中最高的，因此国内药厂曾采用的工艺路线是先还原硝基形成氨基，再与二乙胺基乙醇进行酯交换。合成路线如下：

$$\underset{COOC_2H_5}{\overset{NO_2}{\langle\bigcirc\rangle}} \xrightarrow{Fe, HCl} \underset{COOC_2H_5}{\overset{NH_2}{\langle\bigcirc\rangle}} \xrightarrow[②HCl]{①HOCH_2CH_2N(C_2H_5)_2} \underset{COOCH_2CH_2N(C_2H_5)_2 \cdot HCl}{\overset{NH_2}{\langle\bigcirc\rangle}}$$

此工艺路线的优点是原料易得、生产周期短。但从生产实际情况看，也存在着一些缺点，例如，还原反应收率不高（约75%），还原产物对氨基苯甲酸乙酯不溶于水，与还原剂铁泥难分离，后处理操作复杂。酯交换反应要用钠作催化剂，既贵又不安全。反应结束后，过量的氨基盐不能完全蒸出，而使原料的消耗量增加。目标产物普鲁卡因中的对氨基苯甲酸乙酯杂质很难分离除去。

这些缺点的存在给这条工艺路线带来的问题是：原料消耗多，产品质量不稳定，收率低，成本高。后来国内企业对工艺路线进行了改进，将还原反应与酯交换反应对调，基本上解决了上述缺点。合成路线如下：

$$
\begin{array}{ccc}
\underset{\text{COOC}_2\text{H}_5}{\underset{|}{\text{NO}_2-\text{C}_6\text{H}_4}} & \xrightarrow{\text{HOCH}_2\text{CH}_2\text{N}(\text{C}_2\text{H}_5)_2} & \underset{\text{COOCH}_2\text{CH}_2\text{N}(\text{C}_2\text{H}_5)_2}{\text{NO}_2-\text{C}_6\text{H}_4} \xrightarrow[\textcircled{2}\ \text{HCl}]{\textcircled{1}\ \text{Fe-HCl}} \underset{\text{COOCH}_2\text{CH}_2\text{N}(\text{C}_2\text{H}_5)_2 \cdot \text{HCl}}{\text{NH}_2-\text{C}_6\text{H}_4}
\end{array}
$$

生产实际说明，酯交换产物硝基卡因与未反应的对硝基苯甲酸乙酯很容易分离（用 6% 的盐酸调 pH 达到 1 时，生成物溶解，原料不溶），而且酯交换反应可避免用钠，既安全又经济。酯交换反应的转化率虽然不高，但原料都可回收套用，所以消耗量较低，最后一步还原收率较高（93% 左右），还原产物盐酸普鲁卡因易溶于水，与铁泥容易分离，精制时可用水重结晶，既安全又经济，酸盐普鲁卡因成品质量也很好。

将酯交换反应与还原反应的顺序对调后，后处理比较方便，原来精制对氨基苯甲酸乙酯及普鲁卡因所需的有机溶剂，以及后处理的设备都可省去，产品质量稳定，两步总收率达 76% 以上，因此该工艺路线曾被国内多家药厂使用。

科技总是不断向前发展的，从总体来看，用酯交换反应来形成酰氧键的方法毕竟增加了反应步骤，如能通过酯化反应来形成酰氧键，便可减少反应步骤。南京制药厂曾将酯化-酯交换工艺路线改进为直接酯化。这种一步酯化法的新工艺是利用沸点较高的二甲苯带走酯化反应中生成的水，使酯化反应的平衡不断被打破，从而达到提高收率的目的，这就比原先的工艺又前进了一步。当前国内药厂生产盐酸普鲁卡因较好的工艺路线为：

$$
\text{ClCH}_2\text{CH}_2\text{OH} \xrightarrow[\text{消除}]{\text{NaOH}} \underset{\text{O}}{\text{H}_2\text{C}-\text{CH}_2} \xrightarrow[\text{胺化}]{\text{HN}(\text{C}_2\text{H}_5)_2} \text{HOCH}_2\text{CH}_2\text{N}(\text{C}_2\text{H}_5)_2
$$

$$
\underset{\text{CH}_3}{\text{NO}_2-\text{C}_6\text{H}_4} \xrightarrow[\text{氧化}]{\text{Na}_2\text{Cr}_2\text{O}_7,\ \text{H}_2\text{SO}_4} \underset{\text{COOH}}{\text{NO}_2-\text{C}_6\text{H}_4} \xrightarrow[\text{酯化}]{\text{HOCH}_2\text{CH}_2\text{N}(\text{C}_2\text{H}_5)_2} \underset{\text{COOCH}_2\text{CH}_2\text{N}(\text{C}_2\text{H}_5)_2}{\text{NO}_2-\text{C}_6\text{H}_4}
$$

$$
\xrightarrow[\text{还原}]{\text{Fe-HCl}} \underset{\text{COOCH}_2\text{CH}_2\text{N}(\text{C}_2\text{H}_5)_2}{\text{NH}_2-\text{C}_6\text{H}_4} \xrightarrow[\text{成盐}]{\text{HCl}} \underset{\text{COOCH}_2\text{CH}_2\text{N}(\text{C}_2\text{H}_5)_2 \cdot \text{HCl}}{\text{NH}_2-\text{C}_6\text{H}_4}
$$

具体工艺过程如下。

1. 消除、胺化

配料比：氯乙醇：氢氧化钠：乙二胺：乙醇 =1.00 ∶ 0.53 ∶ 1.332 ∶ 0.70。

实验步骤：将氯乙醇和碱液混合物加热，产生的环氧乙烷通入二乙氨基乙醇溶液中，吸收完毕，分馏收集 80~120 ℃ /8.0×10⁴Pa 馏分，即得精制 2- 二乙氨基乙醇。测定其沸点和折射率。

2. 氧化

配料比：对硝基甲苯：重铬酸钠：硫酸：水 =1.00 ∶ 2.50 ∶ 5.80 ∶ 2.50。

实验步骤：将水和硫酸加热，加入已熔化的对硝基甲苯，滴加重铬酸钠水溶液，反应完毕后过滤，干燥得对硝基苯甲酸。测定其熔点。

3. 酯化

配料比：对硝基苯甲酸：二乙氨基乙醇：二甲苯 =1.00 ∶ 0.72 ∶ 4.00。

实验步骤：将对硝基苯甲酸、二甲苯、二乙氨基乙醇加热回流，反应结束后，减压蒸去二甲苯，将反应液抽入 6% 盐酸溶液，冷却，过滤，滤液加水稀释到含硝基卡因 11%~12%。

4. 还原

配料比：硝基卡因盐酸盐溶液（11%~12%）：铁粉 =1.00 ∶ 0.12。

实验步骤：搅拌下将铁粉缓慢加入硝基卡因盐酸溶液中，反应结束后，过滤，水洗，滤液洗液合并，调节 pH 析出晶体，过滤得普鲁卡因。测定其熔点。

5. 成盐，精制

配料比：普鲁卡因：盐酸（30%）：精盐：保险粉 =1.00 ∶ 0.78 ∶ 0.32 ∶ 0.09。

实验步骤：将普鲁卡因用盐酸调节 pH 为 5~5.5，加热，加入精盐、保险粉，趁热过滤，滤液搅拌冷却结晶，过滤，水重结晶两次，乙醇洗涤，于 70~85 ℃下干燥，得到普鲁卡因盐酸盐。测定其熔点，红外光谱和核磁共振氢谱对其结构进行定性分析，液相色谱对其含量进行定量分析，测定纯度。

上述的分析评价，是以国内药厂工艺条件和实践经验为基础的。今后也有可能由于某一环节上的改进，使原来认为不理想的工艺路线变为较好的工艺路线，因此，要用发展的观点来分析评价原料药合成工艺路线，对具体情况做具体分析。

四、展示及评价

（一）项目展示

展示苯妥英钠合成改进工艺的评价报告。

（二）项目评价依据

①工艺方案评价的科学性。

②工艺方案评价的合理性。

③评价汇报的流畅程度，对工艺内容理解程度，讲解的熟练程度与准确性。

（三）考核方案

1. 教师评价表（表4-8）

表4-8　苯妥英钠优化工艺评价的教师评价表

考核内容		权重 / %	成绩	存在的问题
项目评价	对优化实验结果分析的正确性	10		
	采用工艺评价方法评价合成工艺的合理性和科学性	30		
	充分讨论、归纳苯妥英钠优化试验的结果	15		
	撰写的工艺评价评价报告的完整性	15		
职业能力与素养	比较优化实验与传统工艺区别的能力	5		
	归纳工艺优缺点的能力	5		
	撰写方案的能力	5		
	语言表达能力	5		
	自主学习、创新能力	5		
	团结合作、沟通能力	5		
总分		100		
评分人签名				

2. 学生评价表（表4-9）

表4-9　苯妥英钠优化工艺评价的学生评价表

考核内容		权重 / %	成绩	存在的问题
项目资料	学习态度是否主动，是否能及时完成教师布置的任务	10		
	是否能数量掌握工艺评价的方法，完成对工艺的合理评价	20		
	收集的有关学习信息和资料是否完整	15		
	能否根据优化试验的结果对苯妥英钠的合成工艺充分掌握	20		
	是否积极参与各种讨论，并能清晰地表达自己的观点	10		
	是否能够掌握所需知识技能，并进行正确的归纳总结	15		
	是否能够与团队密切合作，并采纳别人的意见建议	10		
总分		100		
评分人签名				

项目五 解热镇痛药——阿司匹林的中试试验

【知识目标】

了解解热镇痛药物的基本情况；

掌握原料药中试试验的条件、中试的主要内容；

掌握中试的常用方法、中试车间和装置的选择原则；

掌握中试试验报告的专业要求和主要内容。

【技能目标】

能根据要求，进行中试试验的设计；

能按照规定，采取正确的方法进行中试试验操作；

能对中试试验结果进行分析总结，撰写中试试验报告。

【素质目标】

培养学生团队合作的意识；

培养学生节能、环保的意识；

培养学生发现问题、解决问题的能力和创新意识；

培养学生严谨的科学态度。

【项目背景】

解热镇痛药是一类使用较广的常见病、多发病用药，具有解热与镇痛两种作用，其中大部分药物还兼有消炎抗风湿作用。它们的化学结构类型虽很不相同，但都具有类似的药理作用。解热镇痛药主要是花生四烯酸环氧酶选择性抑制剂。这可能是它们共同药理效应的基础，其作用强度一般与其抑制环氧酶的活性相平行。近年来的研究表明，花生四烯酸的两种代谢途径中，经环氧酶代谢途径形成的代谢产物前列腺素为一类致热物质，其中前列腺素 E 的致热作用最强。一般认为，人体发热时由于在内热原作用下，使中枢前列腺素的合成和释放增加所致。解热镇痛药的解热机制是由于选择性抑制了中枢花生四烯酸环氧酶的活性，阻断或减少前列腺素在丘脑下部的生物合成。在组织损伤，局部发炎或过敏反应时，组织细胞内可生成并释放一些内源性或外源性化学致痛物质而产生痛觉。解热镇痛药的镇痛作用主要是抑制受损伤或发炎组织细胞前列腺素的合成，降低由缓激肽一类物质引起的痛觉敏感性。

阿司匹林，化学名为乙酰水杨酸或2-（乙酰氧基）苯甲酸，为白色结晶或结晶性粉末，无臭或微带醋酸臭，味微酸，遇湿气即缓缓水解。在乙醇中易溶，乙醚或氯仿中溶解，水、无水乙醚中微溶，氢氧化钠溶液或碳酸钠溶液中溶解。阿司匹林具有较强解热镇痛作用，临床用于治疗头痛、牙痛、肌肉痛、神经痛及痛经等慢性钝痛及感冒发热等。消炎抗风湿作用比水杨酸钠强2~3倍，对风湿热及活动性风湿性关节炎等疗效肯定，是一首选药物。

阿司匹林合成的主要原料是水杨酸，经乙酰化即可制得。用乙酸酐作酰化剂，在酰化过程中生成一种乙酰水杨酸酐副产物，这些微量杂质是引起哮喘、荨麻疹等的过敏原物质。

主反应：

副反应：

任务一　阿司匹林中试方案设计

一、布置任务

（一）制定方案

查阅专业期刊、图书、网站等，结合阿司匹林合成小试实验，设计阿司匹林中试试验方案。方案可以有多种，然后对其进行对比、分析，完善，确定优化方案。

（二）讲解方案

讲解阿司匹林中试试验方案，详细阐述中试工艺原理、过程及操作要点。

二、必备知识

（一）工艺流程与操作方法确定

在中试放大阶段由于处理物料的增加，会导致物料传送等具体操作问题，故有必要考虑反应与后处理的操作方法如何衔接，以适应工业化生产的要求，特别要注意缩短工序，简化操作。要从加料方法、物料分离和输送等方面考虑。为减轻劳动强度，尽可能采取自动加料和管线输送。例如，由邻位香兰醛用硫酸二甲酯甲基化制备邻甲基香兰醛的反应，曾用小试操作法放大，即将邻位香兰醛及水置于反应罐中，升温至回流，然后交替加入

18% 氢氧化钠溶液及硫酸二甲酯。反应完毕，降温冷却然后冷冻，使反应产物充分结晶析出，过滤，水洗，将滤饼自然干燥，然后置于蒸馏罐内，减压蒸出邻甲基香兰醛。这种操作方法非常复杂，且在蒸馏时，还需防止蒸出物凝固，有可能因堵塞管道而引起爆炸。也曾改用提取的后处理方法，但易发生乳化，物料损失很大。小试收率 83%，中试收率仅有 78% 左右。

后来采用了相转移催化（PTC）反应，简化了工艺，提高了收率。在反应罐内一次全部加入邻位香兰醛、水、硫酸二甲酯，加入苯，使反应物分为两相，并加入相转移催化剂。搅拌下升温到 60~75 ℃，滴加 40% 氢氧化钠溶液。碱与邻位香兰醛首先生成钠盐，然后与硫酸二甲酯反应，产物即转移到苯层，而甲基硫酸钠则留在水层。反应完毕后分出苯层，蒸去苯后便得到产物。收率稳定在 90% 以上。

又如，α-受体阻断剂酚苄明的中间体 N-羟乙基苯氧基异丙胺的合成工艺，小试实验时后处理采用将反应液倒入水中，用 3/7 量的乙醚提取 3 次，合并的乙醚提取液用 2 mol/L 盐酸提取至提取液呈酸性（pH=3~4），用 40% 氢氧化钠溶液碱化至 pH=10，再用剩余的 4/7 量的乙醚提取 3 次。第二次乙醚提取液水洗、干燥、过滤，滤液蒸去乙醚，得到 N-羟乙基苯氧基异丙胺浅黄色固体。

这样的操作非常繁杂，而且使用大量的乙醚，大生产时相当危险。中试时经研究，改进操作方法，反应结束后，将反应液直接倒入水中进行冷冻，在 2~3 ℃低温条件下，中间体 N-羟乙基苯氧基异丙胺能够在水中固化，析出晶体，然后离心过滤，用少量溶剂洗涤，干燥就得到 N-羟乙基苯氧基异丙胺，操作简单方便，避免使用乙醚，而且还减少其损失。

再如，对氨基苯甲醛可由对硝基甲苯用多硫化钠在乙醇中氧化还原制得。

小试时，分离对氨基苯甲醛的方法是将反应液中乙醇蒸出后，用有机溶媒提取或冷却结晶，中试放大时，由于冷却较慢，反应物本身易于产生席夫碱而呈胶状，使结晶困难。在小试时，由于采用冰水冷却，较长时间放置，使生成的席夫碱重新分解为对氨基苯甲醛，结晶析出，得与母液分离。在中试放大时，成功地改用回收乙醇后，使碱浮在反应液上层，趁热将下面母液放出，反应罐内席夫碱可直接用于下一批反应。

（二）设备材质与类型选择

开始中试放大时应考虑所需的各种设备的材质和类型，并考察是否合适，尤其应注意接触腐蚀性物料的设备材质的选择。例如，含水 1% 以下的二甲基砜（DMSO）对钢板的腐蚀作用极微，当含水达 5% 时，则对钢板有强的腐蚀作用。后经中试，发现含水 5% 的 DMSO 对铝的作用极微，故可用铝板制作其容器。一般来讲，如果反应是在酸性介质中进行，则应采用防酸材料的反应釜，如搪玻璃反应釜。如果反应是在碱性介质中进行，则应采用不锈钢反应釜。贮存浓盐酸应采用玻璃钢贮槽，贮存浓硫酸应采用铁质贮槽，贮存浓硝酸应采用铝质贮槽。

（三）搅拌 装置类型与速度确定

化学原料药合成反应中的反应很多是非均相反应，其反应热效应较大。在实验室小试过程中由于物料体积较小，搅拌效果好，传热、传质的问题表现不明显。但在中试放大时，由于搅拌效率的影响，传热、传质的问题就突出地暴露出来。因此，中试放大时必须考虑根据物料性质和反应特点注意研究搅拌器的类型，考察搅拌速度对反应规律的影响，特别是固液非均相反应时，要选择合乎反应要求的搅拌器类型和适宜的搅拌速度。例如，由儿茶酚与二氯甲烷和固体烧碱在含有少量水分的二甲基亚砜（DMSO）存在下，反应合成小檗碱中间体胡椒环。中试放大时，起初因采用 180 转 /min 的搅拌速度，反应过于激烈而发生溢料。经考察，将搅拌速度降至 56 转 /min，并控制反应温度在 90~100 ℃（实验室为 105 ℃），结果产品的收率超过小试水平，达到 90% 以上。

（四）原辅材料和中间体的质量控制

1. 原辅材料、中间体的物理性质和化工参数的测定

为解决生产工艺和安全措施中的问题，需测定某些物料的性质和化工参数，如比热、黏度、爆炸极限等。如 N，N- 二甲基甲酰胺（DMF）与强氧化剂以一定比例混合时易引起爆炸，必须在中试放大前和中试放大时作详细考察。

2. 原辅材料、中间体质量标准的制定

小试中这些质量标准未制定或虽制定但欠完善时，应根据中试放大阶段的实践进行制定或修改。

例如，制备磺胺索嘧啶中间体 4- 氨基 -2，6- 二甲基嘧啶可由乙腈在氨基钠存在下缩合而得。这里应用的钠氨量很少。

若原料乙腈含有 0.5% 水分，缩合收率便很低。起初认为是所含的水分使氨基钠分解。后来即使多次精馏乙腈，仍收效甚微。最后探明，是由于乙腈系由乙酸铵热解制得，中间产物为乙酰胺：

$$CH_3COONH_4 \xrightarrow{-H_2O} CH_3CONH_2 \xrightarrow{-H_2O} CH_3CN$$

工业原料中乙酰胺的存在，会使少量氨基钠分解。但乙腈中少量的乙酰胺用精馏方法不易除去。后来采用氯化钙溶液洗涤方法除去乙酰胺，顺利地解决了这个问题。

（五）物料衡算

当各步反应条件和操作方法确定后，就应该就一些收率低、副产物多和"三废"较多的反应进行物料衡算。摸清生成的气体、液体和固体反应产物中物料的种类、组成和含量。反应产品和其他产物的重量总和等于反应各个物料的总和是物料衡算必须达到的精确程度。物料衡算还可以为解决薄弱环节、挖潜节能、提高效率、回收副产物并综合利用及防治"三废"提供数据。对无分析方法的化学成分还要进行分析方法的研究。

物料衡算是化工计算中最基本，也是最重要的内容之一，它也是能量衡算的基础。通过物料衡算，可深入分析生产过程，对生产全过程有定量的了解，可以知道原料消耗定额，揭示物料利用的情况；了解产品的收率是否达到最佳数值，设备生产能力还有多大潜力；了解各设备生产能力是否匹配等。

1. 物料衡算的理论基础

物料衡算是研究某一个体系内进、出物料及组成的变化，即物料平衡。所谓体系就是物料衡算的范围，可以是一个设备或是多个设备，可以是一个单元操作或是整个化工过程。

物料衡算的理论基础为质量守恒定律：进入反应器的物料 – 流出反应器的物料量 – 反应器中的转化量 = 反应器中的积累量。

如用方程式表示，即

$$\sum G_1 - \sum G_2 - \sum G_3 = \sum G_A \qquad (5-1)$$

式中，$\sum G_1$ 代表输入反应器的物料量；$\sum G_2$ 代表输出反应器的物料量；$\sum G_3$ 代表反应器中的转化量；$\sum G_A$ 代表反应器中的积累量。

上式为物料衡算的通式。当没有化学变化时，混合物的任一组分都符合这个通式；有化学变化时，其中各元素仍然符合这个通式。

如果过程中，设备内没有任何物料积累，此过程称为稳定过程。如果过程中，设备内有物料积累，此过程叫非稳定过程。如连续稳定操作，则设备内不应有任何物料的积累，即 $G_A = 0$，上式可简化为：

$$\sum G_1 - \sum G_2 - \sum G_3 = 0 \qquad (5-2)$$

在化学反应系统中，物质的转化服从化学反应规律，可以根据化学反应方程式求出物质转化的定量关系。

2. 物料衡算的计算基准

为了进行物料衡算，必须选择一定的基准作为计算的基础，通常采用的基准有以下3种：

①以每批操作为基准，适用于间歇操作设备、标准或定型设备的物料衡算，化学制药产品的生产间歇操作居多；

②以单位时间为基准，适用于连续操作设备的物料衡算；

③以每千克产品为基准，以确定原辅料的消耗定额。

另外，车间每年设备正常开工生产的天数一般采用 300 天计算，其中余下的 36 天作为车间检修时间。对于工艺尚未成熟或腐蚀性大的车间一般采用 300 天或更少一些时间计算。连续操作设备也有按每年 7000~8000 h 为设计计算的基础。如果设备腐蚀严重或在催化反应中催化剂活化时间较长，寿命较短，所需停工时间较多的，则应根据具体情况决定每年设备的工作时间。

3. 收集有关计算数据和物料衡算步骤

（1）收集有关计算数据

为了进行物料衡算，应根据药厂操作记录和中间试验数据收集下列各项数据：反应物的配料比，原辅材料、半成品、成品及副产品等的浓度、纯度或组成，车间总产率，阶段产率，转化率。

（2）转化率

对某一组分来说，反应产物消耗掉的物料与投入反应物料量之比简称该组分的转化率，一般以百分数表示。若用符号 X_A 表示组分的转化率，则得：

$$X_A = \frac{\text{反应消耗}A\text{组分的量}}{\text{投入反应}A\text{组分的量}} \times 100\% \tag{5-3}$$

（3）收率

某主要产物实际收得的量与投入原料计算的理论产量之值，也以百分率表示。若用符号 Y 表示，则得：

$$Y = \frac{\text{产物实际得量}}{\text{按某一主要原料计算的理论产量}} \times 100\% \tag{5-4}$$

或

$$Y = \frac{\text{产物收得量折算成原料量}}{\text{原料投入量}} \times 100\% \tag{5-5}$$

收率一般要说明是按哪一种主要原料计算的。

（4）选择性

各种主、副产物中，主产物所占比率或百分率可用符号 Z 表示，则得：

$$Z = \frac{\text{主反应生成量折算成原料量}}{\text{反应掉原料量}} \times 100\% \qquad (5\text{-}6)$$

$$Y = X \cdot Z \qquad (5\text{-}7)$$

例1：甲氧苄啶生产中由没食子酸经甲基化反应制备三甲氧基苯甲酸工序，测得投料没食子酸（1）25.5 kg，未反应的没食子酸2.0 kg，生成三甲氧基苯甲酸（2）24.0 kg。试求转化率、收率和选择性。

解：化学反应式和分子量为：

分子量188

$$X = \frac{25.0 - 2.0}{25.0} \times 100\% = 89.2\%$$

$$Y = \frac{24.0}{25.0 \times \dfrac{212}{188}} \times 100\% = 83.1\%$$

$$Z = \frac{Y}{X} \times 100\% = 93.1\%$$

实际测得的转化率、收率和选择性等数据就作为设计工业反应器的依据。这些数据是作为评价这套生产装置效果优劣的重要指标。

4. 车间总收率

通常，生产一个化学合成药物都是由多个物理及化学反应工序组成。各种工序都有一定的收率，车间总收率与各工序收率的关系为：

$$Y = Y_1 Y_2 Y_3 Y_4 \cdots \qquad (5\text{-}8)$$

在计算收率时，必须注意质量的监控，即对各工序中间体和药品的纯度要有质量分析数据。

例2：甲氧苄啶生产中，有甲基化反应工序（甲基化反应制备三甲氧基苯甲酸）$Y_1 = 83.1\%$；SGC酯化反应工序（酯化反应制备三甲氧基苯甲酸甲酯）$Y_2 = 91.0\%$；肼化反应工序（肼化反应制备三甲氧基苯甲酰肼）$Y_3 = 86.0\%$；氧化反应工序（应用高铁氰化钾制备三甲氧基苯甲醛）$Y_4 = 76.5\%$；缩合反应工序（与甲氧丙腈缩合制备三甲氧基苯甲醚丙烯腈）$Y_5 = 78.0\%$；环合反应工序（环合反应合成三甲氧基苄啶）$Y_6 = 78.0\%$；精制$Y_7 = 91.0\%$，求车间总收率。

解：

$$Y=Y_1Y_2Y_3Y_4Y_5Y_6Y_7$$
$$=83.1\%\times91.0\%\times86.0\%\times76.5\%\times78.0\%\times78.0\%\times91.0\%=27.56\%$$

5. 物料计算的步骤

① 收集和计算所需的基本数据。

② 列出化学反应方程式，包括主反应和副反应；根据综合条件画出流程图。

③ 选择物料计算的基准。

④ 进行物料衡算。

⑤列出物料平衡表：输出与输入的物料平衡表、"三废"排量表、计算原辅材料消耗定额（kg）。

在化学制药工艺研究中，特别需要注意成品的质量标准、原辅材料的质量和规格、各工序中间体的化验方法和监控、回收品处理等，这些都是影响物料衡算的因素。

例3：兹以每年产300 t的安替比林为例，试求出重氮化过程（苯胺重氮化系整个生产工序的第一工序）的物料衡算。

设已知自苯胺开始的总收率为58.42%。重氮化过程在管道内进行。苯胺、亚硝酸钠、盐酸的浓度分别为98%、95.5%、30%。

解：根据已定的生产能力，每年以300个工作日计，则每昼夜的生产任务为1 t安替比林。然后根据总收率推算出苯胺每天的投料量。

$$C_6H_5NH_2+2HCl+NaNO_2 \longrightarrow C_6H_5N_2Cl+NaCl+2H_2O$$

分子量	93	2×36.5	69	140.5	58.5	2×18
实际投料比	1 :	2.32 :	1.026			
投料量	847	x_1	x_2	x_3	x_4	x_5

纯苯胺每天的消耗量 $=\dfrac{1000\times93}{188\times0.5842}=847$（kg）（188为安替比林分子量）

粗苯胺的消耗量 $=\dfrac{847}{98\%}=864.3$（kg）

根据反应方程式：

$$x_1=\frac{847\times2\times36.5}{93}=665\text{（kg）}$$

$$x_2=\frac{847\times69}{93}=628.4\text{（kg）}$$

$$x_3=\frac{847\times140.5}{93}=1280\text{（kg）}$$

$$x_4=\frac{847\times58.5}{93}=533\text{（kg）}$$

$$x_5 = \frac{847 \times 2 \times 18}{93} = 328 \text{（kg）}$$

实际投料量：

$$\text{HCl 的用量} = \frac{847 \times 2.32 \times 36.5}{93} = 771.2 \text{（kg）}$$

$$30\% \text{HCl 的用量} \frac{771.2}{0.3} = 2571 \text{（kg）}$$

其中，水量 =2571−771.2=1800（kg）；过量 HCl=771.2−665=106.2（kg）。

$$\text{NaNO}_2 \text{ 的用量} = \frac{847 \times 1.062 \times 69}{93} = 645 \text{（kg）} \approx 672.3 \text{（kg）（95.9\%）}$$

$$\text{粗 NaNO}_2 \text{ 中杂质} = 672.3 - 645 = 27.3 \text{（kg）}$$

$$\text{配成 27\% NaNO}_2 \text{溶液的量} = \frac{645}{0.27} = 2389 \text{（kg）}$$

其中，水量 =2389−672.3=1717（kg）；过量 NaNO$_2$=645−628.4=16.6（kg）。

假设 C$_6$H$_5$N$_2$Cl 因分解及机械损失占生成量的 4%，则 C$_6$H$_5$N$_2$Cl 的损失量 =1280×0.04=51.2（kg），C$_6$H$_5$N$_2$Cl 实际生产量 =1280−51.2=1228.8（kg）。

副反应	HCl	+	NaNO$_2$	$\longrightarrow$	NaCl	+	HNO$_2$
分子量	36.5		69		58.5		47
投料量	y_1		16.6		y_2		y_3

根据反应式：

$$y_1 = \frac{16.6 \times 36.5}{69} = 8.78 \text{（kg）}$$

$$y_2 = \frac{16.6 \times 58.5}{69} = 14.1 \text{（kg）}$$

$$y_3 = \frac{16.6 \times 47}{69} = 11.3 \text{（kg）}$$

反应后剩下的 100%HCl=106.2−8.78=97.42（kg）。

上述两反应都是放热的，且剩余的 HCl 在稀释后亦放出热量，为了控制反应温度在 333 K（60℃）左右，用直接加水来调节。

为了求出加水量，必须先求出总的放热量 Q，现分别计算如下：

①

$$\text{C}_6\text{H}_5\text{NH}_2 + 2\text{HCl} + \text{NaNO}_2 \longrightarrow \text{C}_6\text{H}_5\text{N}_2\text{Cl} + \text{NaCl} + 2\text{H}_2\text{O} + 140.89 \text{kJ/mol}$$

$$Q_{r1} = \frac{847}{93} \times 1000 \times 140.89 = 1\,283\,160 \text{（kJ）}$$

②

$$HCl+NaNO_2 \longrightarrow NaCl+HNO_2+14.45kJ/mol$$

$$Q_{r2}=\frac{16.6}{69} \times 1000 \times 14.45=3476（kJ）$$

③ 30%HCl 稀释的无限稀释热为 21kJ/mol

$$Q_p=\frac{97.42}{36.5} \times 1000 \times 21=56\,050（kJ）$$

所以 $Q=Q_{r1}+Q_{r2}+Q_p=1\,283\,160+3476+56\,050=1\,342\,690（kJ）$。

设冷却水自 293 K 加热到 333 K，水的比热为 4.186 kJ/（kg·K），则需水量

$$M=\frac{Q}{C \Delta T}=\frac{1\,342\,690}{4186 \times（333-293）}=8019（kg）。$$

原有水量 =1717（配 NaNO₂ 溶液用）+1800（盐酸内水）+328（反应生成水）
　　　　=3845（kg）

加水量 =8019-3845=4174（kg）。

为简化计，未考虑其他物料从 293 K 加热到 333 K 时所吸收的显热。

物料衡算如表 1 和表 2 所示。

表 1　物料衡算（投料）

物料名称	含量 /%	折纯量	实际投入量			分子比		备注
			质量 /kg	物质的量 /kmol	体积 /m³	理论	实际	
苯胺	98	C₆H₅NH₂	864.3	9.11	0.842	1	1	
亚硝酸钠		NaNO₂645,杂质 27.3	672.3	9.35	0.311	1	1.026	
水			1717		1.717			配 NaNO₂溶液
盐酸		HCl 771.2,H₂O 1800	2571	21.13	2.240	2	2.32	
水			4174		4.174			
合计			9998.6					

表 2　物料衡算（出料）

物料名称	含量 / %	折纯量	实际投入量			分子比		备注
			质量 /kg	物质的量 /kmol	体积 /m³	理论	实际	
重氮盐		1228.8	1228.8	8.75			1	
NaCl		547.1	547.1	9.35			1.07	533+14.1 328+1717
H₂O				8.019				1800+4174

续表

物料名称	含量 / %	折纯量	实际投入量			分子比		备注
			质量 /kg	物质的量 /kmol	体积 /m³	理论	实际	
NHO₂			11.2	0.24				
HCl			97.42	2.67				
杂质			95.8					51.2+17.3+27.3
合计			999.4		9.342			ρ =1070 kg/m³

（六）中试方案设计

中试方案设计主要包括以下几个部分：

① 标题、单位、时间。

② 小试工艺简述：总结小试工作并进行分析讨论，为中试工艺提出依据。

③ 中试设计工艺介绍：介绍设计工艺的原理、优缺点和存在的需要解决的问题。

④ 中试方案设计：介绍主要试验的工艺条件及分析检测要求，包括以下内容：选定方案的依据，如为何要选择此种催化剂、温度、时间等进行试验；实验过程和操作步骤，即如何进行实验；如何对反应过程进行检测、跟踪、分析，如用何种方法对原料、中控样品、产品进行检测，何时取样，如何确定反应终点等。产品的质量要求，即主要检测何种指标；进行物料衡算的要求。

⑤ 中试所需原材料、设备：原料质量控制要求，设备要求及设计方案；大约费用。

⑥ 人员：要成立中试项目领导小组，必须有必要的小试跟踪实验人员、检测人员安排，以及中试技术员、中试操作人员、生产技术人员、中试后勤人员，包括安全人员等。

⑦ 进度安排：必须要满足5次左右中试稳定收率、稳定质量后才能算完成。若有问题，还必须尽快返回小试进行补充实验验证。

⑧ 附件：中试操作规程。根据小试报告提出。在中试过程随着问题的发现要组织中试小组讨论以进行必要的修改。

三、展示及评价

（一）项目展示

① 设计阿司匹林中试方案，按以下目录完成方案内容。

阿司匹林中试方案设计目录

1. 中试项目工作组及职责

2. 阿司匹林小试工艺简述

3. 阿司匹林中试工艺简述

　3.1 工艺设计原理

　3.2 中试工艺过程

　3.3 反应过程监测

3.4 产品质量要求

3.5 物料衡算要求

4. 所需原料设备

5. 实施进度安排

6. 中试操作规程

② 汇报阿司匹林中试方案。

（二）项目评价依据

① 中试方案内容完整性。

② 中试方案设计的科学性与可行性。

③ 操作步骤的合理性、准确性。

④ 方案讲解流畅程度，对中试方案中的原理、流程及控制点的理解程度，讲解的熟练程度与准确性。

（三）考核方案

1. 教师评价表（表5-1）

表5-1　阿司匹林中试方案教师评价表

考核内容		权重 / %	成绩	存在的问题
项目方案制定	查阅阿司匹林合成文献的准确性和完整性	10		
	制定、讲解阿司匹林中试方案设计的依据、可行性情况	15		
	酰基化反应原理（以羧酸、酸酐、酰氯作为酰基化试剂进行酰基化反应）的掌握情况	25		
	讨论、调整、确定阿司匹林中试方案情况	10		
	中试方案撰写的准确性、完整性，问题的讨论与归纳	10		
职业能力与素养	文献查阅能力	5		
	归纳总结文献的能力	5		
	撰写方案的能力	5		
	语言表达能力	5		
	自主学习、创新能力	5		
	团结合作、沟通能力	5		
总分		100		
评分人签名				

2. 学生评价表（表 5-2）

表 5-2　阿司匹林中试方案学生评价表

考核内容		权重 / %	成绩	存在的问题
项目资料	学习态度是否主动，是否能及时完成教师布置的任务	10		
	是否能熟练利用期刊书籍、数据库、网络查询阿司匹林合成的相关资料	20		
	收集的有关学习信息和资料是否完整	15		
	能否根据学习资料对阿司匹林合成制备项目进行合理分析，对所制定的中试方案进行可行性分析	20		
	是否积极参与各种讨论，并能清晰地表达自己的观点	10		
	是否能够掌握所需知识技能，并进行正确的归纳总结	15		
	是否能够与团队密切合作，并采纳别人的意见建议	10		
总分		100		
评分人签名				

任务二　中试试验

一、布置任务

（一）实训操作

按照制定的阿司匹林中试试验方案，在实训室进行阿司匹林中试试验。

（二）完善方案

根据中试试验结果完善阿司匹林中试方案。

二、知识准备

（一）中试的条件

实验进行到什么阶段才进行中试呢？简单地说，中试是小试工艺和设备的结合问题。所以进行中试至少要具备下列的条件：

① 小试合成路线已确定，小试工艺已成熟，产品收率稳定且质量可靠。具体包括合成路线确定、操作步骤明晰、反应条件确定；提纯方法可靠等。

② 小试的工艺考察已完成。已取得小试工艺多批次稳定翔实的实验数据；进行了 3 ~ 5 批小试稳定性试验说明该小试工艺稳定可行。

③ 对成品的精制、结晶、分离和干燥的方法及要求已确定。

④ 建立的质量标准和检测分析方法已成熟确定。包括最终产品、中间体和原材料的

检测分析方法。

　　⑤ 某些设备、管道材质的耐腐蚀实验已经进行。

　　⑥ 进行了物料衡算。

　　⑦ "三废"问题已有初步的处理方法。

　　⑧ 已提出原材料的规格和单耗数量。

　　⑨ 已提出安全生产的要求。

　　（二）中试的方法

　　中试放大的方法有经验放大法、相似放大法和数学模拟放大法。

　　经验放大法主要是凭借研发经验通过逐级放大（小试装置—中间装置—中型装置—大型装置）来摸索反应器的特征和反应条件。它也是目前药物开发中采用的最主要方法。经验放大法的依据是空时得率相等的原则，即假定单位时间内、单位体积反应器所生产的产品量（或处理的原料量）是相同的。因此，根据给定的生产任务，通过物料衡算，求出为完成规定的生产任务所需要处理的原料量后，取用空时得率的经验数据，即可求得放大后的反应器多需要的容积。

　　采用经验放大法的前提是：新设计的反应器必须能够保持与提供经验数据的装置完全相同的操作条件。实际上，由于生产规模的改变要做到完全相同是困难的。所以这种方法不精确，放大倍数都是比较小的，而且只能应用在反应器的形式、结构及操作条件等相近似的情况下。如果希望通过改变操作条件或反应器的结构改进反应器的设计，或进一步寻求反应器的最优化设计与操作方案，经验放大法是无能为力的。

　　虽然经验放大法有上述局限性，但由于化学合成药生产中所涉及的化学反应大多比较复杂，原料与中间体多种多样，化学动力学方面的研究常常又不够充分。在缺乏基础数据的情况下，要从理论上精确地计算反应器也不可能，这时利用经验法却能简便地估算出所需要的反应器容积。所以在化学合成药的工艺研究中，中试放大主要采用经验放大法，它也是目前精细化工采用的主要放大法。

　　相似放大法主要是应用相似理论进行放大，例如，按设备几何尺寸成比例来放大称为几何相似放大；按 Re 相等原则进行放大称为流体力学相似放大等。但是在工业反应器中，化学反应与流体流动、传热及传质过程交织在一起，要同时保持几何相似、流体力学相似、传热相似、传质相似和反应相似是不可能的，因此此法一般只适用于物理过程的放大，如用于反应器中的搅拌器与传热装置等的放大，而不宜用于化学反应过程的放大。

　　数学模拟放大法是应用计算机技术的放大方法，它是今后中试放大的主要发展方向。数学模拟放大法的基础是数学模型，所谓数学模型就是描述工业反应器中各参数之间关系的数学表达式。由于工业反应过程的影响因素错综复杂，要用数字形式来完整地、定量地描述过程的全部真实情况目前的理论尚无法实现，因此首先要对过程进行合理的简化，提出物理模型，用它来模拟实际的反应过程。再对物理模型进行数学描述，即得数学模型。有了数学模型，就可以在计算机上就各参数的变化对过程的影响进行研究，这时只需将输入的数据改变一下就可以了。而如果在实验室内进行这样的研究，那就要消耗大量的人力、物力和时间。利用数学模型来预计大设备的行为，实现工程放大，这种方法称为数学模拟放大法。由于它是以过程参数间的定量关系为基础的，所以就免除了相似方法中的盲目性与矛盾性，而且能够比较有把握地进行高倍数放大，缩短放大周期。

用数学模拟法进行工程放大，能否精确地预计大设备的行为，决定于数学模型的可靠性。因为简化后的模型会与实际过程中有不同程度的出入，所以要将模型计算的结果与中间试验或生产设备的数据进行比较，再对模型进行修正。对一些规律性认识得比较充分、数学模型已经成熟的反应器，就可以大幅提高放大倍数，以至于省去中间试验，而根据实验室小试数据直接进行工程放大。

近年来，微型中间装置的发展也很迅速，即采用微型中间装置替代大型中间装置，为工业化装置提供精确的设计数据。其优点是费用低廉，建设速度快。现在国外的制药设备厂商已注意到这方面的需求，已经设计制造了这类装置。

（三）中试的任务

中试生产是从实验室过渡到工业生产必不可少的重要环节，是二者之间的桥梁。中试生产是小试的扩大，是工业生产的缩影，应在工厂或专门的中试车间进行。中试生产的任务主要有以下十点，实践中可以根据不同情况，分清主次，有计划有组织地进行。

1. 工艺路线和单元反应操作方法的最终确定

一般情况下，单元反应的方法和生产工艺路线应在实验室阶段就基本确定。在中试放大阶段，只是确定具体工艺操作和条件以适应工业化生产。但是当选定的工艺路线和工艺过程，在中试放大时暴露出难以克服的重大问题时，就需要复审实验室工艺路线，修正其工艺过程。

在放大中试研究过程中，进一步考核和完善工艺路线，对每一反应步骤和单元操作，均应取得基本稳定的数据。考核小试提供的合成工艺路线，在工艺条件、设备、原材料等方面是否有特殊要求，是否适合于工业生产。特别是当原来选定的路线和单元反应方法在中试放大阶段暴露出难以解决的重大问题时，应重新选择其他路线，再按新路线进行中试放大。

2. 设备材质和型号的选择

对于接触腐蚀性物料的设备材质的选择问题尤应注意。

3. 搅拌器类型和搅拌速度的考察

反应很多是非均相的，且反应热效应较大。在小试时由于物料体积小，搅拌效果好，传热传质问题不明显，但在中试放大时必须根据物料性质和反应特点，注意搅拌器类型和搅拌速度对反应的影响规律，以便选择合乎要求的搅拌器和确定适用的搅拌速度。

4. 反应条件的进一步研究

实验室小试阶段获得的最佳反应条件不一定完全符合中试放大的要求，为此，应就其中主要的影响因素，如加料速度、搅拌效果、反应器的传热面积与传热系数及制冷剂等因素，进行深入研究，以便掌握其在中间装置中的变化规律。得到更适用的反应条件。

5. 工艺流程和操作方法的确定

提出整个合成路线的工艺流程，各个单元操作的工艺规程，安全操作要求及制度。要考虑使反应和后处理操作方法适用工业生产的要求。特别注意缩短工序，简化操作，提高劳动生产率。从而最终确定生产工艺流程和操作方法。

6. 进行物料衡算，对各步物料进行初步规划

当各步反应条件和操作方法确定后，就应该就一些收率低、副产物多和"三废"较多的反应进行物料衡算。反应产品和其他产物的重量总和等于反应前各个物料投入量的总和是物料衡算必须达到的精确程度，以便为解决薄弱环节。

7. 提出回收套用和"三废"处理的措施

挖潜节能，提高效率，回收副产物并综合利用及防治"三废"提供数据。对无分析方法的化学成分要进行分析方法的研究。

8. 原材料、中间体的物理性质和化工常数的测定

为了解决生产工艺和安全措施中的问题，必须测定某些物料的性质和化工常数，如比热、黏度、爆炸极限等。

9. 原材料中间体质量标准的制定

根据中试研究的结果制定或修订中间体和成品的质量标准，以及分析鉴定方法。小试中质量标准有欠完善的要根据中试实验进行修订和完善。

10. 消耗定额、原材料成本、操作工时与生产周期等的确定

根据原材料、动力消耗和工时等，初步进行经济技术指标的核算，提出生产成本。在中试研究总结报告的基础上，可以进行基建设计，制订型号设备的选购计划。进行非定型设备的设计制造，按照施工图进行生产车间的厂房建筑和设备安装。在全部生产设备和辅助设备安装完毕，如试产合格和短期试产稳定即可制定工艺规程，交付生产。

（四）中试试验装置和中试车间

1. 中试放大的装置

中试放大采用的装置，可以根据反应的要求、操作条件等进行选择或设计，并按照工艺流程进行安装。中试放大也可以在适应性较强的多功能车间中进行。这种车间一般要求具有以下特点：①合成反应步骤多，工艺路线长，过程较复杂；②单元操作过程可能有低温（0~120 ℃）、高温（150~250 ℃）、高压（0~12.5 MPa）、负压（−0.1~0 MPa）等工艺条件；③会使用到易燃易爆、有毒有害的有机溶剂；④会使用到一些腐蚀性的物质；⑤设备的规格和材质要有适应性；⑥通用和互换性较好；⑦灵活性要好，可根据调节的参数要宽；⑧原料药的精烘包要有洁净度要求。中试放大的装置和设备主要有以下几个部分。

（1）多功能反应系统

①钛材反应釜：采用此反应釜可以生产一些需要抗强腐蚀条件的物质。如使用卤素为原料的一些反应。②光合成釜：利用该釜生产的产品纯度高、杂质含量少，同时能提高收

率，降低成本。③高压反应釜：釜内工作压力可达到 4 MPa。芳香化合物加氢、不饱和双键化合物加氢等高压反应，都可以在本釜内完成。④常压、减压反应釜：卤化、酯化、水解、氨解、烷基化、重氮、酰化、羧化、醚化等反应都可在本釜完成。根据需要配置 10~20 L 不同规格的全玻璃反应装置和精馏、蒸发等配备设备仪器及 50~200 L 不锈钢或搪瓷反应釜。⑤集成通用反应器：通过反应器和辅助部件配合，可以完成各类模拟反应。

（2）后处理单元操作

包括离心、过滤、干燥、粉碎、萃取、蒸发、蒸馏、精馏和尾气吸收等多套操作单元。

（3）分析检测系统

通过气相色谱仪、液相色谱仪、离子色谱仪、紫外光谱仪、红外光谱仪和色质联用等对反应过程中间产品及成品进行监控和检测。

（4）公用工程

除去包括给水、供热、供冷、热油、供电、机修、仪器修理和"三废"治理外，真空系统的真空度可达到 750 mm Hg（100 kPa）以上。另外，最好还配置有制氮机等。

2. 多功能中试车间

多功能中试车间的生产区域宜采用单层布局，精烘包和辅助区及公用工程采用局部多层布局，单层厂房内设有多层操作平台以满足工艺需和设备位差的要求，操作平台采用钢结构。设备根据工艺需要反应釜的材质大致分为搪玻璃、玻璃、不锈钢、工程塑料几种，在选型时采用瘦长非标型，这样在实际实验过程中利用率高，搅拌效果好，灵敏度大，搅拌形式选用锚式、叶轮式、框式，在实际应用中再采用一些复合形式，或者加挡板，以达到较好的效果。冷凝器材质有玻璃、搪玻璃、不锈钢、石墨等几种。冷凝器的形式有列管式、蛇管式、片式、螺旋板式、翅片式等几种。在选型时要考虑到压力、物料的适应性、腐蚀性、换热面积、换热效果，安装方便等因素。离心机选用不锈钢和碳钢衬塑两种材质的三足式离心机，转鼓直径为 450 mm 和 600 mm 两种就能满足需要，中试过程中产量一般不会太大，离心操作自动化程度要求不高。水循环泵、水喷射泵作为普通真空用；蒸汽喷射泵、罗茨真空泵作为高真空用；屏蔽泵用于输送不含固体颗粒的毒物、易燃易爆、腐蚀性、放射性及贵重的液体。在药物合成中需要蒸馏或精馏方式来完成物质的分离或提纯，塔节用不锈钢，填料可以使用不锈钢压延孔板波纹或鲍尔环，从而起到较好的分离作用，塔径和塔高要根据物料的物化性质和分离效果决定的。

多功能中试车间的配套公用工程，可以利用药厂本身有的资源，如纯净水、低温冷冻盐水、蒸汽、循环水、压缩空气、液氮和氮气等资源。

多功能车间精烘包区域按 GMP 要求设计，人流和物流分开。由于空间小，洁净区可以采用分散式送风方式，空调室采用柜式较方便。净化空调系统由粗效过滤器、温度和湿度处理器、风机、中效过滤器、高效过滤器等几个单元组成。"三废"处理系统和车间的消防与安全也都按照相关要求进行设计。

这种多功能车间可以适用于多种产品的中试放大，或样品的制备，或样品的小批量的生产。

（五）生产工艺路线复审

一般情况下，单元反应的方法和生产工艺路线应在实验室阶段就基本选定。在中试放大阶段，只是确定具体的工艺操作和条件以适应工业生产。但当选定的工艺路线和工艺过程，在中试放大时暴露出难以克服的重大问题，就需要复审实验室工艺路线，修正其工艺过程。如盐酸氮芥的生产工艺曾用乙醇精制，所得产品熔距很长，杂物较多，难以保证质量。推测它的杂质可能是未被氯化的羟基化合物，中试放大时，改变氯化反应条件和采用无水乙醇溶解，然后加入非极性溶剂二氯乙烷，使其结晶析出，解决了产品质量问题。又根据文献报道，由硝基苯电解还原经苯胲一步制备对氨基酚，是最适宜的工业生产方法，也已经过实验室工艺研究证实。但在中试放大、工艺路线复审中，发现此工艺上需解决一系列问题，如铅阳极腐蚀问题，电解过程中产生的大量硝基苯蒸气的排除问题，以及电解过程中产生的黑色黏稠状物附着在铜网上，致使电解电压升高，必须定期拆洗电解槽等。因而在工业生产上，目前不得不改用催化氢化工艺路线。

（六）反应条件修正

前已述及，实验室阶段的最佳反应条件不一定能完全符合中试放大要求。为此，应该就其中主要的影响因素，如放热反应中的加料速度，反应罐的传热面积与传热系数，以及制冷剂等因素进行深入的实验研究，掌握它们在中试装置中的变化规律，以得到更合适的反应条件。

例如，磺胺 –5– 甲氧嘧啶产生的中间体甲氧基乙醛缩二甲酯是由氯乙醛缩二甲酯与甲醇钠反应制得的。

$$ClCH_2CH（OCH_3）_2 \xrightarrow{CH_3ONa} CH_3OCH_2CH（OCH_3）_2$$

甲醇钠的浓度为 20% 左右，反应温度为 140 ℃，反应罐内显示 10×10^5 Pa（10 kg /cm^2）的压力。这样的反应条件，对设备要求过高，必须改革。中试时在反应罐上安装了分馏塔，随着甲醇馏分流出，罐内甲醇钠浓度逐渐升高，同时反应生成物沸点较高，反应物可在常压下顺利加热到 140 ℃进行反应，从而把原来要求在加压条件下进行的反应改变为常压反应。

三、展示及评价

（一）项目展示

展示合成的阿司匹林产品。

阿司匹林（乙酰水杨酸）是白色结晶性粉末（图 5-1）。无臭，微带酸味，熔点为 136~140 ℃。

图 5-1　阿司匹林

（二）项目评价依据

① 实施过程，操作的规范程度。

② 安全、环保措施是否得当。

③ 对中试方法及操作控制点的理解程度。

④ 产品整体质量。

⑤ 项目实施过程的职业能力及素养养成。

（三）考核方案

1. 教师评价表（表 5-3）

表 5-3　阿司匹林中试试验教师评价表

考核内容		权重 /%	成绩	存在的问题
项目实施过程	仪器选择及安装	5		
	物料处理	5		
	物料称取、加料顺序	5		
	控制反应过程	5		
	反应终点的检测	5		
	后处理操作	5		
	干燥，称重，计算收率	5		
	物料衡算	5		
	实验室"三废"处理及环保措施	5		
	实验现象、原始数据记录情况	5		
	产品整体质量，包括外观、收率	10		
	实训报告完成情况	10		
职业能力与素养	动手能力、团结协作能力	5		
	现象观察、总结能力	5		
	分析问题、解决问题能力	5		
	突发情况、异常问题应对能力	5		
	安全及环保意识	5		
	仪器清洁、保管	5		
总分		100		
评分人签名				

2.学生评价表（表5-4）

表5-4　阿司匹林中试试验学生评价表

考核内容		权重/%	成绩	存在的问题
项目实施过程	能否独立正确选择、安装实训装置	5		
	是否能对所用原料进行处理	10		
	能否准确控制反应过程	10		
	能否正确检测反应终点	10		
	能否正确进行后处理操作	10		
	所得产品的质量、收率是否符合标准	15		
职业能力及素养养成	能否准确观察实验现象，及时、实事求是地记录实验数据	10		
	是否能独立、按时按量完成实训报告	10		
	对试验过程中该出现的问题能否主动思考，并使用现有知识进行解决，对试验方案进行适当优化和改进，并知道自身知识的不足之处	15		
	完成实训后，是否能保持实训室清洁卫生，合理处置实训产生的废弃物，对仪器进行清洗，药品妥善保管	5		
总分		100		
评分人签名				

任务三　撰写中试总结报告

一、布置任务

（一）撰写报告

按照撰写要求完成阿司匹林中试试验总结报告，并完成相应的技术文件。

（二）总结汇报

讲解阿司匹林中试试验情况，阐述操作过程中的要点。

二、知识准备

（一）中试总结报告撰写

原料药开发中试试验结束以后，需要对中试研究的结果进行总结，包括中试基本情况、中试工艺调整情况、反应原理、生产流程图、工艺过程、质量控制、产品分析方法和综合利用与"三废"治理等，形成中试总结报告。

中试总结报告主要包括以下几个部分：

① 项目名称、负责人、参与人、时间和地点。

② 项目中试情况：总结中试的生产质量情况、原料消耗定额及收率指标、主要设备、生产周期和劳动定员。

③ 中试工艺调整：介绍中试试验过程中对小试工艺及中试过程中调整的工艺路线情况。

④ 生产流程图：主要介绍工艺流程图和设备流程图。

⑤ 工艺过程：主要总结物料配比、操作过程及工艺条件、包装工艺及储存条件、工艺过程异常情况及处理方法。

⑥ 生产工艺和质量控制：包括生产工艺过程中各种原辅材料、中间体和产品的质量控制方法。

⑦ 分析方法：主要介绍质量标准要求的产品各项质量指标的分析方法。

⑧ 综合利用与"三废"治理：对反应产生的副产物、未反应物质、溶剂、催化剂等的回收利用方法进行总结；对主要废弃物及其排放处理方法进行介绍。

⑨ 附件。

（二）生产工艺规程制定

一个药物可以采用几种不同的生产工艺过程，但其中必有一种是在特定条件下最为合理、最为经济又能保证产品质量的。人们把这种生产工艺的各项内容写成文件形式即称为生产工艺规程。

由于生产的药品种类的不同，医药品生产规程的繁简程度也有很大差异。通常认为：拟定工艺路线是制定生产工艺规程的关键，也是生产工艺过程和进行生产的重要依据。因此，生产工艺规程是指导生产的重要文件，也是组织管理生产的基本依据；更是工厂企业的核心机密。先进的生产工艺规程是工程技术人员，岗位工人和企业管理人员的集体创造，属于知识产权的范畴，要积极组织申请专利，以保护发明者和企业的合法权益，同时，还应严守机密。

中试放大阶段的研究任务完成后，便可根据生产任务进行建设设计，遴选和确定定型设备及非定型设备的设计和制作，然后，按照施工图进行生产车间或工厂的厂房建设、设备安装和辅助设备安装等。在全部生产设备和辅助设备安装完毕后，如经试车合格和短期试生产达到稳定之后，即可制定生产工艺规程。

当然，生产工艺规程并不是一成不变的，随着科学技术的进步，生产工艺规程也将不断地改进与完善，以便更好地指导生产，但绝非意味着可以随意更改生产工艺规程。要更改生产工艺规程必须履行严格的审批手续，有组织有领导地进行，必须遵循"一切经试验"的原则。

1. 生产工艺规程的主要作用

生产工艺规程是依据科学理论和必要的生产工艺试验，在生产工人及技术人员生产实践经验基础上总结的。由此总结所制定的生产工艺规程，在生产企业中，需经一定部门审核。经审定批准的生产工艺规程，企业有关人员必须严格执行。在生产车间，还应编写与生产工艺规程相一致的岗位技术安全操作法。后者是生产岗位操作工人作业的直接依据和对工人进行培训的基本要求。生产工艺规程的作用如下。

（1）生产工艺规程是组织工业生产的指导性文件

生产的计划、调度只有根据生产工艺规程安排，才能保证各个环节之间的相互协调，才能按计划完成任务。如抗坏血酸生产工艺过中，既有化学合成过程（高压加氧、酮化、氧化等），又有生物合成（发酵、氧化和转化），还有精制后处理及镍催化剂制备、活化处理、菌种培育等，不同过程的操作工时和生产周期各不同，原辅材料、中间体质量标准及各中间体按照生产工艺规程组织生产，才能保证药品质量，保证生产安全，提高生产效率，降低生产成本。

（2）生产工艺规程也是生产准备工作的依据

化学合成药物在正式投产前要做大量的生产准备工作。工厂就根据工艺过程供应原辅材料，需要有原辅材料、中间体和产品的质量标准，还有反应器和设备的调试、专用工艺设备的设计与制作等。例如，抗坏血酸生产工艺过程要求有无菌室、三级发酵种子罐、发酵罐、高压釜等特殊设备。又如，制备次氯酸钠需用液碱和氯气；加压氢化需氢气和雷尼镍制备等；还有不少有毒、易爆的原辅材料。这些设备、原辅材料的准备工作都要以生产工艺规程为依据进行。

（3）生产工艺规程又是新建和扩建生产车间或工厂的基本技术条件

在新建和扩建生产车间或工厂时，必须以生产工艺规程为依据。先确定生产品种的年产量；其次是反应器、辅助设备的大小和布置；进而确定车间或工厂的面积；还有原辅材料的储运，成品的精制、包装等具体要求；最后确定生产工人的工种的等级、数量、岗位技术人员的配备，各个辅助部门如能源、动力供给等也都以生产工艺规程为依据逐项进行安排。

2. 制定生产工艺规程的原始资料和基本内容

制定生产工艺规程要保证药品质量，要有高的收率；要有"三废"治理措施；要有安全生产的措施；要减少人力和物力的消耗，降低生产成本，使它成为最经济合理的生产工艺方案。此外，还必须尽量降低人工的劳动强度，使操作人员有良好的安全的工作条件和工作环境。药品质量、劳动生产率、收率、经济效益和社会效益，这五者相互联系，但又相互制约。提高药品的质量会增加社会效益，增强药品的竞争力。但有时会影响劳动生产率和经济效益；采用了先进生产设备虽可提高生产率、减轻劳动强度，但因设备投资较大，若产品产量不够大时，其经济效益就可能较差；有时收率虽有提高，但药品质量会受影响。有时可能因原辅材料涨价或"三废"严重，而影响生产成本或不能正常生产。制定生产工艺规程，需具备下列原始资料和包括的基本内容：

① 产品的介绍。叙述产品规格、药理作用等，包括：名称（商品名、化学名、英文名）；化学结构式、分子式、分子量；性状（物理化学性质）；质量标准及检验方法（鉴别方法、准确的定量分析法、杂质检验方法和杂质最高限度检验方法）；药理作用、毒副作用（不良反应）、用途、适应证、用法；包装与储存。

② 化学反应过程。按化学合成或生物合成，分工序写出主反应、副反应、辅助反应（如催化剂的制备、副产物处理、回收套用）及其反应原理。还要包括反应终点的控制方法和快速化验方法。

③ 生产工艺流程。以生产工艺过程中的化学反应为中心，用图解形式把冷却、加热、过滤、蒸馏、提取分离、中和、精制等物理化学处理过程加以描述。

④ 设备一览表。包括岗位名称、设备名称、规格、数量（容积、性能）、材质、电机容量等。

⑤ 设备流程和检修。设备流程图是用设备示意图的形式来表示生产过程中各设备的衔接关系。

⑥ 操作工时与生产周期。记述各岗位中工序名称、操作时间（包括生产周期与辅助操作时间，并由此计算出产品生产总周期）。

⑦ 原辅材料和中间体的质量标准。按岗位名称、原料名称、分子式、分子量、规格项目等列表。也可以逐项逐个地把原辅材料、中间体的性状、规格及注意事项列出（除含量外，要规定可能产生和存在的杂质含量限度）。必要时应和中间体产生岗位或车间共同议定或修改规格标准。

⑧ 生产工艺规程。在制定生产工艺规程时应深入生产现场进行调查研究，特别要重视中试放大时的各个数据和现象。对异常现象的发现和处理及产生原因要进行分析。生产工艺规程应包括：配料比（摩尔比和重量比，投料量）；工艺操作；主要工艺条件及其说明和有关注意事项；生产过程中的中间体及其理化性质和反应终点的控制；后处理方法及收率等。若为生物合成工艺过程，应对菌种的培育移种，保存、传代驯养，无菌室操作方法，培养基的配制，异常现象的处理及生产原因等主要工艺条件加以说明。

⑨ 生产技术经济指标。一是生产能力包括成品（年产量、月产量）和副产品（年产量、月产量）；二是中间体，成品收率。分步收率和成品总收率，收率计算方法；三是劳动生产率及成本，即全员和工人每月每人生产数量和原料成本、车间成本及工厂成本等；四是原辅材料及中间体消耗定额。

⑩ 技术安全及防火防爆。制药工业生产过程中除一般化学合成反应外，尚包括高压、高温反应及生物合成反应，必须注意原辅材料和中间体的理化性质，逐个列出预防原则和技术措施、注意事项。如抗坏血酸的生产工艺过程所用的雷尼镍催化剂应随用随制备，储存期不能超过 1 个月，暴露于空气中便急剧氧化而燃烧。氢气更是高度易燃易爆的气体，氯气则是有窒息性的毒气，并能助燃。

⑪ 主要设备的使用与安全注意事项。例如，离心机使用时一般必须采用启动加料的方式，离心泵严禁先关闭出料门后停车；吊车起重量不准超过规定负荷，不用时必须落到地面；搪瓷玻璃管夹层压力不得超过 5.884×10^5 Pa（6 kg/cm^2），受压容器的承受压力不得超过其允许限度等。

⑫ 成品、中间体、原料检验方法。

⑬ 资源综合利用和"三废"处理。

⑭ 附录（有关常数及计算公式等）。

3. 生产工艺规程的制定和修订

医药品必须按照生产工艺规程进行生产。对于新产品的生产，在试车阶段，一般是制定临时生产工艺规程；有时不免要做些设备上的调整，待经过一段时间生产稳定后，再制定生产工艺规程。

生产技术是不断发展的，人们的认识也在不断地发展，需要加强工程技术人员对化学工程的研究。药品生产通常是更新快，生产工艺改进提高潜力大，对产品质量的要求也在不断提高，数量变化也大；随着新工艺、新技术和材料的出现和采用，已制定的生产工艺规程需进行及时修订，以反映出经过实践考验的技术革新的新成果和国内外的先进经验。

制定和修改生产工艺规程的要点和顺序简述如下：

① 生产工艺路线是拟定生产工艺规程的关键。在具体实施中，应该在充分调查研究的基础上多提出几个方案进行分析比较验证。

② 熟悉产品的性能、用途和工艺过程、反应原理；明确各步反应或各工序、中间体的技术要求，技术条件的依据，安全生产技术等，找出关键技术问题。

③ 审查各项技术要求是否合理，原辅材料、设备材质等选用是否符合生产工艺要求。

④ 规定各工序和岗位采用的设备流程和工艺流程，同时考虑本厂现有车间平面布置和设备情况。

⑤ 确定和完善各工序或岗位技术要求及检验方法。

⑥ 审定"三废"治理和安全技术措施。

⑦ 编写生产工艺规程。

三、展示及评价

（一）项目展示

阿司匹林中试总结报告，模板如下。

阿司匹林中试总结报告

1. 项目中试情况简介

1.1 阿司匹林中试生产运行情况

1.2 原料消耗定额及收率指标

1.3 质量标准及生产质量情况

2. 合成工艺的反应原理

2.1 反应方程式

2.2 反应机理

3. 生产工艺过程

3.1 工艺流程图

3.2 物料配比

3.3 工艺条件

4. 质量控制

5. "三废"处理

6. 其他

（二）项目评价依据

① 总结报告书写的规范性。

② 总结报告内容的完整性、科学性、真实性。

③ 总结报告提交的及时性。

（三）考核方案

1. 教师评价表（表 5-5）

表 5-5　阿司匹林中试总结报告教师评价表

考核内容		权重 / %	成绩	存在的问题
项目完成情况	书写的规范性	10		
	内容完整性	10		
	内容科学性	10		
	内容真实性	10		
	提交及时性	10		
职业能力与素养	查阅文献能力	10		
	总结归纳的能力	10		
	文字组织能力	10		
	讲解方案的语言表达能力	10		
	团结协作、沟通能力	10		
总分		100		
评分人签名				

2. 学生评价表（表5-6）

表5-6 阿司匹林中试总结报告学生评价表

考核内容		权重 / %	成绩	存在的问题
项目完成情况	学习是否主动，能否及时完成教师布置的任务	10		
	是否能熟练利用期刊书籍、数据库、网络等手段查询阿司匹林相关资料	10		
	是否积极参与各种讨论，并能清晰地表达自己的观点	10		
	是否能够掌握所需知识技能，并能清晰地表达自己的观点	10		
	是否能够与团队密切合作，并采纳别人的意见、建议	20		
职业能力及素养养成	是否能独立、按要求完成总结报告	10		
	对报告撰写过程中出现的问题能够主动思考	10		
	是否能灵活地运用现有的知识和技能处理遇到的问题	20		
总分		100		
评分人签名				

项目六 降压药——阿折地平的试生产

【知识目标】

了解降压药物的基本情况；

掌握原料药试生产准备和试生产的主要工作内容。

【技能目标】

能根据试生产的要求，进行试生产准备，撰写方案；

能按照试生产要求进行试生产操作；

能对试生产结果进行分析总结，撰写总结文件。

【素质目标】

培养学生团队合作的意识；

培养学生节能、环保的意识；

培养学生发现问题、解决问题的能力和创新意识。

【项目背景】

高血压是最常见的心血管疾病，高血压又分为原发性和继发性高血压两种。原发性高血压的病因尚未确定，但与神经、激素、电解质、血管壁、遗传等几种因素有关。原发性高血压约占全部高血压患者的 80%。此外约有 60% 的高血压患者进一步伴有一种或几种另外的心血管疾病，如充血性心衰、中风、冠心病、进行性肾衰等。继发性高血压的病因则与肾蛋白水解酶、神经递质、内分泌及某些心血管因子有关。目前临床上经常使用的抗高血压药物可分为利尿药、交感神经抑制剂、扩血管药物、血管紧张素转化酶抑制剂、钙通道阻滞剂等。

其中，钙通道阻滞剂（CCB）或称钙拮抗剂是 20 世纪 70 年代初陆续用于临床的一类心脑血管药物，钙拮抗剂的出现认为是继 β – 受体阻滞剂后心脑血管药物的一大进展。临床上钙拮抗剂除可用于高血压外，还可用于心绞痛、心律失常、脑血管痉挛、心肌缺血等。目前临床上应用最多的钙拮抗剂主要有 3 类：二氢吡啶类，维拉帕米类和地尔硫䓬类。阿折地平属于二氢吡啶（DHP）类钙通道阻滞剂，CCB 类作为一线高血压治疗药，由于降压效果可靠性而被广泛应用。阿折地平化学名称：3–（1– 二苯基甲基氮杂环丁基）–5– 异

丙基 –2– 氨基 –1，4– 二氢 –6– 甲基 –4–（3– 硝基苯基）–3，5– 吡啶二羧酸酯。阿折地平的结构式如下：

　　阿折地平是以"降压作用和缓与持久，且对心脏刺激少的理想 CCB 类降压药物"为目标而开发的。该药品的降压作用与第三代的 DHP 类 CCB 类药物氨氯地平十分相似，作用持续时间长而且作用和缓。但是，阿折地平在对心脏的影响和血管组织亲和性等药理特性方面和氨氯地平存在差异，不容易引起心动过速等交感神经系统的兴奋和肾素血管紧张素（RA）系统的活性化。另外，研究表明阿折地平具有利尿作用、心保护作用、肾保护作用及抗动脉硬化作用。有着这些特点的阿折地平作为理想的钙通道阻滞药物对于高血压治疗具有划时代意义。临床上广泛用于轻症或中等症状原发性高血压、伴有肾功能障碍高血压及重症高血压患者。

任务一　制定试生产方案

一、布置任务

（一）制定方案

查阅专业期刊、图书、网站等，制定阿折地平试生产方案。方案可以有多种，然后对其进行对比、分析，完善，确定优化方案。

（二）讲解方案

讲解阿折地平试生产方案，详细阐述工艺原理、过程及操作要点。

二、知识准备

（一）试生产前的准备

1. 生产装置的设计与安装

（1）生产装置的设计

1）工艺流程设计

根据小试和中试结果，再通过论证确定一种适合于生产的工艺方法，包括化学反应过程、单元操作、"三废"处理、物料流向等，用图解的方法表示该生产过程，即工艺流程设计。最简单的一种工艺流程设计是通过工艺流程方框图表示，经过物料衡算后，可绘制物料流程图，设备大小及位置、控制方案等确定后便可绘制带控制点的工艺流程图，它是生产装置现场安装的依据，因此在该图中应反映设备外形、高低位置及物料流向。

2）车间工艺布置

车间工艺布置需满足生产工艺要求，设备布置尽可能与工艺流程一致，并尽可能利用工艺过程使物料自动流送，避免中间体和产品输送管路交叉往返。一般可将计量设备布置在最高层，主要设备（如反应器等）布置在中层，分离设备（如离心机等）布置在下层，储槽类设备可布置在下层或地下（如离心机母液储槽）。车间工艺布置需对车间建筑设计提出要求，包括建筑结构、层高、层数、长与宽等。车间工艺布置还需考虑设备安装、检修及拆卸所需要的空间，以及设备检修、拆卸及物料运输需要的起重运输设备所需空间与承重等。车间工艺布置设计是通过车间设备布置图加以表达。

3）车间工艺管道布置

管道是在带控制点工艺流程图、设备布置图、非定型设备简图或定型设备装配图、仪表及自控装置位置图完成的基础上进行布置设计的。管道的布置设计也要考虑多方面因素，首先是要按照国家关于压力管道设计、安装有关规定，充分考虑操作和维修方便；其次是要考虑管径、管材、管道连接方式、管件、阀门等的选择与确定。洁净区技术夹层内管道布置要与暖通、电器仪表等专业协调安排并要符合GMP的要求，做到安全可靠、经济合理。管道布置设计是通过管道布置图加以表达。

（2）生产装置的安装

1）安装前的准备工作

化工生产装置在安装之前应做好充分的准备工作，才能保证安装过程按预定的计划进行，达到高质量的要求。

化工装置在安装前应准备的技术文件：①设备的出厂合格证明书；②制造厂提供有关重要零件和部件的制造、装配等质量证书及机器的运转记录；③设备的安装布置图、平面图、基础图、总装配图主要部件图、易损零件图及安装使用说明书；④设备的装配清单；⑤有关的安装规范及技术要求或方案。

化工设备开箱检验及管理要求：①按照装箱清单核对机器的名称、型号、规格；②检查随机技术资料及专用工具是否齐全；③对主机、附属设备及零、部件进行外观检查、并核实零部件的品种、规格、数量等；④检验后应提交有签证的检验记录。如果机器和各零部件暂不安装，应采取适当的防护措施妥善保管。凡是与设备配套的电气、仪表等设备及备件，应有专业人员进行验收。

设备安装前施工现场具备的条件：①土建工程已基本结束，即基础具备安装条件；②施工运输和消防道路畅通；③施工用的照明、水源及电源试用顺畅；④安装用的起重设备运输设备具备条件；⑤设备周围不影响安装，备有必要的消防器材。

2）基础的验收与处理

地基和基础是设备安装的"根基"，属于地下隐蔽工程。各地土质的不同，其勘察、设计和施工质量直接关系到设备的安危。实践已经证明，很多设备事故确与基础的质量有关，而且一旦出现地基事故，采取补救措施非常困难，因此，设备安装前对设备的基础进行严格检验是非常必要的工作步骤。根据有关规定，基础的验收和处理应按下列顺序进行。

第一步，设备安装前，设备基础必须经交接验收，基础上应明显地画出标高基准线、纵横中心线，相应的建筑物上应标有坐标轴线，设计要求进行沉降观测的设备基础应有沉降观测水焦点。

第二步，设备安装单位要按以下规定对基础进行复查。①基础的外观不应有裂纹、蜂窝、空洞及露筋等缺陷；②基础外观及尺寸、位置等质量要求，应符合《钢筋混凝土工程施工验收规范》（GB 10—65）的规定；③混凝土基础强度达到设计要求，周围土方应回填、夯实、整平，预埋的地脚螺栓螺纹部分应无损坏。

第三步，按设计图样并依据有关建筑物的轴线、边缘线和标高基准线复查设备的纵、横中心线和标高基准线，并确定安装基准线。

第四步，修整基础表面，需灌浆的基础表面应凿麻面，被油污染混凝土应铲除，放置垫片处（至周边 50 mm）的混凝土表面应铲平，铲平位的水平偏差 21 mm/m，并按要求与垫片接触良好，预留地脚螺栓孔内杂物应清理干净。

第五步，核查基础尺寸及位置偏差，坐标位置、纵横轴线 ±20 mm；不同平面的标高 −20 mm 预留地脚螺栓顶端标高 +20 mm；预留地脚螺栓孔的深度 +20 mm；孔壁垂直度 10 mm；水平度 5 mm；中心距 ±20 mm；水平（平面 5/m）。

3）设备的安装

设备的安装一般采用有垫铁和无垫铁两种不同的方法，采用哪一种安装方法主要取决于设备的质量，底座的结构形式及负荷的分布情况。

有垫铁安装是在基础经验收合格后，把基础表面清理干净，设备吊装就位，用几组临时垫铁支承机器，进行找正、找平。放入地脚螺栓经检验合格后，对地脚螺栓孔进行灌浆。待混凝土达到设计强度 75 % 以上时，用水冲净放置正式垫铁位置的基础表面，清除积水。根据间隙大小的需要，在此位置堆积一定量的砂浆，把搭配好的垫铁组放在砂浆之上。然后内外同时推进垫铁，挤出部分砂浆。垫铁四周的砂浆砌成 45° 的光坡后进行养护。当混凝土达到设计强度 75 % 以上时，则拆出临时垫片，用正式垫片来调正，复查设备安装的精度，同时打紧垫铁，并在垫铁层间点焊固定，并拧紧地脚螺栓。

无垫铁安装是不采用垫铁，设备的自重及地脚螺栓的拧紧力均由二次灌浆承担的安装方法，使用底座地面比较平整的设备。对于转速高负荷较大的设备，二次灌浆层应捣实（如空分汽轮机）。对于一般的机器可采用灌注的方法。当设备底板上无调整螺栓，可用自制螺旋千斤顶进行设备的找正、找平。将千斤顶用模板隔离，用微涨混凝土灌入基础和设备底座之间的空隙，并用捣装工具将浆层捣实。待二次灌浆达到设计强度 75 % 以上时。取出千斤顶复查水平，再对千斤顶位置补浆。设备底板上带有调节螺钉时，只需在调节螺钉相应的基础上铺设一块钢板，用高强度的水泥使其与基础相结合。设备找平、找正完毕后，用无收缩水泥砂浆进行二次灌浆。并用捣浆工具将浆层捣实，二次灌浆可一次完成。

4）附属设备与管道安装

化工设备的附属设备根据设备的种类而异，例如，泵的机械密封、冷却和润滑系统压缩机的油箱、注油器、过滤器等附属设备的安装按附属设备技术文件及规范进行。附属设备安装后，内部应保持清洁，无异物。与设备连接的油、水汽管道也一定要清洁，无铁屑、焊渣、漆皮、灰尘等杂物，这样才能保证管道畅通。管道布置应整体排列，管壁之间应有适当的距离以便于安装和维修，安装定位要稳定。处于水平部分回油管道安装坡度不小于 5/1000，低向油箱，便于自然回留。碳钢管道配置完后，管内应进行酸洗纯化处理，处理后应及时干燥喷油，严禁污染。需进行压力试验的管道，应在酸洗纯化前进行试验。

除上述本身的油、水汽管道外，与设备连接的大直径进出口管道的连接应注意以下问题：①与设备连接的管道，其固定焊口一般应远离设备（机器），以避免焊接应力的影响。管道连接后，不允许管道对设备产生附加外力；②配对法兰在自由状态下的距离，以能顺利放入垫片的最小间隙为宜，法兰自由状态应同心且平行，连接螺栓顺利穿过法兰；③管道与设备最终连接时，应在联轴器上用百分表监测其径向外移，转速大于 100 Hz 的机器，应不超过 0.05 mm，否则应对管道进行调整。

2. 生产装置的试运转

生产装置的试运转需具备的条件：①设备的主机及附属设备就位、找平、找正检查及调整等安装工作全部结束，并有齐全的安装检修记录；②二次灌浆的混凝土达到设计强度值，基础抹面工作结束；③与试运转有关的工艺管道及设备具备使用条件；④保温绝缘层及防腐工作已基本结束；⑤与试车有关的水、气、汽等公用工程及电气、仪表系统满足使用要求。

另外，还需审定运转方案及检查试运转现场是否具备试运转条件；试运转现场是否已安排好安全及防护措施，防护用具，机器的安全罩；设备入口处按规定装设过滤网（消声器）；试运转用的润滑油（酯）应符合设计要求。

在设备运转之前，还需对水、油、气、汽系统进行试运转，各系统在工作压力下流体流动畅通，不泄漏，不互窜，冲洗后应符合设备技术文件规范要求。在试运转中，各附属设备运转灵活可靠，符合有关技术文件或相应规范的要求，达到验收的标准。

在水、油、汽系统和附属设备试运转合格之后，方可进行设备的试运转，设备的启动、运转或停机必须按技术文件的要求进行，并应注意以下问题：

① 机器设备启动前的要求：设备的电气、仪表控制系统及安全保护连锁等系统，动作应灵活，指示数字灵敏可靠；放气或排污完毕；盘车检查应转动灵活，无异常现象；带压供油系统的设备，各供油点的油压、油量和油温均符合设计要求。用其他形式供油的机

器，供油状况应符合润滑要求。

②设备试运转的检查重点：有无异物声响、噪声等现象；轴承温度应符合技术文件"专项规定"的规定，若无规定，滚动轴承的温度应不超过 40 ℃，其最高温度一般应不超 75 ℃，滑动轴承的温度应不超过 35 ℃，其最高温度一般应不超 65 ℃；检查设备各系统的压力等参数和其他主要部位的温度是否在规定的范围内；检查驱动电机的电压、电流及温度是否超过规定值；设备的振动值应符合技术文件中的规定；检查机器各紧固部位有无松动现象。如检查发现异常现象应立即停机检查处理，不应在机器运转时紧固螺栓和处理其他问题。

③试运转各阶段的时间要求：试运转分无负荷和有负荷两个阶段进行，试运转参照表 6-1 执行。

表 6-1　化工设备单机试运转时间

设备种类			连续运转时间	
			无负荷	有负荷（额定）
压缩机	活塞	大型	8	≥ 48
		中小型	4	24
压缩机	活塞式　冷 离心式 离心式　冷 螺杆式		2	4
			8	≥ 24
			2	8
			2	4
风机	离心式 轴流式 罗茨			2 2 2
泵	离心式 往复式 螺杆		>15 分钟	4 4 4

④试运转采用的介质要求：根据设计及实际条件决定，若无特殊规定时，泵一般选用水，压缩机一般以空气、氮气为试运转介质，但需注意以下事项：第一，设计工作介质的密度比水小时，应计算出以水进行试运转所需的功率，此功率不得超过额定值。若超过功率时应调整试运转参数或采用规定的介质进行试运转；第二，工作介质不是空气或氮气的压缩机，采用空气或氮气试运转时，应计算出用空气或氮气试运转所需的功率和压缩后温升是否超过额定值。若超过额定值，应调整试运转参数或采用规定介质进行试运转；第三，工作压力大于 25 MPa 的压缩机，采用隆起运转时，最高排气压力不得高于 25 MPa；第四，低温泵用水试运转后，必须进行干燥处理。

⑤试运转结束后应做的工作：试运转结束后，应断开电源及其他动力来源，卸掉各系统中的压力及负荷（包括放水、放气及排污）；检查各紧部件，拆出临时管道及设备，将正式管道进行回复；整理相关记录。

3. 生产装置的交工验收

化工设备经试运转合格后，在建设单位和施工单位技术负责人及施工负责人员的共同参加下，对化工设备的安装进行交工验收，验收过程应对安装质量进行综合评价，施工单位交出施工资料。其中包括：①安装过程中经修改的零件图及其说明，设计变更的有关资料；②基础等隐蔽工程施工和验收记录；③安装记录，包括机身找平、找正记录。轴承等各部位的间隙记录，清洗和试运转记录；④其他有关资料，包括机器零部件的受损或缺陷修复等，附属设备的试运转和耐压，气密性试验记录等。

交工合格后，建设单位应妥善保管有关资料，组织操作人员熟悉化工机器的操作规程，掌握化工设备的操作方法。

（二）安全环保许可

化学原料药的生产一般都会涉及危险化学品及可能造成环境污染问题，因此在项目试生产前需要申办并取得安全生产许可证和排污许可证。

1. 安全许可

在办理安全生产许可证时，需要向安全生产许可证颁发管理机关提交的材料包括安全生产许可证申请书，各种安全生产责任制文件，安全生产管理制度和操作规程清单，设置安全生产管理机构及配备专职安全生产管理人员文件，主要负责人、安全生产管理人员和特种作业人员考核合格证明材料，为从业人员缴纳工伤保险费的有关证明材料，安全评价报告，危险化学品事故应急救援预案，工商营业执照副本或者工商核准通知，危险化学品生产企业征求意见书。申请材料齐全，符合要求后，即被受理。对已经受理的申请，安全生产许可证颁发管理机关应在征得危险化学品生产企业所在地人民政府安全生产监督管理部门或者有关部门同意后，指派有关人员对申请材料和安全生产条件进行审查；需要到现场审查的，应当到现场进行审查。安全生产许可证颁发管理机关应当对有关人员提出的审查意见进行讨论，并在受理申请之日起45个工作日内做出颁发或者不予颁发安全生产许可证的决定。对决定颁发的，安全生产许可证颁发管理机关应当自决定之日起10个工作日内送达或者通知申请人领取安全生产许可证；对不予颁发的，应当在10个工作日内书面通知申请人并说明理由。安全生产许可证有效期为3年。安全生产许可证有效期满后继续生产危险化学品的，应当于安全生产许可证有效期满前3个月，按照规定向原安全生产许可证颁发管理机关提出延期申请，并提交相关文件、资料和安全生产许可证副本。

2. 环保许可

环保行政许可的第一阶段是对环境影响进行评价，需提供的资料包括项目建议书（可行性报告）、项目备案证、选址意见或规划部门规划证明（土地证或租赁协议）。准备好以上需提供的资料后，首先到本地区建设局环保科核查项目是否符合环保要求，确定环评审批级别，一般环保审批级别分国家环保局、省环保局及市环保局三级审批。其次是由环评审批部门确定环评种类，环评种类包括：《建设项目环境影响登记表》《建设项目环境影响报告表》或《建设项目环境影响报告表附专项评价》《建设项目环境影响报告书》。

最后是进行环评编制及审批，对于批准编制《建设项目环境影响登记表》的项目，则不需要编制环评文件，直接填写《建设项目环境影响登记表》，提交环保审批部门审批；对于批准编制《建设项目环境影响报告表》的项目，将环评所需材料交予有资质的环评单位编制环境评价评估意见，提交环保审批部门审批；对于批准编制《建设项目环境影响报告表附专项评价》的项目，准备好所需资料到有资质的环评单位进行环境评价，环保部门组织专家评审，对环评报告进行修改后，由评估中心提出评估意见，并上报审批部门审批；对批准编制《建设项目环境影响报告书》的项目，准备好所需资料到有资质的环评单位，环评单位编制环评大纲，组织专家咨询会，修改大纲、本底监测、编制报告书（报审版），再次组织专家评审，修改环评报告，评估中心提出评估意见，上报审批部门审批。

环保许可的第二阶段是严格执行建设项目"三同时"，做到环保设施与建设主体工程同时设计、同时施工、同时投产。

项目及环保设施建设、设备安装完毕，人员到位，符合试生产条件，提起试生产申请，经过现场检查后，由环保部门给予批复。

试生产期满前一个月内提出验收申请，并提供环境监测报告、验收报告。经验收合格，由环保部门核发《排污许可证》。项目单位按《排污许可证》规定达标排放污染物。

（三）试生产方案的制定

试生产方案的主要内容应包括以下几个方面：

① 项目建设单位名称、项目名称、制定时间。

② 项目建设完成情况。包括项目建设概况、安全环保"三同时"落实情况、建设任务完成情况、基础设施质量控制情况及设备设施检验情况等。

③ 试生产的目的。

④ 生产、储存的危险化学品品种和设计能力。包括生产规模及产品方案，使用的危化品原料及储存情况。

⑤ 试车组织与人力资源配置。项目试车领导小组、工作小组，工作班制及劳动定员，人员培训及持证上岗情况

⑥ 试车必须具备的条件。

⑦ 试车所需的准备工作及检查情况。

⑧ 公用工程准备情况。包括给排水、供电、供热（冷）、运输的准备情况。

⑨ 原料、水、电、汽、气、冷及其他物品准备情况。

⑩ 试车程序与时间表。

⑪ 试车过程和操作步骤。包括生产准备、以水代料试车、投料试车操作步骤。

⑫ 原料、中控样品、产品检测方法。包括如何取样、样品处理及样品检测等。

⑬ 试生产操作规程。包括各工序、各岗位开停车程序与操作步骤。

⑭ 紧急事故处理程序及要求。

⑮ 安全隐患与安全措施。

⑯ 试生产中事故应急救援预案。

⑰ "三废"及处理方法。

（四）试生产操作规程的制定

操作规程是为了保证安全生产而制定的，它是根据企业的生产性质、机器设备的特点和技术要求，结合具体情况及生产经验制定出来的操作守则，所以操作规程即为企业的安全操作规程。安全操作规程是企业规章制度的重要组成部分，企业操作人员在操作机器设备、调整仪器仪表和其他作业过程中，必须严格遵守相关程序和注意事项（操作规程），才能确保生产处于安全状态。安全操作规程也是企业建立安全制度的基本文件，是企业进行安全教育的重要内容，也是处理伤亡事故的一种依据。

试生产操作规程的本质上就是正式生产操作规程，操作规程在试生产过程中可根据发生的一些具体情况有所调整，调整的目的是使操作规程更趋完善，更为合理，从而确保正式生产的安全。操作规程规定了操作人员在操作过程应该做什么，不该做什么，设施或者环境应该处于什么状态，是员工安全操作的行为规范。

1. 操作规程编制的依据

①现行的国家、行业安全技术标准和规范、安全规程等。②设备的使用说明书、工作原理资料，以及设计、制造资料。③曾经出现过的危险、事故案例及与本项操作有关的其他不安全因素。④作业环境条件、工作制度、安全生产责任制等。

2. 操作规程编制需考虑的几个问题

① 岗位上所有的危险部位与有害因素。在编制操作规程前，将各岗位上所有的危险部位和有害因素一一罗列出来，将其作为编制操作规程的依据，有针对性地编入操作规程中，明确指出不允许操作人员去接触这些危险部位和有害因素，防止产生不良后果。例如，开车时不准或禁止用手去触摸某运动件，以防轧伤手指。又如上班前必须戴好防护口罩，以防发生苯中毒。从两例看去，以做什么时，应该或不应该那么去做，否则就有危险来告诫操作人员，条理清楚，警告有力。

② 由于设备装配问题而滋生的安全隐患。各岗位上的设备，由于在装配过程中可能存在一些质量问题，它将会成为一些新的安全问题的原因，如机器在运转中可能产生螺丝松动、轴与轴承磨损现象，引起机件走动，从而引发间接事故。螺丝松动和轴与轴承磨损有时与装配质量有关，因此要求设备安装人员注重装配质量，在装配机件时，要拧紧皮带轮固定螺丝，防止回转时松动飞出伤人。

③ 操作过程中各种人与物的不安全状态。事故防不胜防，在编制操作规程时，要反复提请操作人员注意安全，保证人的不安全行为和物的不安全状态都能够控制得很好。如抬笨重物品时应先检查绳索、杠棒是否牢固，两人要前呼后应，步调一致，防止下落砸伤腿脚。又如检修时，应切断电源，挂上"不准开车"指示牌，以防他人误开车发生人身事故。

④ 设备出现故障时通报的正确途径。操作规程中需要明确当操作过程中设备发生故障，操作人员该向谁汇报，通知哪些对象。例如，机器运转时，闻到焦味，听到异响应及

时停车报告当班班长；又如电气设备发生故障，应通知电工，不准自行修理。

⑤ 作业中各环节的安全性统一考虑。将每项作业中的连贯性动作视为一个安全整体，把各个动作可能出现的不安全问题一并进行考虑，形成完整的安全操作方式。例如，登高前不准饮酒；登高时，不准穿易滑的鞋子；竹梯子要有包脚，安全角度为60°；作业时戴好安全帽，系好安全带；上下传递物品时，保持身体重心平衡，并有专人监护。编制操作规程时遇有作业过程中出现多种个人行为，物的状态变化，或环境因素影响，不能漏项、缺项，以利于责任追究和考核。

3. 编制操作规程的要求

① 调查本单位现行的生产工艺、已投入生产的生产设备及设施、在用的工具、作业场所环境等有关资料及情况。

② 根据本单位生产工艺规程确定的生产工艺、生产工艺流程和作业场所环境条件，对全部生产岗位的全部生产操作的全过程，主要应用伤亡事故致因理论中的能量错误释放理论和轨迹交叉理论进行危险、危害辨识，要在已确定生产工艺、生产工艺流程和作业场所环境条件的前提下，在进行了危险、危害辨识的基础上制定安全操作规程，使所制定的安全操作规程科学合理、有安全性，切实可行、有可操作性，实施以后能有效控制不安全行为，确保避免伤亡事故；确保避免因操作不当导致设备损坏，因设备损坏而导致伤亡事故。

③ 要吸取事故经验与教训，包括本单位曾发生的事故和尽可能搜集到的同行业、同类型单位曾发生的事故，分析事故发生的直接与间接原因，把处理事故时制定的防止重复性事故的措施编入安全操作规程。

④ 安全操作规程不能只作原则性或抽象的规定，不能只明确"不准干什么、不准怎样干"而不明确"应怎样干"，不能留有让从业人员"想当然、自由发挥"的余地。

⑤ 安全操作规程中的要求和规定不能突出了重点而放弃了次点，要具体详尽，宜细不宜粗，能细则细，应有可操作性，应明确操作中必需的操作、禁止的操作、必需的操作步骤、操作方法、操作注意事项和正确使用劳动防护用品的要求及出现异常时的应急措施。

⑥ 涉及设备（设施）操作的安全操作规程应包括如何正确操纵设备（设施），以防止因操作不当而导致设备（设施）损坏事故的发生，设备（设施）操作上较复杂时需制定《设备（设施）的技术操作规程》。

⑦ 安全操作规程的文字表述要直观、简明，便于操作者理解、掌握和记忆。

总之，编制安全操作规程的目的是使操作人员严格按照规则进行操作，同时使他们明白怎样做才不发生危险。

4. 操作规程编制的内容

操作规程编制的内容应该简练、易懂、易记，条目的先后顺序力求与操作顺序一致。一般包括以下几项内容：

① 操作前的准备，包括操作前做哪些检查、机器设备和环境应该处于什么状态、应

做哪些调查、准备哪些工具等。

②劳动防护用品的穿戴要求，应该和禁止穿戴的防护用品种类，以及如何穿戴等。

③操作的先后顺序、方式。

④操作过程中机器设备的状态，如手柄、开关所处的位置等。

⑤操作过程需要进行哪些测试和调整，如何进行。

⑥操作人员所处的位置和操作时的规范姿势。

⑦操作过程中有哪些必须禁止的行为。

⑧一些特殊要求。

⑨异常情况如何处理。

⑩其他要求。

（五）质检与统计方法确定

在试生产过程中，需要用正确的分析手段分析原料、中间样品及产品，同时还需对分析数据进行统计分析。

1. 原料分析

原料分析是生产原料质量监控的"眼睛"，是试生产中投入合格原料的重要保证。原料分析可确定原料的含量与质量是否达到生产的要求，通常对主要成分和主要杂质进行分析，而不是全面地检测与分析。

2. 中控分析

中控分析是试生产中非常关键的"眼睛"，它随时监测着反应进行的程度，包括原料的转化率及副产物的产生情况。如果在检测中发现数据异常，试生产人员则会根据工艺参数及检测数据分析试生产中可能存在的问题，如升温过快、投料计量不正确等均会造成数据异常，针对这些问题采取一定措施加以弥补和修正。如果中控分析不准确、不及时，则就有可能造成反应过程异常而未及时发现，从而造成物料损失、副产物多等情况。

中控分析需要试验人员与分析人员配合，分析人员主要任务为及时检测中控样品，向试验人员及时反馈；试验人员主要任务是根据分析结果调整工艺参数或针对问题及时采取相关措施。

3. 产品分析

产品分析是控制产品质量的最终环节，通过产品分析确定产品是否能够满足客户要求，也能够反映出整个生产工艺是否还存在一些问题。前几批试生产，需要对产品质量的各项指标进行全面分析，等到产品质量稳定后可考虑节省成本仅分析其中的关键指标。

4. 统计

除原料、中间样品及产品分析外，还需要对分析数据进行统计与分析，因为从统计数据中可以发现试生产存在的问题。一般统计数据涉及原料厂家、每批产品的收率与质量，操作记录和操作班次。如果从每周或每月的统计数据中发现异常情况，就可以查找原因，考虑如何改进生产工艺。

三、实用案例

对甲氧基苄氯生产操作规程（SOP）

×××公司技术标准和管理文件 101车间 对甲氧基苄氯生产岗位操作规程 SMP-0200600-10	起草：　　　　　日期： 审核：　　　　　日期： 批准：　　　　　日期： 执行日期：　　签名：
变更记载： 修订号　　　批准日期　　　执行日期 00	变更原因及目的： 新文件

本车间是以对甲氧基苄醇和36%盐酸为原料，经反应、萃取、精制等过程生产对甲氧基苄氯的合成车间。对甲氧基苄氯是医药、香料等的中间体。

1. 车间防火防爆等级

车间防火防爆等级为甲类。

2. 车间安全生产的特点及事故预防措施

（1）安全生产特点

① 绿化工序的操作温度不得超过25℃。

② 注意装置的排风换气，保证换气扇正常使用以防止高浓度甲苯、盐酸对人体的伤害。

③ 电器设备清扫时注意周围环境接地完好情况、绝缘情况以防止触电伤人。

（2）事故预防安全措施

① 氯化反应在密闭设备（反应釜）内进行。

② 员工会使用车间的各种消防设施和防护用具并保证消防设施的完好。

③ 在整个生产车间生产时禁止开手机。

④ 进入釜内清理或作业时必须进行气体置换，分析合格后方可进入。

⑤ 各种检修必须做到票、证齐全，安全措施得当并按检修方案作业。

⑥ 封闭厂房的通排风设备完好并按规定进行排风。

⑦ 操作工必须严格执行岗位责任制、岗位操作法、安全技术规程、安全防火制度。

⑧ 操作人员必须集中精力操作，不准串岗、聚岗和睡岗，不准在班上做与工作无关的事。

⑨ 车间工作人员有权制止未经允许的人员进入车间生产区。

⑩ 全体员工应按时参加班组安全活动。

⑪ 所有设备安全设施和用具保持完整好用、清洁卫生，不得乱动。

⑫ 设备传动部分应设防护罩，没有防护罩的不准使用。

⑬ 设备管线不准有跑、冒、滴、漏现象，发现问题及时处理；所有的容器孔盖板应盖好。

⑭ 当发生事故时及时处理并向有关部门报告。

⑮ 厂房内外的工作地面要平整，无杂物并要有足够的照明。

⑯ 当发现设备有故障时应停止使用并及时检查处理。

⑰ 必须牢记：主要物料管线、蒸汽、工业水的主要阀门的位置；主要运转设备电器开关的位置；疏散通道的位置；灭火设备的位置；室内外消火栓的位置。

3. 岗位安全责任制

① 在车间主任的领导下，组织执行厂、车间有关安全生产的规章制度和决定，对本班的安全生产负责。

② 认真学习工艺规程、操作法，熟悉工艺流程，提高事故处理技能，掌握各岗位的生产操作。

③ 做到班前讲安全，班中检查安全，班后总结安全，经常深入地对岗位进行检查，发现隐患及时处理，不能处理的立即向上级报告。

④ 负责专人维护保管灭火器材、防护用具，做到完整好用，并保持清洁卫生。

⑤ 严格遵守各项规章制度，教育职工遵守劳动纪律、工艺纪律、厂规厂法。认真巡检，精心操作并按规定着装，不违章作业，有权拒绝违章作业，对他人的违章作业要及时劝阻和制止。

⑥ 督促、帮助本班人员合理使用劳动保护用品和防护器具。

⑦ 在装置前禁止使用手机。

⑧ 在自己本职范围内做到安全生产。

⑨ 生产发生事故时要及时报告值班长，妥善地处理并根据泄漏化学品的性质和严重程度负责组织切断化学物料泄漏源，采取有效措施防止事故扩大。组织疏散人员，通知相关单位采取紧急措施。救护伤员，将伤员送到安全检查地带，并做好人员疏散工作。同时要维护好现场。并且要认真协助车间及有关部门本着"四不放过"的原则进行事故调查工作。

⑩ 若值班长休假不在，在完成本职工作的同时，须代替值班长履行安全防火责任。

4. 车间原料、成品的规格及要求

（1）原材料规格及要求

① 对甲氧基苄醇，又名大茴香醇。室温下为无色或淡黄色固体，低于室温为无色至淡黄色液体。密度为 1.1129 g/cm³，熔点为 23.8 ℃，沸点为 259 ℃，闪点为 137 ℃。折射率为 1.5430~1.5450，不溶于水，微溶于丙二醇、甘油。以 1：13 溶于 30% 乙醇，以 1：1 溶于 50% 乙醇。露置空气中易被氧化。

② 甲苯常温常压下是一种无色透明液体，熔点为 −95 ℃，沸点为 111 ℃，密度为 0.866 g/cm³。几乎不溶于水，但可以和二硫化碳、乙醇、乙醚以任意比例混溶，在氯仿、丙酮和大多数其他常用有机溶剂中也有很好的溶解性，闪点为 4 ℃，燃点为 535 ℃。

③ 浓盐酸工业级别：36%~38%。无色或微黄色易挥发性液体，有刺鼻的气味。熔点为 −114.8 ℃（纯 HCl），沸点为 108.6 ℃（20% 恒沸溶液），饱和蒸气压为 30.66 kPa（21 ℃）。与水混溶，溶于碱液。禁配物为碱类、胺类、碱金属、易燃或可燃物。

（2）成品规格及要求

对甲氧基苄氯为无色透明液体，有刺激性味道，相对分子质量为 156.61，相对密度为 1.1002，不溶于水，易溶于乙醇、乙醚、氯仿等有机溶剂，能随水蒸气挥发。

出厂要求：经气相色谱检测，含量≥98.5%，游离酸≤0.5%，游离氯≤0.01%，水分≤0.05%。

5. 生产原理及工艺流程

（1）生产原理及工艺技术参数

1）生产原理

对甲氧基苄氯由对甲氧基苄醇进行羟基的氯置换而得。由于对甲氧基苄醇活性高，所以，直接用浓盐酸即可。反应式如下：

$$H_3CO \!-\!\!\!\bigcirc\!\!\!-\! CH_2OH \xrightarrow{\ HCl\ } H_3CO \!-\!\!\!\bigcirc\!\!\!-\! CH_2Cl + H_2O$$

2）原料配比（质量比）

生产对甲氧基苄氯所需原料配比见表 1。

表 1　生产对甲氧基苄氯所需原料配比

名称	投料量	规格
甲苯	400 L	工业级
大茴香醇	300 kg	工业级
36% 盐酸	430 kg	工业级
氯化钠	100 kg	工业级
碳酸氢钠	15 kg	工业级
无水硫酸镁	50 kg	工业级

（2）生产工艺流程

生产对甲氧基苄氯工艺流程方框图如图 1 所示。

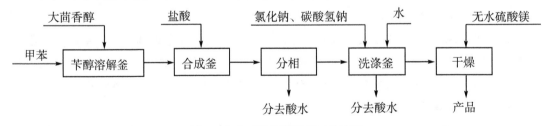

图 1　生产对甲氧基苄氯工艺流程

6. 操作过程及要点

（1）釜体检查

① 每次投料前都应该对釜体进行仔细检查，观察人孔及各个釜口是否有掉瓷的地方，如果出现掉瓷应及时通知车间主任。

② 确认反应釜的釜底阀及分支阀门处于关闭状态，防止跑料或倒错料。

生产对甲氧基苄氯不同工段的工艺流程示意图如图2至图4所示。

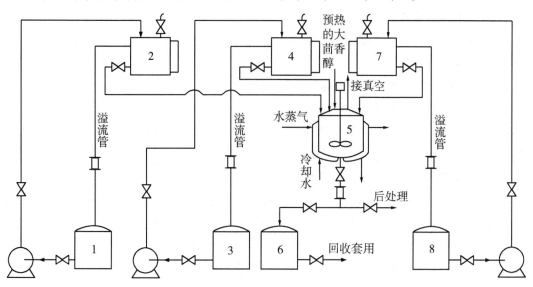

图2 对甲氧基苄氯生产合成工段工艺流程

1——甲苯储罐；2——甲苯计量罐；3——回收甲苯储罐；4——甲苯计量罐；

5——氯化釜；6——稀酸回收罐；7——盐酸计量罐；8——盐酸储罐

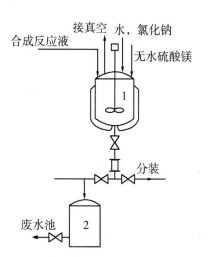

图3 对甲氧基苄氯生产洗涤工段工艺流程

1——洗涤釜；2——废水罐

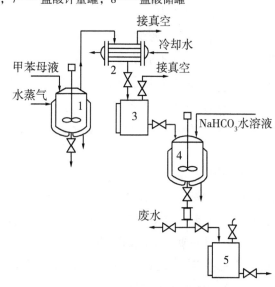

图4 甲苯回收工段工艺流程

1——甲苯蒸馏釜；2——回流冷凝器；
3——甲苯接收罐；4——水洗釜；5——甲苯接收罐

（2）对甲氧基苄醇的制备

① 提前在热水箱内放入两桶大茴香醇，有半桶料的先将半桶料放入热水箱，每次先用半桶，每次只准剩余一个半桶物料，及时封口防止进水。开启热水箱边上蒸汽阀门，将热水箱内温度升至50 ℃左右，并保持此温度范围，使桶内大茴香醇全部融化为液体，待

用（冬天保温时间长些，春秋时短一些，若环境温度超过25 ℃，视桶内大茴香醇融化情况决定是否用热水箱升温）。

注：在使用提升机提升重物时，应注意电线不要拖得太长，防止电线被碾断或被重物砸断，注意人身安全。

② 检查回收甲苯储罐到甲苯高位槽管道是否完好，高位槽上的底阀及放料阀是否处于关闭状态，打开从回收甲苯储罐到甲苯高位槽上的所有阀门，打开回收甲苯上料泵上料，观察高位槽液位计，同时计算本次操作甲苯需用量，到达此次需用量左右关闭上料泵，关闭管道上阀门，等0.5 h或更长时间后，待回收甲苯中的残存水相沉入底部，开高位槽底阀并通过视筒观察，将水相排入小桶内（可多放一点，放出液体倒入甲苯水洗釜，重新洗涤），关闭底阀。使用新甲苯则打开甲苯泵及打开管道上的阀门，加入足够量的甲苯，静置后同样分层后使用。准备好一干净临时塑料管、两个专门盛甲苯的大桶，检查桶内洁净无物，将临时塑料管一头插在高位槽底阀上，一头插入桶内，开启底阀，放400 L甲苯于甲苯物料桶中，待用。放完时，先拔下临时塑料管插底阀的一头，高高举起将管内残液倒入甲苯桶中，然后再拔出插在甲苯桶中的一头，将临时塑料管盘好，放到指定位置。两桶甲苯用平台上的液压车拉到苄醇釜旁边待用。

③ 检查苄醇釜釜内是否洁净完好，釜底阀是否处于关闭状态，关闭釜上的放空、进料阀门，打开真空阀门。

④ 将苄醇釜上的临时吸管插入甲苯桶内（不要插到桶底），缓慢开启吸料阀，待有甲苯液进入后再调大开启度，以防液击伤人。剩余1/5 ～ 1/4时应缓慢关闭吸料阀，检查桶底是否有铁锈等机械杂质，若有应做好标志，记入交接班记录，并报告主任。若没有，将吸管插入桶底部，抽干。

⑤ 抽入甲苯合计400 L，保持釜内温度30 ℃左右，视季节将甲苯升温（冬季升温至35~40 ℃）。

⑥ 抽入大茴香醇300 kg（方法同上），关闭真空阀门，打开放空阀门，将抽料管盘好放到指定位置，甲苯空桶放在指定位置，做好记录。混合液搅拌30 min待用。温度控制在30 ℃左右，温度低使用蒸汽升温，温度高使用循环水降温。

（3）对甲氧基苄氯的合成

① 检查苄氯反应釜是否洁净，搪瓷是否完好，釜底阀是否处于关闭状态，关闭釜上其他阀门，打开放空阀门。

② 检查罐区盐酸罐及泵状态是否良好，开启罐区盐酸罐出料阀（只要正常生产，此阀处于常开状态，只调节盐酸泵的进出口阀门），打开盐酸泵进出口阀门及通往车间盐酸高位槽上的所有阀门，开启盐酸上料泵，于盐酸高位槽中上料约364 L（罐上有标定液位），完成后，关闭盐酸泵，关闭盐酸泵的进出口阀门。打开釜上盐酸进料阀和盐酸高位槽上的放料阀，往苄氯反应釜加入364 L盐酸（记录初始及完成后液位）。

③ 开启搅拌，关闭釜上的其他阀门，打开真空阀门，打开玻璃角阀，开苄醇釜釜底

阀抽入苄醇甲苯溶液，抽完后先关闭苄醇釜底阀，再关闭苄氯釜真空阀门，打开放空，25~30 ℃保温反应 3 h。

④反应结束后，停止搅拌，静置 20 min，打开釜底阀门，打开分层阀，将稀酸分入稀酸储存罐中，通过视筒观察，待中间相出现后，关闭分层阀（检查稀酸储罐的可储存量，是否在规定的范围内即 360 L 左右，如果在将稀酸排到指定的储罐，如果出现问题应及时通知车间主任，再进行处理）。

（4）苄氯洗涤

①检查苄氯洗涤釜釜底阀是否处于关闭状态，关闭釜上其他阀门，打开放空。

②提前在洗涤釜加入一次水 300 L，打开人孔投入 100 kg 氯化钠，盖好人孔，开搅拌，溶解 1 h 以上待用。

③苄氯分完稀酸后，关闭洗涤釜上的放空阀门，打开真空阀门，开启倒料阀门，将苄氯倒入洗涤釜，关闭倒料阀及苄氯釜的釜底阀门，关闭真空阀门，打开放空阀门，搅拌 5 min，停止搅拌，静置 20 min 分层，下层水相分入废水罐，关釜底阀。分层前检查废水罐下面阀门处于关闭状态，分层完成后，检查废水罐内无甲苯相，再打开下面排水阀将水排入废水池（U 形弯处下方的阀门处于常关闭状态），关闭排水阀，若有甲苯相，则分析确定其成分，开反应釜真空抽回重新分层、洗涤。

④提前在反应釜内加入 15 kg 碳酸氢钠（小苏打），加入纯净水 200 L，人工搅拌溶解待用。

⑤打开真空阀门，开启搅拌，抽入小苏打水溶液，再搅拌 2 min，静置 30 min 分层，下层水相分入废水罐，通过视筒观察中间相出现时，多次点动搅拌将水分净，关闭釜上所有阀门，开放空。

⑥开启搅拌，打开人孔投入无水硫酸镁 50 kg，盖好人孔，搅拌 1 h，分装。

（5）甲苯回收

打开甲苯蒸馏釜真空阀门，打开蒸馏釜和母液釜釜底阀及管道上的阀门，将洗好的甲苯母液通过釜底阀倒入蒸馏釜，完毕后先关蒸馏釜釜底阀，再关母液釜釜底阀，蒸馏釜开始搅拌，开回收甲苯接收罐上阀门，开片冷夹套冷却水进、出口阀门，打开蒸汽阀门升温蒸馏，注意开始升温不要太快，以防蒸馏釜内液体暴沸，有馏分流出后，通过接收罐上的视筒观察流速大小，调节蒸汽阀门的大小，并观察回收甲苯的颜色是否正常，待蒸至接收罐满时，通过液位计旁的刻度计量甲苯回收数量。检查水洗釜釜底阀处于关闭状态，关闭釜上放空阀，开真空，打开水洗釜进料阀门及接收罐放料阀，将回收甲苯抽入水洗釜。每满一罐重复上述操作。整个蒸馏过程蒸汽压不大于 2 kgf/cm^2，当釜温升至 140 ℃时，停蒸汽，减压采出至无馏分流出。蒸出甲苯全部倒入水洗釜后，先用 15 kg 小苏打加 500 L 纯水洗一次，搅拌 1 h，静置 30 min，分层。分层过程中，注意水相略显淡红色，分至甲苯相后变成透明色。去离子水洗一次，搅拌 0.5 h，静置 0.5 h 分层，这次分层过程中，水相为透明的，到甲苯相后略显混浊，分到中间相后，点动搅拌将水分净。分层时测 pH 不低于 7 为合格（检测时 pH 试纸测甲苯相不变色，测水相时 pH 试纸不发红），不合格再重复洗一回。洗好后放置待用。釜残液每蒸馏 7~8 次放一次，放釜残液时温度要在 90 ℃左右，温度太低不容易放下来，温度太高味道大也易伤人，釜残液装桶运走。

<h2 style="text-align:center">β-萘甲醚生产操作规程</h2>

×××公司技术标准和管理文件 102 车间 β-萘甲醚生产岗位操作规程 SMP-0200600-10	起草：　　　　日期： 审核：　　　　日期： 批准：　　　　日期： 执行日期：　　签名：
变更记载： 修订号　　批准日期　　执行日期 00	变更原因及目的： 新文件

　　本车间是以 β-萘酚和甲醇为原料，经醚化反应精制生产 β-萘甲醚的合成车间。β-萘甲醚为白色鳞片状结晶，具有橙花味（故又名"橙花醚"），熔点为 73~74 ℃，沸点为 274 ℃，可做香料，也是合成药物炔诺孕酮和米非司酮等的中间体。

　　1. 车间防火防爆等级

　　车间防火防爆等级为甲类。

　　2. 安全生产特点及事故预防措施

　　① 醚化工序的操作温度为甲醇回流温度。

　　② 注意装置的排风换气，保证换气扇正常使用，防止高浓度 β-萘酚和甲醇对人体的伤害。

　　③ 电器设备清扫时注意周围环境接地完好情况、绝缘情况以防止触电伤人。

　　3. 事故预防安全措施、岗位安全责任制

　　参见"对甲氧基苄氯生产操作规程"相关内容。

　　4. 车间原料、成品的规格及要求

　　（1）原材料规格及要求

　　β-萘酚相对分子质量为 144.17，呈白色有光泽的碎薄片或白色粉末，熔点为 123~124 ℃，沸点为 285~286 ℃，密度为 1.28 g/cm³，闪点为 161 ℃。不溶于水，易溶于乙醇、乙醚、氯仿、甘油及碱溶液。主要用于制吐氏酸、J 酸、2, 3-酸，以及有机颜料及杀菌剂等。

　　甲醇是无色、透明、易燃、易挥发的有毒液体，略有乙醇气味。相对分子质量为 32.04，相对密度为 0.792（20/4 ℃），熔点为 -97.8 ℃，沸点为 64.5 ℃，闪点为 12.22 ℃，自燃点为 463.89 ℃，蒸气相对密度为 1.11，蒸气压为 13.33 kPa（100 mm Hg，21.2 ℃），蒸气与空气混合物爆炸极限为 6%~36.5%（体积比），能与水、乙醇、乙醚、苯、酮、卤代烃和许多其他有机溶剂相混溶，遇明火、热火或氧化剂易燃烧。

（2）成品规格及要求

β-萘甲醚为香料中间体，熔点为 72 ℃，沸点为 272 ℃，外观为白色固体，含量 ≥ 99%，水分 ≤ 0.5%。

5. 生产原理及工艺流程

（1）生产原理

用醇类作为烷基化试剂与醇或酚反应是制备混合醚的常用方法，可分为液相法和气相法两种。液相法常用的催化剂有硫酸、磷酸、对甲苯磺酸等。硫酸首先与醇生成硫酸氢烷基酯，后者与醇或酚发生 S_N2 反应生成醚。成醚后常需要用碱洗以脱去酸得到醚。

气相烷基化是将醇蒸气通过固体催化剂在高温下脱水，是工业上制备低级醚的主要方法。本产品用液相法，反应式如下：

$$\text{2-naphthol} \xrightarrow[\text{H}_2\text{SO}_4]{\text{CH}_3\text{OH}} \text{2-methoxynaphthalene} + \text{H}_2\text{O}$$

（2）原料配比（质量比）

生产 β-萘甲醚所需原料配比见表 1。

表 1　生产 β-萘甲醚所需原料配比

名称	投料量	规格
β-萘酚	700 kg	工业级
甲醇	400 L	工业级
浓硫酸	250 kg	98%
氢氧化钠	适量	工业级

（3）生产工艺流程方框图

β-萘甲醚生产工艺流程方框图如图 1 所示。

6. 操作过程及要点

（1）釜体检查

① 每次投料前都应该对釜体进行仔细检查，观察人孔及各个釜口是否有掉瓷的地方，如果出现掉瓷应急时通知车间主任。

② 确认反应釜的釜底阀及分支阀门处于关闭状态，防止跑料或倒错料。

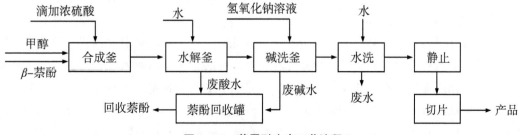

图 1　β-萘甲醚生产工艺流程

（2）准备工作

检查甲醇储罐到甲醇高位槽管道是否完好，高位槽上的底阀及放料阀处于关闭状态，打开从甲醇储罐到甲醇高位槽上所有阀门，打开甲醇上料泵上料，观察高位槽液位计，同时计算本次操作甲醇需用量，到达此次需用量时关闭上料泵，关闭管道上阀门，备用。

检查浓硫酸储罐到浓硫酸高位槽管道是否完好，高位槽上的底阀及放料阀处于关闭状态。打开从浓硫酸储罐到浓硫酸高位槽上所有阀门，打开浓硫酸上料泵上料，观察高位槽液位计，同时计算本次操作浓硫酸需用量，到达此次需用量时关闭上料泵，关闭管道上阀门，备用。

β-萘甲醚合成及水解工艺流程示意图和 β-萘酚回收工段工艺流程分别如图2和图3所示。

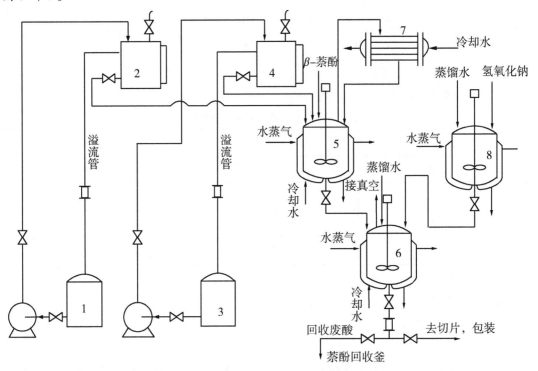

图2　β-萘甲醚的合成及水解工艺流程

1——甲醇储罐；2——甲醇计量罐；3——浓硫酸储罐；4——浓硫酸计量罐；

5——醚化釜；6——水解釜；7——回流冷凝器；8——配碱釜

（3）β-萘甲醚的合成

检查醚化釜内洁净完好，釜底阀处于关闭状态，打开反应釜的放空阀门。将400 L甲醇加到干燥的醚化釜中，室温下，打开搅拌，把700 kg β-萘酚投入醚化釜，控制温度在25~40 ℃，打开硫酸的进料阀门，将250 kg浓硫酸以适当的速度加入醚化釜（根据温度的变化，开关硫酸的进料阀门），滴加1~1.5 h，加完浓硫酸，关闭进料阀门，关闭放空阀门，打开升气阀门，打开冷凝器循环水开关，蒸汽升温，釜内温度控制在88~92 ℃，回流6 h，取样中控，检验结果 β – 萘酚的量 <0.5%，如果未反应完全，延长时间，直至达到操作要求。

事先在水解釜内加入 500 L 一次水，升温到 70 ℃左右，打开搅拌，然后，缓慢将醚化釜的料放入水解釜中，升温到 70 ℃以上，搅拌 0.5 h 后，静置 1 h 后，分出水层，将部分酸水打到萘酚回收釜中，待处理。

在配碱釜中配碱，加一次水 500 L 及适量氢氧化钠，（根据中控原料 β - 萘酚的量计算氢氧化钠的重量），升温到 70 ℃左右，备用。

在碱洗釜中，加一次水 500 L，升温到 70 ℃左右，打开搅拌，备用。

将水解釜的真空打开，打开配碱釜釜底阀将上述的碱抽入水解釜中，调 pH 大于 11，升温并维持在 70 ℃以上搅拌约 0.5 h，使 β – 萘酚充分形成钠盐后，静置，取样中控，合格后，分层，将水层倒入萘酚回收釜中，再利用真空将有机层倒入上述配碱釜中，并升温到 70 ℃以上，搅拌 0.5 h 后，静置 1 h 后，水层排入废水坑，将有机层水洗至 pH 5 ~ 6。

有机层静置 2 h，保持釜内温度在 50 ~ 70 ℃，用切片机（通冷却水）切成片状，待用。

注：β – 萘甲醚轻且飘，少量即有气味，不易散发，切片时应在密闭的小房间内操作。因为 β – 萘甲醚静置冷却时容易结成大块，无法出料。切片机内部通入冷却水，通过旋转，将产品冷却析出，再用刮刀将析出的固体从切片机上刮下，即得到产品。

（4）β – 萘甲醚的回收

将萘酚回收釜的母液 pH 控制在 3 以内，搅拌 1 h，过滤，滤饼收集，废液排入指定的回收罐进行处理。

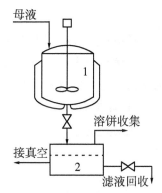

图3 β – 萘酚回收工段工艺流程

1——萘酚回收釜；2——抽滤器

四、展示及评价

（一）项目展示

①制定阿折地平试生产方案，按以下目录完成方案内容。

阿折地平试生产方案设计目录

1. 概述

1.1 试生产的定义

1.2 制定试生产方案的目的

1.3 制定试生产方案编制的依据

2. 建设项目施工完成情况

2.1 项目建设概况

2.2 基础设施质量控制情况

2.3 设备装置质量控制情况

2.4 安全环保落实情况

3. 生产、储存的危险化学品品种和技术能力

4. 试生产准备工作

4.1 人员组织准备

4.2 技术准备

4.3 物资、设备及设施准备

5. 试生产操作过程

5.1 程序与时间表

5.2 过程与操作步骤

5.3 原料、中控样品、产品检测方法

5.4 试生产操作规程

6. 试生产过程中可能出现的安全问题及对策

6.1 危险有害物质及因素分析

6.2 作业场所的危险有害因素及分析

6.3 物料储运过程中的安全问题分析

6.4 采取的安全对策措施

7. 事故应急救援预案

8. "三废"及处理方法

② 汇报阿折地平试生产方案。

（二）项目评价依据

① 试生产方案内容完整性。

② 试生产方案设计的科学性与可行性。

③ 操作步骤的合理性、准确性。

④ 方案讲解流畅程度，对试生产方案中的原理、流程及控制点的理解程度，讲解的熟练程度与准确性。

（三）考核方案

1.教师评价表（表6-2）

表 6-2　阿折地平试生产方案教师评价表

	考核内容	权重 / %	成绩	存在的问题
项目方案制定	查阅阿折地平生产工艺文献的准确性和完整性	10		
	制定、讲解阿折地平试生产方案的依据、可行性	15		
	各步反应原理的掌握情况	25		
	讨论、调整、确定阿折地平试生产方案	10		
	试生产方案撰写的准确性、完整性，问题的讨论与归纳	10		
职业能力与素养	文献查阅能力	5		
	归纳总结文献的能力	5		
	撰写方案的能力	5		
	语言表达能力	5		
	自主学习、创新能力	5		
	团结合作、沟通能力	5		
总分		100		
评分人签名				

2.学生评价表（表6-3）

表 6-3　阿折地平试生产方案学生评价表

	考核内容	权重 / %	成绩	存在的问题
项目资料	学习态度是否主动，是否能及时完成教师布置的任务	10		
	是否能熟练利用期刊书籍、数据库、网络查询阿折地平生产工艺的相关资料	20		
	收集的有关学习信息和资料是否完整	15		
	能否根据学习资料对阿折地平生产项目进行合理分析，对所制定的试生产方案进行可行性分析	20		
	是否积极参与各种讨论，并能清晰地表达自己的观点	10		
	是否能够掌握所需知识技能，并进行正确的归纳总结	15		
	是否能够与团队密切合作，并采纳别人的意见、建议	10		
总分		100		
评分人签名				

任务二　试生产操作

一、布置任务

（一）实训操作

按照制定的阿折地平试生产方案，在实训车间进行阿折地平生产操作。

（二）完善方案

根据实际生产情况结果完善阿折地平试生产方案。

二、知识准备

试生产可分为试生产准备、以水代料试车、投料试车 3 个阶段。

（一）试生产准备

试生产准备工作的内容见表 6-4。

表 6-4　试生产准备工作的内容

项目	具体内容
文件资料准备	① 制定工艺规程、安全技术规程、设备维护检修规程、岗位安全操作法、事故应急预案； ② 制定投料试车方案； ③ 收集全部的化学品安全说明书（MSDS）； ④ 印刷操作记录、巡回检查及交接班记录材料
培训、警示与告知	① 开展所有参加试车的作业人员培训，内容为"三规一法"、事故应急及 MSDS 等相关知识； ② 开展特种作业人员专门培训并取得相关操作资格证书； ③ 开展主要负责人、车间主任、安全员培训，并取得安全资格证书； ④ 制定管理制度、规程、物料周知卡等，并上墙； ⑤ 设置相关场所、地点的警示标志
工程验收、交接	① 做好设备试压、气密性试验及仪表调试准备工作； ② 做好单机试车、联动试车准备工作； ③ 做好工程验收和交接准备工作
原材料、工器具、备品备件及辅助设施的准备	① 采购所有原辅材料，并入库，达到开车要求； ② 备好物料搬运的工具、通信工具、照明工具、维修必要工具及备品备件等； ③ 设置应急防护用品、救援器材、消防设施，均要到位； ④ 清理更衣室、卫生间，并保证能够投入正常使用； ⑤ 备好饮水机、劳保柜、操作桌台等

续表

项目	具体内容
一般设备设施要求	① 确认设备防腐及保温完好； ② 确认栏杆、扶梯、钢平台符合安全标准； ③ 确认临时用电已拆除； ④ 确认相关盲板已拆除； ⑤ 确认照明充足； ⑥ 确认设备标识； ⑦ 确认设备设施安全检测合格； ⑧ 确认阀门开关位置正确； ⑨ 确认管路密封紧固措施可靠； ⑩ 确认灭火器就位； ⑪ 确认消防水系统可以正常使用； ⑫ 确认消防栓及其设施就位； ⑬ 确认消防砂已具备； ⑭ 确认火灾报警系统正常工作； ⑮ 确认有毒、可燃气体自动检测报警系统工作正常； ⑯ 确认应急冲淋装置可以使用； ⑰ 确认应急防护用品已具备； ⑱ 确认物料、工具定置管理； ⑲ 确认现场已清理情况

（二）以水代料试车

以水代料试车是在正式投料之前对试生产所涉及的所有管道系统、电气和仪表等进行调试，对生产工艺中单台设备以水或空气为介质进行负荷试车，对试生产范围内机器、设备、管道、电气、自动控制系统等，以水、空气、氮气等为介质进行的联合运行，以检验除介质影响外的全部性能是否达到设计要求。具体内容见表6-5。

表6-5 以水代料试车工作的内容

项目	具体内容
设备管道试压、试漏	① 用压缩空气对所有设备及管道进行吹扫，排除设备及管道内的杂物； ② 充气设备、气体输送管道、仪表空压管采用空气或氮气进行气密性试验； ③ 其他设备、管道以自来水为介质进行水压试验； ④ 调试仪表、自动控制系统

续表

项目	具体内容
单机试车	①确定单机试车的机器及安全联锁装置的清单，按照清单内容逐一进行； ②先设置盲板，使试车设备与其他系统隔离，再以水为介质试车； ③对机电设备进行点动，确认转向是否正确； ④电机启动后应快速通过喘振区，转速正常后应打开出口管路阀门，出口管路阀门的开启不宜超过3 min，并将电机速度调节到设计工况，不得在性能曲线驼峰处运转。在额定工况下连续运行2 h； ⑤试车时，应加强检查，及时发现故障和不安全因素； ⑥对所有安全联锁及自动化控制仪表按工艺指标设置报警及联锁整定值，施加电信号，检查是否报警和动作，以及动作是否灵敏； ⑦试车结束后，应切断动力电源和其他驱动源，拆除加装的盲板，并使系统恢复原样
联机试车	①设备及管道试漏、试压后，将蒸汽、盐水及热油管道内的水压回循环水池，再用压缩空气吹扫，保持管道内干燥； ②通知水、电、热、风、冷等生产部门做好供应建设项目联动试车使用水、电、热、风、冷的准备； ③指定专门人员负责联动试车时的记录工作，将联动试车发现的问题和缺陷进行详细的记录； ④往各种原料罐内加入水，加水的水量要确保试车用水量；不能往物料罐内加水时，则采取临时措施在输料管上接上水源； ⑤通过各种物料泵及临时接通的水源往釜内加水1000 L，观察各管道系统有无泄漏，泵及各种仪表是否正常； ⑥开启搅拌，并开启反应釜夹套蒸汽升温至釜内温度达指定温度后，开启盐水降温至指定温度，停搅拌；在这一过程中，观察盐水、蒸汽管道系统有无泄漏，搅拌器基础是否松动，有无异常声响和噪声，仪表是否正常等； ⑦对于设置有安全联锁自动控制装置的系统，则应升温至安全联锁装置触发的温度值，检查声光报警系统是否正常，以及检查联锁装置是否灵敏可靠；检查设备标识； ⑧联动试车结束后，排除设备及管道内的水，拆除所有临时装置和盲板，接通拆开的管路；关闭蒸汽总阀，疏通蒸汽管道余水； ⑨将联动试车暴露的设计及安装过程中的缺陷及时进行处理和改进

（三）投料试车

投料试车是将生产装置按设计文件规定的介质打通生产流程，并以生产出设计文件规定的产品为目的的生产过程，即投入真正的生产原料，并拟产出目标产品。具体内容见表6-6。

表6-6　投料试车工作的内容

项目	具体内容
投料前检查 与准备	① 由投料试车领导小组对建设项目进行全面的安全检查，确保投料试车所需的准备工作与安全检查内容目录中的各项内容均满足要求； ② 按工艺流程全面检查装置内设备、管线、阀门、法兰紧固、氮封阀、泄氮阀、现场仪表、液面计等是否齐全、完好，符合工艺要求，所有阀门是否处于正确的开关位置，所有人孔全部关闭，装置处于受命开车状态； ③ 拆除单机试车、联动试车所安装的所有盲板，使之符合工艺要求； ④ 备好各种原辅材料并置于规定地点，准备好开车操作时必需的工具，包括大小F扳手、专用扳手、岗位操作记录纸、巡回检查记录纸、各岗位交接班日志、标签纸、手电筒、对讲机、计算器等； ⑤ 投料试车前，用指定溶剂或水对设备及管道进行清洗与吹扫清洗结束后，用压缩空气将设备、管道中的水吹扫干净，用氮气将设备、管道中的溶剂吹扫到专用容器； ⑥ 通知调度，要求有关车间做好开车前的准备工作，要求三废、质检、动力、机修、仪表、电工、消防等有关辅助部门配合开车。并将水、电、汽、风、冷接进装置，要求电送到电机； ⑦ 准备投料试车各种原辅材料，并放置在规定地点； ⑧ 接车间指令后，将总蒸汽引入装置。引蒸汽时要缓慢进行，首先将装置蒸汽总管内的水放尽，当蒸汽总管内的水放尽后，开大车间内蒸汽总管上的截止阀
投料试车	① 投料试车要循序渐进，当上一道工序不稳定或下一道工序不具备条件时，不得进行下一道工序试车； ② 投料试车时，机械、电气、仪表等操作人员应配合协调，及时做好信息沟通，做好测定数据的记录； ③ 化工分析工必须根据试车需要及时增加或调整分析项目和频率，做好记录； ④ 化工投料试车合格后，应及时消除试车中暴露的缺陷，并逐步达到满负荷试车； ⑤ 严格控制现场操作人员的数量，无关人员远离现场； ⑥ 首批投料时，项目总负责人、技术负责人和安全管理人员不得撤离岗位，遇有异常情况，总负责人应及时组织分析并采取相应的措施，确认安全后方可继续； ⑦ 做好投料试车过程中相关资料、记录的管理，确保岗位记录真实、准确。车间应对发生的异常情况及处置过程进行登记建档，并报安环部备案

三、应用案例

阿折地平的生产工艺

IV

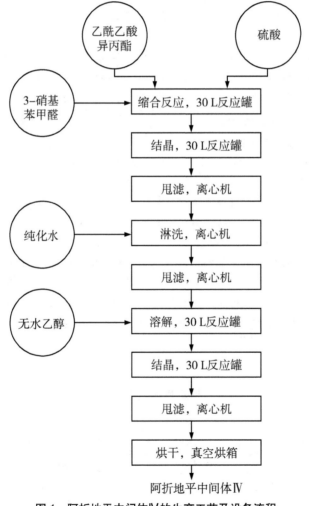

（一）阿折地平中间体Ⅳ的生产

1.阿折地平中间体Ⅳ的生产工艺及设备流程（图1）

图1　阿折地平中间体Ⅳ的生产工艺及设备流程

2. 阿折地平中间体Ⅳ的生产工艺

将乙酰乙酸异丙酯 2.9 kg 加入反应罐中，冷却至 −6 ℃ 以下缓慢加入硫酸 240 mL，分批加入 3- 硝基苯甲醛 3.3 kg，保温 −6 ℃ 以下反应 4 h，反应结束后 0 ℃ 结晶 12 h 以上。甩滤，用纯化水 100 kg 淋洗，甩滤。滤饼加入无水乙醇 10 kg 中，加热至回流，降至室温析晶，再 0 ℃ 结晶 12 h 以上。甩滤，55 ℃ 减压干燥 6 h。得阿折地平中间体Ⅳ。

3. 阿折地平中间体Ⅳ生产详细操作

① 缩合反应：打开反应罐投料口加入乙酰乙酸异丙酯 2.9 kg，开启搅拌，冷却至 −6 ℃ 以下，打开恒压滴液漏斗滴加阀，缓慢滴定硫酸 240 mL。加毕，关闭加料口，分次加入 3- 硝基苯甲醛 3.3 kg。加毕，关闭加料口，保持料液于 −6 ℃ 以下反应 4 h。

② 结晶：关闭搅拌，控制料液温度 0 ℃ 静置结晶 12 h 以上。

③ 甩滤，淋洗，甩滤：结晶完毕，打开反应罐放料阀，将料液放入料桶中，转移至离心机处。开启离心机，甩滤。滤饼用纯化水 100 kg 淋洗，甩滤。

④ 重结晶：打开反应罐加料口，加入无水乙醇 10 kg，启动搅拌，加入所得滤饼，关闭加料口。升温至回流，降至室温搅拌析晶。再将料液降温至 0 ℃ 以下，关闭搅拌，控制料液温度至 0 ℃，析晶 12 h 以上。

⑤ 甩滤：结晶完毕，打开反应罐放料阀，将料液放入料桶中，转移至离心机处。开启离心机，甩滤，加入纯化水 100 kg 淋洗，甩滤。

⑥ 烘干：将甩滤所得湿品转入烘箱中，关闭烘箱门启动烘箱，55 ℃ 减压干燥 6 h 后，关闭加热，打开烘箱门，将物料倒入双层药用低密度聚乙烯袋内，得阿折地平中间体Ⅳ。

（二）阿折地平中间体Ⅰ的生产

1. 阿折地平中间体Ⅰ的生产工艺及设备流程（图 2）。

2. 阿折地平中间体Ⅰ的生产工艺

将二苯甲胺 5.5 kg、环氧氯丙烷 2.8 kg 和甲醇 11 kg 投入反应罐中，室温反应 72 h，然后回流反应 72 h。反应结

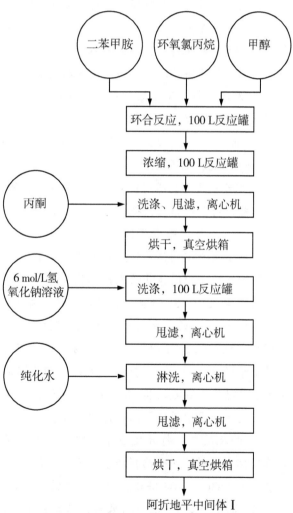

图 2　阿折地平中间体Ⅰ的生产工艺及设备流程

束后，50 ℃减压回收溶剂。然后加入丙酮 8.3 kg，搅拌，甩滤，50 ℃减压干燥 4 h，将所得固体加入氢氧化钠溶液（2.2 kg 氢氧化钠 /9.2 kg 纯化水）中，搅拌 1 h，甩滤，纯化水 100 kg 淋洗，甩滤，80 ℃减压干燥 6 h，得阿折地平中间体Ⅰ。

3. 阿折地平中间体Ⅰ生产详细操作

① 溶液配制：氢氧化钠溶液的配制，即将氢氧化钠 2.2 kg 缓慢加入纯化水 9.2 kg 中，备用。

② 环合反应：打开反应罐加料口，加入甲醇 11 kg，启动搅拌，加入二苯甲胺 5.5 kg、环氧氯丙烷 2.8 kg，加毕关闭加料口。室温反应 72 h 后，升温回流反应 72 h。

③ 减压浓缩：反应结束后，打开接收罐真空阀、浓缩阀，控制水浴温度为 50 ℃，减压回收溶剂，至无液体流出，关闭夹套热水阀，排尽罐内真空。

④ 洗涤：打开反应罐加料口，加入丙酮 8.3 kg，加毕，关闭加料口，搅拌，打开反应罐放料阀，将料液放入料桶中，转移至离心机处。

⑤ 甩滤：将料液均匀加入至离心机中，开启离心机，甩滤。

⑥ 烘干：将甩滤所得湿品转入烘箱中，关闭烘箱门。启动烘箱，55 ℃减压干燥 4 h 后，关闭加热，打开烘箱门，将物料倒入双层药用低密度聚乙烯袋内。

⑦ 洗涤：打开反应罐加料口，加入氢氧化钠溶液，开启搅拌，加入烘干后的物料，关闭加料口，搅拌 1 h，打开放料阀，将料液放入料桶中，转移至离心机处。

⑧ 甩滤、淋洗、甩滤：将料液均匀加入至离心机中，开启离心机，甩滤，加入纯化水 100 kg 淋洗，甩滤。

⑨ 烘干：将甩滤所得湿品转入烘箱中，关闭烘箱门。启动烘箱，80 ℃减压干燥 6 h 后，关闭加热，打开烘箱门，将物料倒入双层药用低密度聚乙烯袋内。得阿折地平中间体Ⅰ。

（三）阿折地平中间体Ⅱ的生产

1. 阿折地平中间体Ⅱ的生产工艺及设备流程（图 3）

2. 阿折地平中间体Ⅱ的生产工艺

将四氢呋喃（21 倍量）、中间体Ⅰ、氰基乙酸（0.35 倍量）、DCC（1.04 倍量）加入反应罐中，55 ℃反应 11 h，降温，室温过滤，滤液 50 ℃减压回收溶剂。浓缩汁料液呈黏稠状，加入乙酸乙酯（10.7 倍量）搅拌。纯化水（8 倍量）分 3 次洗涤。无水硫酸钠（1.2 倍量）干燥 2 h，过滤。滤液 50 ℃减压回收溶剂。加入无水乙醇（5 倍量）中回流，降温至室温析晶，再 0 ℃结晶 12 h 以上。甩滤，70 ℃干燥 6 h。得阿折地平中间体Ⅱ。

3. 阿折地平中间体Ⅱ制备详细操作

① 酯化反应：打开反应罐真空阀、进料阀，抽入四氢呋喃（21 倍量）。抽毕，关闭真空阀、进料阀，开启搅拌。打开反应罐加料口，一次加入中间体Ⅰ、氰基乙酸（0.35 倍量）和 DCC（1.04 倍量），关闭加料口。升温至 55 ℃反应 11 h。

② 压滤、浓缩：反应结束后，降至室温，将料液经过滤器过滤至料桶中，打开反应罐真空阀、进料阀，将滤液抽至反应罐中。抽毕，关闭进料阀，开启搅拌和浓缩阀。打开

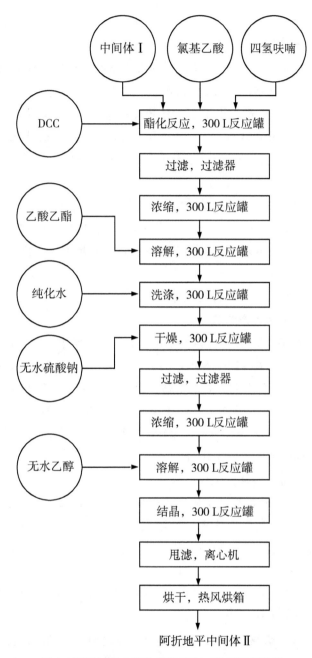

阿折地平中间体 II

图3　阿折地平中间体 II 的生产工艺及设备流程

冷凝器冷冻水阀。控制水浴温度在 50 ℃，减压回收溶剂。待料液浓缩至黏稠状，关闭冷凝器冷冻水阀，停止浓缩。

③溶解、洗涤：打开反应罐真空阀、进料阀，将乙酸乙酯（10.7 倍量）抽至反应罐中，抽毕，关闭进料阀、真空阀。打开反应罐真空阀、进料阀，抽入 1/3 纯化水（8 倍量），抽毕，关闭进料阀、真空阀。搅拌洗涤、静置。打开反应罐放料阀，弃去下层水相，上层有机相保留在反应罐中。用剩余纯化水洗涤有机相 2 次。

④ 脱水、过滤：洗涤完毕，开启搅拌，打开反应罐加料口，加入无水硫酸钠干燥 2 h。将料液经过滤器压滤至料桶中。

⑤ 浓缩：打开反应罐真空阀、浓缩阀、进料阀，将滤液抽至反应罐中。抽毕，关闭进料阀，开启搅拌。打开冷凝器冷冻水阀。控制在 50 ℃，减压回收溶剂。

⑥ 溶解、结晶：浓缩至无液体流出，打开反应罐进料阀，抽入无水乙醇。抽毕，关闭进料阀、接真空阀。关闭浓缩阀，打开回流阀，升温回流。回流结束，降温至室温析晶，再继续降温至 0 ℃，结晶 12 h 以上。析晶结束，打开放料阀，将料液放入料桶中，转移至离心机处。

⑦ 甩滤：将料液均匀加入至离心机中，开启离心机，甩滤。

⑧ 烘干：将甩滤所得湿品转入烘箱中，关闭烘箱门。启动烘箱，70 ℃减压干燥 6 h 后，关闭加热，打开烘箱门，将物料倒入双层药用低密度聚乙烯袋内。得阿折地平中间体Ⅱ。

（四）阿折地平中间体Ⅲ的生产

1. 阿折地平中间体Ⅲ的生产工艺及设备流程（图 4）

2. 阿折地平中间体Ⅲ的生产工艺

将三氯甲烷（30 倍量）、无水乙醇（0.18 倍量）、中间体Ⅱ加入反应罐中，5 ℃以下通入氯化氢气体 30 min。反应 12 h，HPLC 检测。反应结束后，45 ℃减压回收溶剂，加入三氯甲烷（30 倍量）中，降温至 5 ℃以下通入氨气，调节 pH 至 8~9，过滤，滤液 45 ℃减压回收溶剂，加入乙腈（5.6 倍量）、乙酸铵（0.25 倍量），50 ℃反应 1 h，趁热过滤，滤液 55 ℃减压回收溶剂，浓缩至干后，加入三氯甲烷（2 倍量），搅拌洗涤，甩滤。50 ℃减压干燥 6 h。得阿折地平中间体Ⅲ。

3. 阿折地平中间体Ⅲ制备详细操作

① 成脒反应Ⅰ：打开反应罐真空阀、进料阀，一次抽入三氯甲烷（30 倍量）、无水乙醇（0.18 倍量），抽毕，关闭进料阀、真空阀，启动搅拌。打开加料口，加入中间体Ⅱ，加毕关闭加料口，搅拌降温至 5 ℃以下，通入氯化氢气体 30 min。然后反应 12 h，取样，HPLC 跟踪监测至反应终点。

② 浓缩：反应结束后，打开接收罐真空阀、浓缩阀、冷凝器冷冻水阀，控制温度在 40 ℃，减压回收溶剂。浓缩至无液体流出。

③ 成脒反应Ⅱ：停止浓缩，打开反应罐真空阀和进料阀，抽入三氯甲烷（30 倍量），抽毕，关闭真空阀和进料阀。搅拌降温至 5 ℃以下，通入氨气，调节料液 pH 为 8~9。

④ 过滤、浓缩：将料液经过滤器过滤至料桶中，打开反应罐真空阀、进料阀，抽入滤液，抽毕，关闭进料阀，打开冷凝器冷冻水阀。控制温度在 45 ℃，减压回收溶剂。

⑤ 成脒反应Ⅲ：浓缩至无液体流出时，停止浓缩，打开加料口，向反应罐内加入乙腈（5.6倍量）、乙酸铵（0.25 倍量）。加毕，关闭加料口，控制料液温度在 50 ℃，反应 1 h。

⑥ 压滤、浓缩：反应结束后，趁热将料液经过滤器过滤至料桶中，打开反应罐真空阀、进料阀，将滤液抽入反应罐中。抽毕，关闭进料阀，打开冷凝器冷冻水阀、控制温度在 55 ℃，

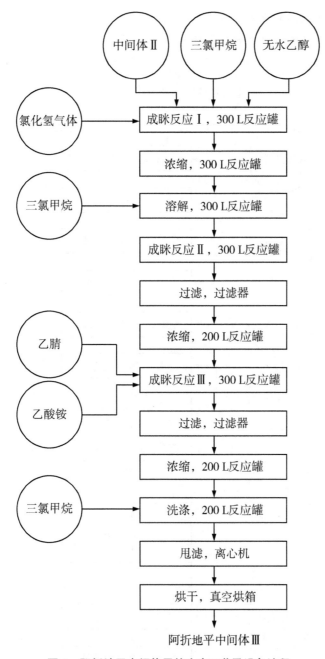

阿折地平中间体Ⅲ

图4 阿折地平中间体Ⅲ的生产工艺及设备流程

减压回收溶剂。

⑦洗涤、甩滤：浓缩至干后，停止浓缩。打开反应罐加料口，加入三氯甲烷（2倍量），加毕关闭加料口，搅拌洗涤。打开放料阀，将料液放至料桶中，转移至离心机处。将料液均匀加入至离心机中，开启离心机，甩滤。

⑧烘干：将甩滤所得湿品转入烘箱中，关闭烘箱门。启动烘箱，50 ℃减压干燥6 h后，关闭加热，打开烘箱门，将物料倒入双层药用低密度聚乙烯袋内，得阿折地平中间体Ⅲ。

（五）阿折地平粗品的生产

1. 阿折地平粗品的生产工艺及设备流程（图5）

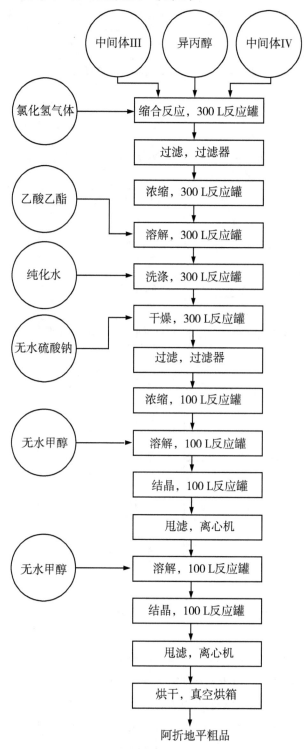

图5　阿折地平粗品的生产工艺及设备流程

2. 阿折地平粗品的生产工艺

将异丙醇（0.13倍量）、中间体Ⅲ、中间体Ⅳ（0.7倍量）加入反应罐中溶解，加入甲醇钠（0.14倍量）回流，反应4 h。薄层色谱检测（甲苯：乙酸乙酯 =1：1；在 $R_f \approx 0.8$ 处应无斑点）。降至室温，过滤，滤液72 ℃减压浓缩。加入乙酸乙酯（7.2倍量）搅拌。用纯化水（5倍量）分3次洗涤，无水硫酸钠（0.8倍量）干燥，过滤。滤液40 ℃减压回收溶剂，加入无水甲醇（9倍量）回流。室温结晶1 h，再5 ℃结晶2 h，甩滤。将无水甲醇（9倍量）、滤饼加入反应罐，回流。室温结晶，再5 ℃结晶2 h，甩滤。50 ℃减压烘干6 h得阿折地平粗品。

3. 阿折地平粗品制备详细操作

① 缩合反应：打开反应罐真空阀、进料阀，抽入异丙醇（0.13倍量）。抽毕，关闭真空阀和进料阀，开启搅拌。打开加料口，依次加入中间体Ⅲ、中间体Ⅳ（0.7倍量），溶解，加入甲醇钠，加毕，关闭加料口。升温，控制在80 ℃反应4 h。取样，薄层色谱跟踪监控（甲苯：乙酸乙酯 =1：1；在 $R_f \approx 0.8$ 处应无斑点）。

② 压滤、浓缩：反应结束后，降至室温，将料液经过滤器过滤，打开反应管真空阀、进料阀，将滤液抽至罐中，抽毕，关闭进料阀。打开冷凝器冷冻水阀。控制水浴温度为72 ℃，减压回收溶剂。

③ 溶解、洗涤：浓缩至无液体流出。打开反应罐真空阀、进料阀，将乙酸乙酯（7.2倍量）抽入反应罐中，抽毕，关闭真空阀和进料阀。搅拌，打开反应罐真空阀、进料阀，抽入1/3量的纯化水（5倍量），抽毕，关闭反应罐真空阀和进料阀，搅拌，静置。打开反应罐出料阀，弃去下层水相，上层有机相保留在反应罐中。用剩余纯化水洗涤有机相2次。

④ 脱水、压滤：打开反应罐加料口，加入无水硫酸钠，搅拌干燥。脱水结束，将料液经过滤器过滤至料桶中。

⑤ 浓缩：打开反应罐真空阀、进料阀，抽入滤液，抽毕，关闭进料阀。打开冷凝器冷冻水阀，升温，控制在40 ℃，减压回收溶剂。

⑥ 溶解、结晶：浓缩至无液体流出，停止浓缩。打开反应罐进料阀，抽入无水甲醇（9倍量）。抽毕，关闭进料阀，排尽罐内真空。升温回流，降温至室温析晶，再降温至5 ℃结晶2 h。结晶结束，打开放料阀，将料液放入料桶中，转移至离心机处。

⑦ 甩滤：将料液均匀加入至离心机中，开启离心机，甩滤。

⑧ 溶解、结晶：浓缩至无液体流出，停止浓缩。打开反应罐进料阀，抽入无水甲醇（9倍量）。抽毕，关闭进料阀，排尽罐内真空。升温回流，降温至室温析晶，再降温至5 ℃结晶2 h。结晶结束，打开放料阀，将料液放入料桶中，转移至离心机处。

⑨ 甩滤：将料液均匀加入至离心机中，开启离心机，甩滤。

⑩ 烘干：将甩滤所得湿品转入烘箱中，关闭烘箱门。启动烘箱，50 ℃减压干燥6 h后，关闭加热，打开烘箱门，将物料倒入双层药用低密度聚乙烯袋内，得阿折地平中间体粗品。

（六）阿折地平的精制生产

1. 阿折地平精制生产工艺及设备流程（图6）

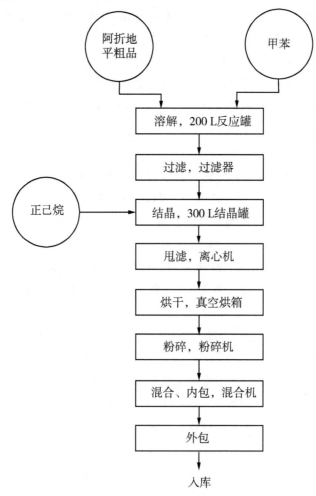

图6 阿折地平精制生产工艺及设备流程

2. 阿折地平精制生产工艺

搅拌下将甲苯（2.8倍量）、阿折地平粗品加入反应罐中，搅拌、溶解、过滤至洁净区结晶罐中，加入正己烷（1.2倍量）结晶1 h。甩滤，60 ℃减压烘干6 h得阿折地平。经粉碎、混合后包装得正品。

3. 阿折地平精制详细操作

① 溶解、过滤：打开精制罐真空阀、进料阀，抽入甲苯（2.8倍量），抽毕，开启搅拌。打开投料口，加入阿折地平粗品，投料结束，关闭投料口。搅拌至料液澄清。经过滤器过滤至洁净区结晶罐中。

② 析晶：过滤结束后，启动搅拌，加入正己烷（1.2倍量），搅拌析晶1 h。

③ 甩滤、淋洗、甩滤：析晶结束后，料液通过不锈钢软管均匀加入至离心机中，甩滤。

④ 烘干：将甩滤所得湿品转入烘箱中，关闭烘箱门。启动烘箱，60 ℃干燥 8 h 后，关闭加热，打开烘箱门，将物料倒入双层药用低密度聚乙烯袋内，得阿折地平。

⑤ 粉碎：将粉碎机筛网和专用集料袋固定好后，打开粉碎机电源，将物料加入上料斗，开始粉碎，将粉碎后的物料装入药用低密度聚乙烯袋内。粉碎结束后，关闭电源。

⑥ 混合、内包：打开混合机加料口，将粉碎后的物料加入混合机中，关闭加料口，混合 30 min，停机。打开放料阀，将混合机中的物料按照试剂批量 / 袋包装规格倒入双层药用低密度聚乙烯袋中，称重，包装。将包装好的成品贴上标签。

⑦ 外包：每只纸桶中装入阿折地平原料，合上箱盖，封口。封口后应及时将标签张贴在纸桶侧面中间处，要求标签平整、清洁。包装结束，入库。

四、展示及评价

（一）项目展示

生产的产品阿折地平为无臭无味的淡黄色或黄色粉末（图 6-1），可溶于丙酮、乙腈、氯仿、乙酸乙酯等有机溶剂，微溶于乙醚和甲醇，不溶于水和正己烷。阿折地平存在两种结晶态：α 型和 β 型。其中 α 型结晶熔点为 120~130 ℃，β 型结晶熔点为 185~190 ℃。

图 6-1　阿折地平

（二）项目评价依据

① 试生产前准备工作的充分性。

② 试车操作的规范程度。

③ 安全、环保措施是否得当。

④ 对工艺路线及操作控制点的理解程度。

⑤ 原料、中间体和产品质量控制。

⑥ 项目实施过程的职业能力及素养养成。

（三）考核方案

1. 教师评价表（表 6-7）

表6-7 阿折地平试生产教师评价表

考核内容		权重 / %	成绩	存在的问题
项目操作过程	原辅材料的准备情况	5		
	设备设施的到位情况	5		
	设备设施符合使用要求	10		
	进行设备管道的试压试漏	10		
	投料试车前清理设备及管道	5		
	试车操作的熟练程度	10		
	生产过程压力、温度的控制	10		
	产品的生产过程中进行质量监控	5		
	"三废"处理及环保措施	5		
	及时做好相关的操作记录	5		
	产品整体质量,包括外观、收率	5		
职业能力与素养	动手能力、团结协作能力	5		
	现象观察、总结能力	5		
	分析问题、解决问题能力	5		
	突发情况、异常问题应对能力	5		
	安全及环保意识	5		
总分		100		
评分人签名				

2. 学生评价表(表6-8)

表6-8 阿折地平试生产学生评价表

考核内容		权重 / %	成绩	存在的问题
项目操作过程	学习态度是否积极主动	5		
	能否独立对设备进行检查	10		
	能否正确操作反应装置	10		
	能否准确控制反应过程(压力、温度)	15		
	能否正确监测产品质量	10		
	所得产品的质量、收率是否符合标准	15		
职业能力及素养养成	能否准确观察实验现象,及时、实事求是地记录实验数据	10		
	是否能独立、按时按量完成实训报告	10		
	对试验过程中该出现的问题能否主动思考,并使用现有知识进行解决,对试验方案进行适当优化和改进,并知道自身知识的不足之处	15		
总分		100		
评分人签名				

任务三　试生产总结

一、布置任务

（一）撰写报告

按照撰写要求完成阿折地平试生产总结报告，并完成相应的技术文件。

（二）总结汇报

讲解阿折地平试生产情况，阐述操作过程中的要点。

二、知识准备

（一）试生产总结的内容

试生产完成后，需对试生产过程进行一个全面的总结，主要包括以下内容：

① 项目的基本情况。一是试生产项目所在企业的基本情况，包括企业何时建立、企业的性质、企业的地理位置及周围环境、选址是否符合区域规划等。二是试生产项目基本情况，包括项目名称、生产规模、投资情况、占地面积、基础设施完成进度、配套的公用工程建设情况、安全与环保设施投入及是否经过审核及试运行许可等基本情况。

② 试生产的准备工作。一是建立试运行组织机构，包括试生产总指挥、副总指挥、生产工艺组、设备工程组、后勤保障组、消防组和安全保障组等。二是开展内外部培训，外部培训包括企业主要负责人、安全管理人员接受安全生产监督局专项培训，取得安全生产管理资格证书；生产涉及的特种设备操作人员接受质量监督局专项培训，取得上岗证。内部培训是对生产人员进行岗位操作培训、设备使用与维护培训及安全培训。三是特种设备及生产原料的准备，特种设备需进行防雷、防静电检测及设备取证；生产原料需检验是否符合工艺要求。四是试车前的各项检查，包括供电、供水、供气系统是否正常，仪表及自动控制系统是否正常，管道、阀门是否正常，泵类转动设备运行是否正常，各种工具器具、辅助材料是否准备到位等。五是安全管理准备工作，包括健全安全生产管理制度、安全生产责任制、各岗位安全操作规程、危化品应急救援预案并开展演练等情况。

③ 试生产情况。一是单机运行、联机运行情况，包括以水代料运行、投料运行的过程与结果。二是试生产产能与产品质量情况，包括在一定时间内试生产的产量有无达到设计产量，产品质量有无达到合格品标准。三是安全设施的运行情况，包括已采用的安全设施、试生产中安全设施的运行情况及安全设施完善建议。

④ 结论。总结试生产的目标是否完成、安全保障是否达到要求、存在哪些问题需要进一步完善等。

（二）试生产总结报告的撰写

试生产的情况一般需要以报告的形式加以总结。试生产报告可分为以下几个部分。

1. 前言部分

前言部分包括试生产项目所在单位名称、项目名称、项目设计单位、项目设备设施施工安装单位、项目安全评价单位；项目的组成部分，一般包括生产设施、辅助生产设施、生活设施等，各部分由哪些具体的区域及设施组成；项目起始时间、建成时间，试生产的起始与结束时间，是否经过安监部门、项目施工单位、安全评价单位的正式验收；项目涉及的危险有害因素有哪些，依据哪些文件编制试生产方案，试生产方案的主要内容。

2. 第一部分　建设单位及项目概况

① 建设单位基本情况。包括单位成立时间、性质、位置、占地面积、注册资金、员工结构及人数；单位设置职能管理机构、生产区域构成、车间及生产线情况、消防设施及人员情况。

② 建设项目概况。包括项目名称、设计单位、安装单位；项目技术概况、市场概况、生产方法及工艺特点。

3. 第二部分　项目试生产过程

① 项目试生产前准备。包括人员的岗前培训及合格或获证情况；试生产方案制定情况；试生产组织机构、安全责任制及岗位安全操作规程准备情况。

②项目配套辅助工程运行概况　包括供电、供水、供气情况；安全设施运行情况（防机械伤害、防火防爆、消防、防静电设施）；安全管理组织、特种设备管理、事故应急管理。

③ 单机试车、联机试车及投料试车等时间及效果。

4. 第三部分　项目试生产总结

① 试生产工艺介绍。包括对生产流程中单元反应及单元操作进行介绍。

② 试生产数据分析。着重分析与中试、小试工艺有差别的地方，并分析原因。

③ 试生产工艺条件优化。指对哪些工艺条件进行了优化，工艺指标如何调整。

④ 试生产物料衡算结果。对试生产工艺过程进行物料衡算，为正式生产提供依据。

⑤ 试生产成本核算。包括原辅材料消耗、新增设备投资、人员费用等。

⑥ 试生产中存在的问题。总结试生产中存在的问题，并提出改进建议。

5. 第四部分　项目试生产结论

对试生产进行概要性总结，并给出是否进入正式生产的结论，或需进一步研究的结论；对生产方案提出建议，给出生产操作规程建议。

（三）正式生产方案的确定

试生产结束后，需对试生产过程及结果进行总结，针对试生产过程中出现的问题，结合实际生产设备和工艺情况，经过反复论证后，方可调整工艺参数、操作规程等与生产有关的内容。在对试生产方案修订的基础上形成正式生产方案，正式生产方案的主要内容包括以下几个方面：

①项目建设完成情况。包括项目名称、项目建设概况、安全环保"三同时"落实情况、基础设施质量控制情况及设备设施检验情况等。

②试生产完成情况。包括试生产的目标及完成情况、规模与产品质量达标情况、安全设施运行及安全状况达标情况、环保设施运行及环保状况达标情况。

③生产、储存危险化学品的情况。包括生产规模及产品方案，使用的危化品原料及储存、运输情况及安全应急预案。

④生产组织与人力资源配置。项目正式生产管理机构，工作班制及劳动定员，人员安全三级培训及持证上岗情况。

⑤正式生产所需的准备工作及检查情况。包括公用工程准备情况，原料、水、电、汽、气、冷及其他物品准备情况。

⑥项目一个生产周期的程序与时间安排表。

⑦生产过程和操作步骤。在试生产的基础上对生产过程和操作步骤进行修订的结果。

⑧原料、中控样品、产品检测方法。包括如何取样、样品处理及样品检测等，试生产中如有修改，在此体现修改后的内容。

⑨生产操作规程。包括各工序、各岗位开停车程序与操作步骤，试生产中如有修改，在此体现修改后的内容。

⑩紧急事故处理程序及要求。在试生产中有改动，此处为修订结果。

⑪安全隐患与安全措施。在试生产中有改动，此处为修订结果。

⑫试生产中事故应急救援预案。在试生产中有改动，此处为修订结果。

⑬"三废"及处理方法。在试生产中有改动，此处为修订结果。

三、展示及评价

（一）项目展示

展示阿折地平试生产总结报告。

（二）项目评价依据

①总结报告书写的规范性。

②总结报告内容的完整性、科学性、真实性。

③总结报告提交的及时性。

（三）考核方案

1. 教师评价表（表6-9）

表 6-9　阿折地平试生产总结报告教师评价表

考核内容		权重 / %	成绩	存在的问题
项目完成情况	书写的规范性	10		
	内容完整性	10		
	内容科学性	10		
	内容真实性	10		
	提交及时性	10		
职业能力与素养	查阅文献的能力	10		
	总结归纳的能力	10		
	文字组织能力	10		
	讲解方案的语言表达能力	10		
	团结协作、沟通能力	10		
总分		100		
评分人签名				

2. 学生评价表（表 6-10）

表 6-10　阿折地平试生产总结报告学生评价表

考核内容		权重 / %	成绩	存在的问题
项目完成情况	学习态度是否主动，能否及时完成教师布置的任务	10		
	是否能熟练利用期刊书籍、数据库、网络等手段查询阿折地平相关资料	10		
	是否积极参与各种讨论，并能清晰地表达自己的观点	10		
	是否能够掌握所需知识技能，并能清晰地表达自己的观点	10		
	是否能够与团队密切合作，并采纳别人的意见建议	20		
职业能力及素养养成	是否能独立、按要求完成总结报告	10		
	对报告撰写过程中出现的问题能够主动思考	10		
	是否能灵活地运用现有的知识和技能处理遇到的问题	20		
总分		100		
评分人签名				

参考文献

[1] 严振. 药品市场营销技术 [M]. 2 版. 北京：化学工业出版社，2009.

[2] 曾步兵，任江萌. 药用天然产物全合成：合成路线精选 [M]. 上海：华东理工大学出版社，2016：2-20.

[3] 廖巧，龙世平，杨春贤. 青蒿素提取与检测工艺的研究进展 [J]. 安徽农业科学，2012，40（28）：13736-13739.

[4] 陈易彬. 新药开发概论 [M]. 北京：高等教育出版社，2006.

[5] 闻韧. 药物合成反应 [M]. 2 版. 北京：化学工业出版社，2002.

[6] 孙昌俊，曹晓冉，王秀娟. 药物合成反应：理论与实践 [M]. 北京：化学工业出版社，2007.

[7] 钱清华，张萍. 药物合成技术 [M]. 北京：化学工业出版社，2008.

[8] 陆敏. 化学制药工艺与反应器 [M]. 北京：化学工业出版社，2005.

[9] 李丽娟. 药物合成技术 [M]. 北京：化学工业出版社，2010.

[10] 中华人民共和国药品管理法 [M]. 北京：法律出版社，2013.

[11] 马虹. 化学实验技术 [M]. 北京：化学工业出版社，2008.

[12] 刘振学，黄仁和，田爱民. 实验设计与数据处理 [M]. 北京：化学工业出版社，2010.

[13] 季生福. 催化剂基础及应用 [M]. 北京：化学工业出版社，2011.

[14] 罗爱静. 医学文献信息检索 [M]. 北京：人民卫生出版社，2010.

[15] 国家知识产权局专利文献部. 专利文献与信息检索 [M]. 北京：知识产权出版社，2013.

[16] 《化学药物原料药制备和结构确证研究的技术指导原则》课题研究组. 化学药物原料药制备和结构确证研究的技术指导原则 [Z]. 2010.

[17] 陈仲强，李泉. 现代药物的制备与合成 [M]. 北京：化学工业出版社，2011.

[18] 张文雯，丁敬敏. 化学合成原料药开发 [M]. 北京：化学工业出版社，2011.

[19] 刘红霞. 化学制药工艺过程及设备 [M]. 北京：化学工业出版社，2009.

[20] 张虎成，齐贺. 发酵原料药生产 [M]. 北京：轻工业出版社，2013.

[21] 陶杰. 化学制药技术 [M]. 北京：化学工业出版社，2009.

[22] 刘玮炜. 药物合成反应实验 [M]. 北京：化学工业出版社，2012.

[23] 陈优生. 药物分离与纯化技术 [M]. 北京：人民卫生出版社，2013.

[24] 张胜建. 有机中间体工艺开发实用指南 [M]. 北京：人民卫生出版社，2010.

[25] 贾红圣. 现代有机合成新方法研究 [M]. 吉林：吉林大学出版社，2014.

[26] 《化学药物质量控制分析方法验证技术指导原则》课题研究组. 化学药物质量控制分析方法验证技术指导原则 [Z]. 2010.

[27] 《化学药物杂质研究技术指导原则》课题研究组. 化学药物杂质研究技术指导原则 [Z]. 2010.

[28] 《国家标准化学药品研究技术指导原则》课题研究组. 国家标准化学药品研究技术指导原则 [Z]. 2012.

[29] 《化学药物残留溶剂研究的技术指导原则》课题研究组. 化学药物残留溶剂研究的技术指导原则 [Z]. 2012.